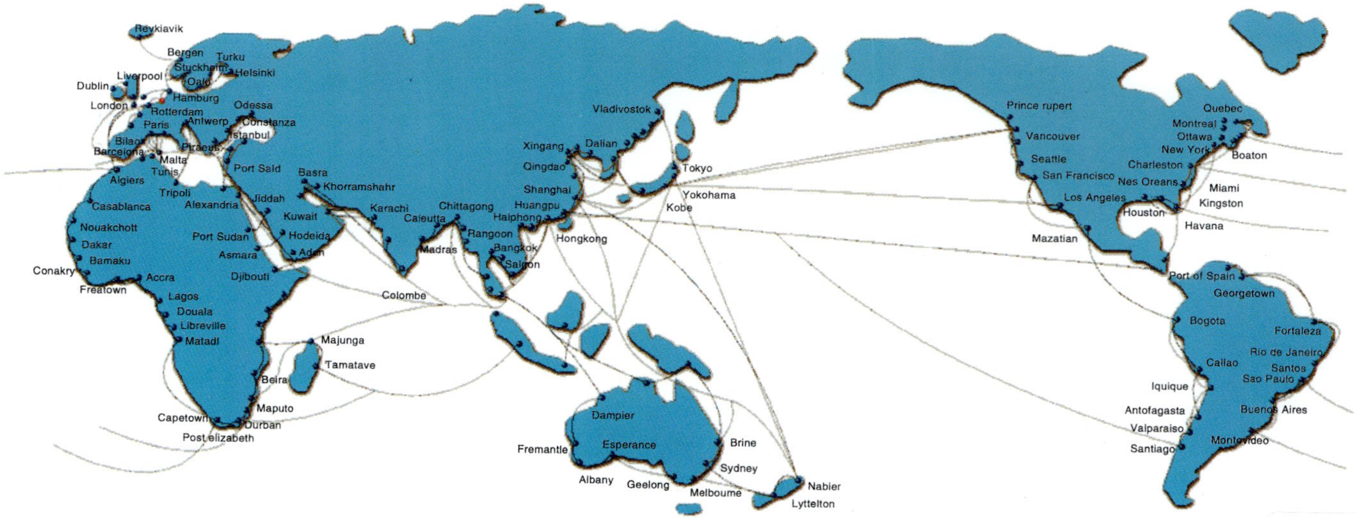

Reykiavik
Bergen
Turku
Stuckholm
Helsinki
Dublin
Liverpool
Oalo
London
Hamburg
Rotterdam
Odessa
Paris
Antwerp
Constanza
Bilao
Barcelona
Piraeus
Istanbul
Malta
Tunis
Port Said
Algiers
Tripoli
Basra
Khorramshahr
Casablanca
Alexandria
Jiddah
Kuwait
Nouakchott
Port Sudan
Hodeida
Dakar
Asmara
Aden
Bamaku
Conakry
Accra
Djibouti
Freatown
Lagos
Douala
Libreville
Matadi
Majunga
Tamatave
Beira
Maputo
Capetown
Durban
Post elizabeth
Karachi
Caleutta
Chittagong
Madras
Rangoon
Colombe
Bangkok
Saigon
Xingang
Dalian
Vladivostok
Qingdao
Shanghai
Huangpu
Haiphong
Hongkong
Tokyo
Yokohama
Kobe
Dampier
Fremantle
Esperance
Albany
Geelong
Melbourne
Brine
Sydney
Nabier
Lyttelton
Prince rupert
Vancouver
Seattle
San Francisco
Los Angeles
Mazatian
Quebec
Montreal
Ottawa
New York
Boaton
Charleston
Nes Oreans
Houston
Miami
Kingston
Havana
Port of Spain
Georgetown
Bogota
Fortaleza
Rio de Janeiro
Santos
Sao Paulo
Callao
Iquique
Antofagasta
Valparaiso
Santiago
Buenos Aires
Montevideo

世界主要海港及航线分布图

中国沿海主要港口分布图

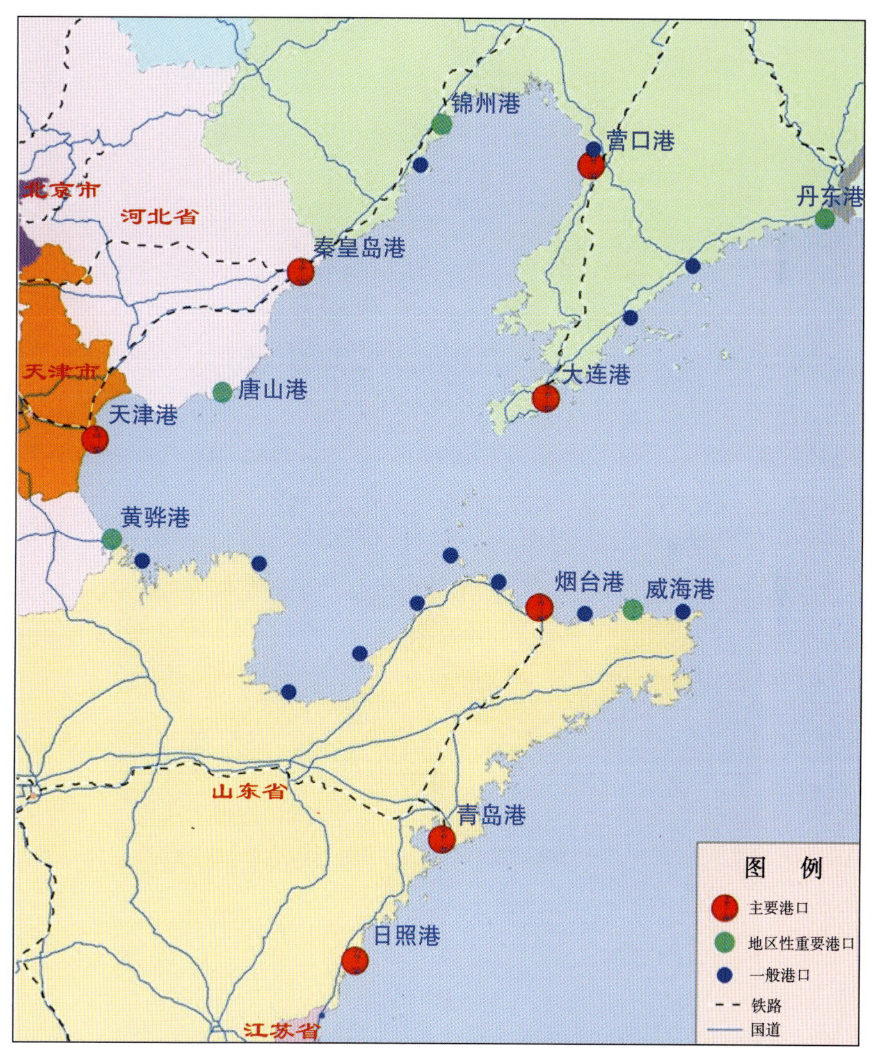

中国海港最密集的区域之一——环渤海港口群

欧洲最大的港口——荷兰鹿特丹港

驶向纽约港的集装箱船舶

依东京市而建的东京港

人工填海形成的神户港港区

釜山港全景图

现代化的新加坡与新加坡港

灯火辉煌的香港都市与港口

夜色中的深圳盐田集装箱码头

整齐的广州港滚装码头

中国第一个保税港区——上海洋山港

与陆家嘴金融区隔岸相望的上海邮轮码头

青岛港集装箱码头

大连港散杂货码头

天津邮轮母港夜景

天津港全景图

神华煤炭码头堆场

石化码头后方的油品存储区

GANGKOU
SHIDAI

港口时代

于汝民　主编

人民交通出版社

内 容 提 要

本书通过分析国内外港口及城市发展的历程，揭示了港口促进所在城市和区域经济发展的内在机理，描绘了面向未来的港口发展趋势。书中提出了全球一体化背景下如何催生港口的发展，港口又如何对经济全球化实施强有力的支撑，以及港口时代就是经济全球化时代的标志等鲜明的观点，具有较强理论性和前瞻性。本书是近年来，研究港口经济未来发展的重要专著。

图书在版编目（CIP）数据

港口时代／于汝民主编．--北京：人民交通出版社，2012.10

ISBN 978-7-114-10126-7

Ⅰ.①港… Ⅱ.①于… Ⅲ.①港口经济－研究 Ⅳ.①F55

中国版本图书馆 CIP 数据核字（2012）第 238482 号

书　　名：港口时代
著 作 者：于汝民
责任编辑：张　淼
出版发行：人民交通出版社
地　　址：（100011）北京市朝阳区安定门外外馆斜街 3 号
网　　址：http://www.chinasybook.com
销售电话：（010）64981400，64960094
总 经 销：北京交实文化发展有限公司
经　　销：人民交通出版社交实书店
印　　刷：北京市密东印刷有限公司
开　　本：720×960　1/16
印　　张：19
插　　页：8
字　　数：321 千
版　　次：2012 年 10 月　第 1 版
印　　次：2012 年 10 月　第 1 次印刷
书　　号：ISBN 978-7-114-10126-7
定　　价：58.00 元

探索港口城市發展规律，
为中国经济科学发展出
谋划策。

二〇一二年十一月为
《港口时代》题
袁宝华

原中顾委委员、中国企业联合会名誉会长袁宝华为本书题词。

序　一

港口是国民经济的晴雨表,港口生产形势与全球经济环境密切相关;港口是国民经济的基础,是所在城市、区域腹地经济发展的重要推动力;港口更是一个国家和地区实现和融入全球经济一体化必不可少的基础。在经济全球化的时代,世界各国都高度重视港口的发展,将港口视为一个国家融入全球供应链网络、参与全球竞争的重要组成部分,有些国家甚至将支持港口发展上升为国家战略。

回顾港口的发展历程,20 世纪中叶以前,港口基本上以传统的水陆运输转接功能为主,其发展的核心因素是劳动力和资本。20 世纪 60 年代前后,随着工业化的发展,贸易自由化的推进,港口的腹地不断延伸扩大,港口的商业性和综合服务作用增强,其功能逐步演变,提升为运输枢纽及工业发展基地,资本及技术成为其发展的核心因素。而我国则在 20 世纪 70 年代后期、80 年代初期,加快了建设速度,实现了跨越式的发展。自 20 世纪 90 年代后工业化时期以来,跨国公司大量出现,使生产资源在全球范围内进行配置,港口成为物流综合服务链的重要环节,技术、服务、信息等成为港口发展的核心因素。经过半个多世纪的规划、探索及建设,特别是改革开放以来,我国港口都进行了大规模的开发扩展,发生了极为深刻的变化。按照统筹规划、远近结合、合理开发的原则,已基本形成了布局合理、层次清晰、功能明确的港口布局,初步形成了围绕环渤海、长江三角洲、东南沿海、珠江三角洲和西南沿海等五大地区的区域化、规模化、集约化发展的沿海港口群体。

近年来,中国不仅成为世界上港口货物吞吐量、集装箱吞吐量最大的国家,而且是世界上港口增长速度最快的国家,是全球港口中亿吨大港的数量最多,集装箱港口前 30 位排名中的港口数量最多的国家。2010 年,中国港口货物吞吐量达到 89.32 亿吨,中国港口集装箱吞吐量达 1.46 亿 TEU,两个数据均雄踞世界榜首,成为名副其实的港口大国。

港口是一个社会关联度极高的产业,它对所在城市和区域腹地经济的发展以及社会的进步有着重要的影响,而所在城市、腹地经济的繁荣是港口得以发展的重要依托。在经济全球化的背景下，港口城市可以在世界范围内吸收人流、物流、资金流以及商品和信息流，各种生产力要素和资源在这里得到不断优化、配置，所以港口城市得以繁荣兴盛。根据有关资料，全球35个国际化的城市，有31个是因为有港口而发展起来的，排名前10名的城市几乎都是港口城市，全球财富的50%集中在沿海港口城市。

面对2008年金融危机以来世界经济新的发展形势，我国也面临着如何从港口大国向港口强国迈进的挑战。港口在高速发展的基础上，将以转变发展方式为主线，由吞吐量“硬”指标为主的较量转变为“软”实力的提升，全面协调，实现港口功能的拓展，港口的发展将融入物流与供应链竞争，充分打造成为全球供应链服务的节点，综合配置资源，集有形商品、技术、信息为核心竞争力的第四代港口，提供精细化的作业和敏捷服务，促使与港口相关临港产业的快速发展，更好地担当起全球供应链中关键的角色，为进一步增强我国的综合竞争力奠定基础。可以预见，中国将成为世界港口经济最具活力和增长潜力的国家之一。

于汝民同志是我熟悉的港口企业家，又有20余年的共事关系。他十分具有全球视野和战略思维，善于乘势而上，顺势而为，从他执掌天津港以来，天津港的超常规跨越式发展就能充分说明这一点。《港口时代》这本书是他40多年港口工作体会和思考的结晶。他通过分析国内外港口及城市发展的历程，揭示了港口促进所在城市和区域经济发展的内在机理，正面面对经济全球化背景下港口与城市在发展中面临的矛盾与问题，描绘了面向未来的港口发展趋势。全书论述朴实，通俗易懂，书中的一些观点非常具有理论性和前瞻性，相信这本书能使读者更好地理解港口、理解港口城市、理解港口经济、理解港口时代，增强港口意识，坚定对中国乃至世界港口发展的信心！

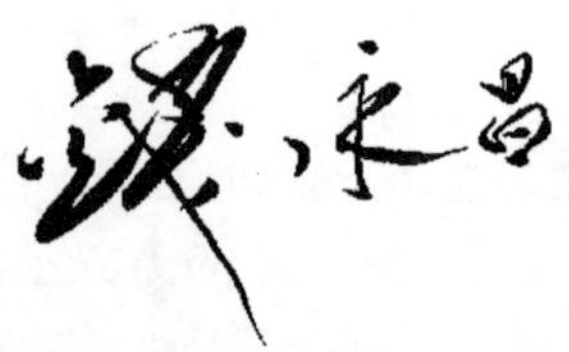

中国交通运输协会会长、原交通部部长

2012年9月

序　二

十五世纪以来，随着地理大发现和环球探险的兴起，以及工业革命的步伐，蓝色海洋对物流成本的锐减是造就世界财富剧增的关键要素。而港口作为大洋和大陆的连接点与路由器，一方面联系着供给与需求，一方面连接着辐合与辐散，通过时空压缩的巨大张力，把经济活动放大到整个地球的范围，极大地扩张了发展红利的空间，尤其对于大宗商品的远距离投送，为产业发展提供了前所未有的规模和强度。

港口不仅仅是综合交通运输网络的枢纽，也日益成为国力水平的象征与经济运行的寒暑表。合理的港口功能布局，科学的港口超前建设，高效的港口服务管理，可持续的港口发展战略，对于国家的繁荣昌盛，对于城市的发展壮大，对于经济全球化的鼎力支撑，具有不可代替的重大价值，已经日益成为牵动和辐射区域经济又好又快发展的助推器。

改革开放30年以来，中国经济发展取得了令世人瞩目的成就，国内生产总值增长近14倍，GDP年均增长超过9%，国家工业化、城市化进程快速推进，产业结构日趋合理，经济增速处于国际领先水平。截至2010年，中国的经济总量居世界第二，进出口总量居世界第三，已经提前完成现代化“三步走”战略部署的前两步，正在为全面建设小康社会、为初步实现现代化而努力奋斗。

在改革开放的30年中，中国社会主义市场经济体制也在逐步完善。经济体制改革首先是从农村开始，然后从农村到城市逐步推进，最后从经济领域向其他各个领域全面展开。从开展改革试点，积累经验，再到逐步推广，中国对外开放的市场经济体制转变从兴办经济特区向开放沿海、沿江乃至内地推进。在这个过程中，中国沿海涌现出了众多港口，抢抓住了经济全球化发展、国际化产业分工和中国经济进一步开发开放的趋势，为中国经济的对外开放起到了特殊关键作用。

在经济全球化和国际产业分工的趋势下，各国经济发展越来越受到所在区域产业要素聚集水平、国际资本流动与政策性导向、贸易流通功能这三大因素的制约。而考量贸易流通功能的根本就是所在区域的港口发展环境和功能布局，所以从经济发展和产业发展角度出发，以国家为基本单位的传统立场正在向以区域港口环境和港口功能布局为出发点的立场转变。从宏观的国家层面，到地方的区域经济层面，再到微观的港口功能层面，从港口角度研究国家经济增长日益重要。

金融危机过后，发达国家将走上一条曲折复杂的复苏之路。一是全球金融危机的深远影响尚未消除，比如美国的失业率居高不下，同时债务问题由商业领域延伸到公共领域，欧元区部分国家债务问题短期内难以解决；二是世界主要经济体低利率的货币政策仍然在使用；三是政策因素影响长远经济决策，比如美国两党之间的紧张形势使得美国的经济政策不能顺利推行。所以随着金融危机影响的消退，全球必将处于剧烈变革的后危机时代。经济全球化和国际分工作用的深度推进、全球经济结构的不断调整和产业技术革命的不断升级是这个时代变革的三大潮流。随着港口在全球贸易网络和物流结点功能的不断深化，未来这三大潮流中，港口这个全球化推手的强力作用将会日益突出。

从经济发展和对外贸易来看，中国的改革开放使自身巨大的劳动力市场和生产资源配置不断融入到经济全球化的调整之中，逐步确立起中国在全球经济和国际分工中的重要位置。紧随经济全球化的浪潮和中国经济的快速腾飞，中国沿海港口作为全球贸易网络和物流结点功能的辐射带动作用将会突出。港口作为经济“增长极”中的关键“核”，将会使中国港口城市更深层次地参与国际产业分工，利用港口强大资源集聚和整合能力，带动港口城市及其周边地区临港产业的快速发展，进而为银行、保险、贸易、中介服务等生产性服务业，以及旅游、餐饮、商业、会展等消费性服务业的快速发展提供巨大的发展空间，使区域与港口、港口城市与港口以及周边城市群之间形成“港兴城兴、港城联动”的良性互动，实现共同繁荣和发展。

正是在上述背景下，《港口时代》的作者深刻阐述了经济全球化、港口、港口城市三者之间的有机联系与发展关系，特别从港口角度出发对经济全球化进行专门论证，可以说《港口时代》作为国内的第一本专著是当之无愧的。这本书以港口发展的时间沿革为纵向纽带，以经济全球化的进程为横向关联，以中国区域经济布局和港口城市的发展为切入点，较为全面地论述了经济全球化与港口发展的内在联系，提出了全球一体化背景下如何催生港口的发展，港口又如何对经济全球化实施强有力的支撑，以及港口时代就是经济全球化时代的标志等鲜明的观点，值得每一位读者进行深入的思考。

牛文元

中国科学院可持续发展战略研究组组长、首席科学家

2012 年 9 月

写在前面的话

早在2003年，我主编的《港口规划与建设》一书出版时，我就有个愿望，希望能再编写一本全面论述在经济全球化大背景下，中国港口对区域和城市经济发展作用以及港口未来发展趋势的专著，以便给我们港口界的同行和关心港口事业的有关人士提供一些有价值的参考。之所以有这样的想法，是因为我在当时已深刻地感受到，2001年我国加入世贸组织后，中国必然迎来一个外贸事业大发展的黄金期，而且外贸事业的发展必然极大地带动我国沿海港口和港口城市的大发展。这对于中国的港口界和港口城市来讲，是一个难得的历史机遇。谁抓住了这个机遇，谁就会有一个跨越式的发展。我在《港口规划与建设》一书中，已经提出了中国沿海港口未来的发展方向是建设成为第四代港口——即全球资源配置的枢纽。建设第四代港口，应当是我们迎接一个港口发展新时代的举措。但是在那本书中，由于主题和篇幅的限制，不可能深入阐述有关港口对区域和城市经济发展所起到的促进作用。同时，我作为一名港口企业的主要负责人，近几年在推动天津港发展的工作中面临着极大的压力和繁重的任务，这本书的编著工作也就暂时搁置了下来。

这些年来，我一直工作在港口发展建设的第一线，特别是赶上了天津滨海新区的开发开放这一难得的历史机遇。这样，就使我有机会切身体会到港口与区域经济和城市发展的血脉联系。在区域经济的发展历程中，中心城市发挥着重要作用。它作为一个成长极，对区域内其他地区和城市的经济发展起着重要的带动和辐射作用。而在区域中心城市的发展中，又必然存在一些起重要作用的经济成长点，这些经济成长点是中心城市经济发展的原动力。对于港口城市来讲，港口就是这个城市的经济成长点。港口在城市发展中之所以能起到这样的作用，首先，是因为它作为交通运输的枢纽，是各种交通工具和物资汇聚的地方，这就带来了大量的人流、资金流和信息流，其本身就活跃了城市经济；第二，在港口附近发展加工工业其运输成本是最低的，这一点对于我们这样的人口多、人均资源少，主要靠国内外两种资源、两个市场拉动经济发展的国家尤为重要；第三，在物流、贸易和加工业发展的基础上，可以派生出如金融、信息、法律等高端和现代服务业，从而推动城市的产业升级并进一步提高港口城市的辐射带动能力。港口不仅是某个产业链向外延伸的节点，更重要的是各种产业的交汇点，因而可以带来产业集群的发展，而产业集群的发展必然带来经济要素的聚集与扩散。这就是港口与港口城市、港口城市与区域经济发展的内在逻辑。

加入世贸组织以来的十年是中国发展最快的十年。十年来，中国GDP年均增长率达到10.5%，这其中外贸增长起到了巨大的拉动作用，其年均增长率为22%。与中国经济和外贸快速发展相匹配的是，港口行业得到了快速发展。到2010年末，在世界港口吞吐量前十名的排名中，中国港口占据8席。在集装箱港口吞吐量排名前十中，中国港口已占有5席。然而在20年前，也就是在1990年，在世界港口吞吐量前十名的排名中，中国港口仅有上海港入围，排名第5，而那一年中国集装箱港口的最高排名是上海港，排名第40名。这样的对比至少可以说明三个问题：一是，积极参与经济全球化，对于中国的发展是非常重要的，它可以迅速增强我们的经济增长动力；二是，港口的发展是一个国家经济特别是外贸发展的晴雨表，一个外贸大国一定是港口大国；三是，港口的发展对港口城市和区域经济的发展能起到重要的支撑和拉动作用，因此，港口是国家重要的战略资源。这本书中通过回顾和总结在经济全球化过程中，一些发达和发展中国家的发展历程也可以证明这一点。

2008年爆发的金融危机深刻地改变了世界经济原有的发展轨迹，金融危机带来的全球贸易保护主义抬头、资源和劳动力成本上升、消费需求结构变化等问题，必然使我国高速发展的外贸出口遇到阻力，港口的发展也面临新的挑战。在2008年，我曾对中国港口业的发展作出了四点判断：一是中国港口业就其整体而言已经过了高速发展期，进入到平稳发展期；二是由于中国的国情，中国经济的发展必须依靠国内外两种资源、两个市场，因此中国的港口业在一个较长时期内仍有较大的发展空间；三是由于竞争的需要和成本的压力，船舶大型化的趋势仍然会继续；四是国内港口间的竞争会更加激烈，这种竞争不再局限于港口规模和等级的竞争，更扩展到以港口为枢纽的物流体系之间的竞争。尽管发端于2008年的金融危机正在深刻地改变世界，但是我深信经济全球化的趋势不会因此而改变。而且我认为，一旦我们度过了这场危机，世界各国的经济会更紧密地联系在一起。

目　　录

第一章　国际海运——经济全球化的有力推手

李增军　运　波　王　磊

当航海技术没有发展起来之前，世界被大洋分隔成一个个部分，人们无法开展远洋航行活动，更不能通过海上运输的方式进行贸易，只是通过在陆地上的长途跋涉完成商品交易。尽管阿拉伯商人和丝绸之路的故事被人们所熟知，但事实上陆地的运输方式在当时不能完全满足亚欧大陆之间的贸易需求。海上运输方式的产生，扩大了贸易的规模，拉近了世界间的距离。从大航海时代的到来，到工业革命的爆发，从蒸汽轮船的产生，到现代航运体系的形成，国际海运帮助人类彻底突破了远洋航行的局限，并推动人类社会向经济全球化的时代阔步迈进。在此过程中，港口随着海运需求的产生而繁荣，并在国际贸易中扮演愈来愈重要的角色。今天的港口已经逐渐演变成为所在区域的物流中心和资源配置中心，是拉动区域经济增长的引擎。在经济全球化进程中，港口正在以日益丰富的功能和强大的作用开创一个新的时代。

第一节　新航路的开辟奠定了海上贸易的基础

中世纪之前的航运活动由于航线单一，贸易规模较小，始终未能成为全面推动世界经济发展的主要因素。直到中世纪末期，大航海时代的到来开辟了国际海上运输的新航路，彻底突破了远洋航行的局限，并推动人类社会向经济全球化的时代阔步迈进。大海航时代亦称地理大发现时代，发端于15世纪末期，落幕于19世纪后半叶，前后绵延400年。在这段时期里，地球上几乎所有的海洋以及与海洋地理相关的半岛、海峡、群岛、岛屿被大致发现完毕，同时跨越大洋之间的远洋航线被开辟出来。从此，海洋不再是隔绝人类文明的天堑和屏障，反而成为将地球上有人类居住的各大陆地连接起来的桥梁，人们开始通过海上通道开展大规模的贸易活动,一个关联紧密的全球性世界开始形成。

一、跨国贸易需求催生了新航路的开辟

学者们的研究普遍认为,航海技术和地理知识的发展、文艺复兴运动带来的人文主义精神、资本主义萌芽的出现以及东西方通商线路的受阻是出现海上新航路的重要条件。然而从经济发展的角度出发,可以发现中世纪欧洲国家开展大规模跨国贸易的迫切需求是推动海上新航路产生的关键要素。

(一)资本主义萌芽的产生推动了跨国贸易的需求

14 世纪欧洲出现了资本主义萌芽。由于生产的复杂化、社会分工的扩大和生产过程逐渐具有的社会性,很多小生产者逐渐丧失经济上的独立性,同包买主之间形成依赖关系,出现了以资本主义剥削关系为基础的新型的"小生产者",即为包买主生产商品,领取"报酬"(一定工资)的雇佣工人。随着资本积累的不断增加,资本的逐利性使新兴的资产阶级开始将眼光瞄向海外,他们远涉重洋对亚洲、非洲和拉美等国的资源进行掠夺,通过开展奴隶贸易、发动商业战争等手段,积累起资本主义发展所需要的大量货币资金[1]。由于资本主义制度下的重商主义在当时的经济运行中发挥了重要作用,积极寻求海外贸易也由个体性行为上升为国家层面的活动。

(二)东西方商路受阻迫使西欧另辟新航路

15 世纪初,东西方间的商路主要有 4 条:从西欧和东欧通过中亚和蒙古到印度和中国;沿东地中海过小亚细亚、叙利亚、两河流域、中亚,再到东方;经黑海南岸到里海南岸经波斯湾到东方;经东地中海、红海、波斯湾、阿拉伯海、印度洋、孟加拉湾、南中国海的海上商路。但是,随着奥斯曼土耳其和埃及苏丹的兴起,到 15 世纪中叶,东西方贸易通道遭到破坏。第一条商路随着蒙古帝国的崩溃而中断;奥斯曼土耳其封闭了第二条商路,控制了第三条商路(后来被伊朗萨菲尔王朝控制);埃及苏丹则在第四条商路征收高额关税,阻碍了东西方贸易的发展[3]。在这种情况下,东西方原有的通商道路或者被中断,或者成本陡然增高,给亚洲和欧洲之间的贸易造成了极大的不便。巨大的贸易需求使得西方人不得不寻求其他的通商线路,由于航海技术的成熟,西方人自然而然地把视线投向了新航路的开辟。

二、大航海时代开辟的主要航路

最先开辟海上新航路的是葡萄牙和西班牙，它们的海外拓殖揭开了地理大发现的序幕。伴随着海外扩张的陆续推进，人们到达了越来越多的海域。过去人们认为“大海洋”仅仅是一个沿海狭长的海域，而现在他们发现，这个大海洋比他们想像的大得多，它同时向南、向西无限地延伸。在葡萄牙和西班牙的海外拓殖过程中，从欧洲经印度洋到达亚洲的航线、从欧洲横渡大西洋到达美洲的航线以及环球航线均被开辟出来。

（一）葡萄牙早期对非洲的探索

15 世纪初，葡萄牙人在西非开展了一系列探险和殖民活动，组织船队沿非洲海岸南下，揭开了地理大发现的序幕。在半个多世纪的时间里，葡萄牙人不断地对非洲大陆进行航行探索，并终于在世纪之末掀起了打通世界航线的航海高潮。

以航海家著称的亨利王子是西欧航海事业中推进组织活动的第一人，他创办航海学校，培训本国水手，修建海港、码头、船坞，并建造和维修远洋船只。还组织进行了深入大西洋和南下非洲海岸的一系列探险活动。

1415 年，亨利王子派遣探险船占领了战略地位十分重要的非洲北部重要港口城市休达（Ceuta），这成为葡萄牙对外扩张和海上探险活动的开端。1417—1445 年的 30 余年时间里，葡萄牙发现了一系列岛屿，并开始对其进行殖民开发，为葡萄牙人继续探索西非海岸的航线打下了良好的基础。1455 年，亨利王子继续组织船队向南航行，到达了冈比亚，途中访问了马德拉岛、加那利群岛、阿尔金湾、布兰克角、塞内加尔、布多迈尔王国、佛得角等。到 1460 年，佛得角群岛的主要岛屿已经被发现，葡萄牙由此开始了系统的移民垦殖活动。表 1.1 记录了葡萄牙早期非洲探险的主要事件。

葡萄牙早期非洲探险的主要事件 表 1.1

时　间	事　件
1415 年	葡萄牙国王若奥一世到达北非，在直布罗陀海峡南岸的休达建立了第一块殖民地。
1425 年	葡萄牙人费尔南多·卡斯特罗到达加那利群岛。
1434 年	吉尔·埃阿尼什到达博哈多尔角，扫除了开辟新航路的一个障碍。
1436 年	鲍尔达亚到达博哈多尔角以南的布朗角，并将途中一海湾命名为利奥德奥罗。

续上表

时　间	事　件
1441 年	亨利派贡萨尔维什和特利斯陶前往布朗角,并发现了阿奎姆湾。
1455 年	卡达莫斯托在亨利的支持下到达冈比亚河地区。
1460 年	葡萄牙探险船队抵达塞拉利昂。
1462 年	葡萄牙探险船队到达利比里亚沿海。
1471 年	葡萄牙人夺取阿尔吉拉和丹吉尔,控制了直布罗陀海峡周围地区。
1481 年	若奥二世派阿桑布雅前往黄金海岸修建了圣乔治·达米纳堡,建立了葡萄牙人在西非沿岸的第二个殖民据点。
1482 年	第奥古·考到达刚果河口,并继续南航到达了圣玛丽亚角。
1487 年	巴托罗缪·迪亚士从里斯本出发,经过吕德维茨并绕过好望角进入印度洋,为葡萄牙远航印度打下了基础。

资料来源:作者根据《海洋秩序在国际秩序变迁中的地位和作用》一文整理。

(二)哥伦布发现美洲新大陆

1492 年 8 月,哥伦布率领 88 人的船队开始了其第一次伟大的航行。经过两个多月的长途跋涉,10 月 12 日,哥伦布抵达了属于现在中美洲加勒比海中的巴哈马群岛,并将其命名为圣萨尔瓦多。到达西半球后,哥伦布一行开始了在“印度”的活动,发现了圣玛丽亚岛、斐迪南岛、伊莎贝拉岛、哥伦布沙洲以及古巴等地。1493 年 1 月 16 日,哥伦布从新大陆返航,并于 3 月 15 日返抵西班牙的帕洛斯港。此后他又三次重复他的向西航行,陆续发现了牙买加、波多黎各、多米尼加等,并到达中美洲的洪都拉斯和巴拿马等地,为西班牙人的殖民事业打下了基础。

哥伦布的远航是人类历史上首次完成横渡大西洋的壮举,是大航海时代的开端。新航路的开辟改变了世界历史的进程,使海外贸易的路线由地中海转移到大西洋沿岸。一种全新的工业文明成为世界经济发展的主流。

(三)达伽马开辟印度航线

哥伦布发现新大陆的消息极大地刺激了当时的海洋强国葡萄牙,激发了葡萄牙政府迅速开辟通往印度新航路的热情。1497 年 7 月 8 日,达伽马奉葡萄牙国王曼努埃尔之命,率领 170 人和 4 艘船只从里斯本出发,沿着迪亚士开辟的航路前往印度。船队绕过好望角,于 1498 年 5 月到达印度卡利库特港,并在此立起了一根象征占领的石柱。1499 年 9 月 9 日返回里斯本,完成了人类有史以来最远的一次航行[4]。至此,葡萄牙人终于打通了到达印度的航路。

1502 年 2 月,达伽马再度率领船队开始了第二次印度探险,并于次年 10 月回到了里斯本[5]。史学家认为达伽马是在航海家亨利之后唯一成功开拓葡萄牙海上贸易的探险家,他首先连起非洲与亚洲的新航线,促进了欧亚贸易的发展,并开辟了欧洲进行殖民掠夺扩张的新时代。葡萄牙通过这条航路开始了掠夺性贸易和殖民活动,欧洲国家从此在世界崛起。

(四)麦哲伦开辟全球航线

在新航线不断被开发出来的基础上,葡萄牙航海家麦哲伦取得了更为伟大的功绩。他从西班牙出发,绕过南美洲,发现麦哲伦海峡,然后横渡太平洋,继续向西航行回到西班牙,完成了人类历史上的第一次环球航行。麦哲伦也由此被认为是第一个环球航行的人。

麦哲伦船队的环球航行,用实践证明了地球是一个圆体,他也被世界认为是第一个环球航行的人[6]。他依次经过了大西洋、太平洋、印度洋,人们终于认识到世界海洋的分布情况,并可以利用更加广阔的空间完成通行。“宽广的海面是天然的交通道路,不太受时空条件的限制。从地中海到大洋,又从大西洋到太平洋,遥遥数万里,甚至从东半球到西半球都能畅通无阻。”[7]

三、新航路的发现对世界经济体系的影响

新航路的开辟和地理大发现打破了各地区之间这种彼此孤立的藩篱,将世界连接成为一个整体。美洲新大陆的发现给西方殖民者提供了新的扩张空间,并带来丰富的廉价资源。从欧洲到达印度新航路的开辟,加深了欧亚非三大洲各古老文明地区之间的交流与接触,密切了彼此之间的联系。

(一)促进了国际间贸易的发展

新航路开辟以后,不仅旧大陆东西之间的海路畅通,而且出现了新旧大陆之间的商业往来,这种状况极大地促进了并引发了商业革命和价格革命,国际贸易迅速发展,世界市场开始形成。马克思说:“美洲的发现、绕过非洲的航行,给新兴的资产阶级开辟了新天地。东印度和中国的市场、美洲的殖民化、对殖民地的贸易、交换手段和一般商品的增加,使商业、航海业和工业空前高涨,因而使正在崩溃的封建社会内部的革命因素

迅速发展。"[8]曾经巨大的贸易需求促使人们走进海洋深处从事航海探险活动，后来新航路的开辟又转而推动了大陆间贸易的发展，航运和贸易像两只紧紧咬合的齿轮，相互带动，相互发展。

商船队伍往返于新航路，给欧洲带来了之前从未见过的新产品，亚、非、美洲的众多商品开始大量出现在欧洲市场上。美洲的玉米、甘薯、马铃薯、烟草、可可，以及各种当时鲜为人知的蔬菜瓜果，如花生、向日葵、西红柿、辣椒、南瓜、菜豆、菠萝等，在16世纪中叶后，通过各种渠道传至旧大陆各地区。中国盛产的茶叶、丝绸、瓷器、药材和手工艺品等对欧洲的输出量剧增，成为国际贸易中的重要商品。饮茶、饮非洲出产的咖啡逐渐成为欧洲的风尚。[9]传统商品的交易量显著增多，如从前通过意大利商人转运到欧洲的胡椒，每年只有2100吨，新航路开辟后，每年从东方仅运往里斯本的香料就骤增达到7000吨。

(二)推动了欧洲资本主义强国的崛起

凭借强大的海上实力，葡萄牙和西班牙实现了快速扩张，完成了大国崛起的原始积累。荷兰、英国等欧洲国家也开始加入海外扩张与殖民地的争夺，欧洲列强的实力迅速膨胀，亚洲国家逐渐落伍。

强大的海权为葡、西等国带来了滚滚的财富，东方的象牙、香料和黄金如潮水般涌入葡萄牙。葡萄牙殖民者用小镜子、别针、玻璃球以及其他廉价的手工业品和玩具，换取土著居民的宝石、珍珠、象牙、黄金等贵重物品，甚至是奴隶。金、银、宝石，印度的丝棉织品，伊朗的锦缎，香料群岛的肉桂、豆蔻、丁香、胡椒以及从非洲掠来的象牙，还有中国的茶叶、瓷器、精美的手工制品，都大量流入葡萄牙。几十年间，传统的农业国葡萄牙一跃成为西欧最富有的国家。

此后随着西班牙的崛起，世界甚至被两强瓜分。1494年6月7日，在罗马教皇的主持下，葡萄牙和西班牙在里斯本郊外的小镇签署尔德西里亚斯条约：在地球上画一条线，然后像切西瓜一样把地球一分两半。葡萄牙拿走了东方，西班牙把美洲抱在了怀里。[10]此后两国再签条约，根据条约，西班牙几乎独占整个美洲，葡萄牙的势力范围则在亚洲和非洲广大地区。

(三)导致了国际殖民主义的出现

虽然新航路的开辟给世界带来了更多的国际间贸易的机会，但当时更多的情况是欧洲强权国家对于亚、非和拉美国家的资源掠夺，并由此产生了国际殖民主义。欧洲探险者在到达一个地区后，往往将他们发现的地区占为己有,进行殖民开发,建立殖民地。在很长一段时间,在海外建立和掠夺殖民地成为海洋大国海洋争夺的内容之一,这直接导致了世界殖民体系的形成。

以葡、西两国为例,葡萄牙在16世纪中叶达到鼎盛时期,当时在西非、东非、阿拉伯半岛、印度、马来半岛和印度尼西亚都设有军事据点和商站,垄断了欧、亚、非之间的主要贸易通道。达伽马船队满载香料、丝绸、象牙等货物返回葡国;据估计,此次航行的纯利润达到航行费用的60倍。1457—1460年间,被葡萄牙探险船队抓到里斯本贩卖的黑人,每年达800~1000人之多。欧洲殖民者将非洲作为掠夺奴隶的主要地区,劫掠和贩卖黑人为奴,成为他们的巨大财源和迅速致富的途径。从1480到1530年,葡萄牙人在几内亚湾掠得的黄金值10万英镑,占当时世界黄金总量的10%。

西班牙在美洲大陆上的贸易掠夺更加直接。1492年底,哥伦布在海地北部建立第一个殖民据点。此后西班牙殖民者以海地为基地对拉美国家展开殖民统治。到16世纪中叶,西班牙已侵占除巴西以外的中南美洲,建立庞大的殖民帝国。[11] 据统计,1521—1544年,他们平均每年从美洲运走黄金2900公斤、白银30700公斤。到1545—1560年,黄金增至5500公斤,白银为246000公斤。到16世纪末,世界金银总产量中有83%被西班牙占有。与欧洲人的扩张相伴随的,却是美洲两大文明中心的悲歌。到1570年,战争屠杀和欧洲传来的流行病,使墨西哥地区的人口从2500万下降到265万,秘鲁的人口由900万下降到了130万。美洲大陆的原住民印第安人从那以后急剧减少了90%。[12]

大航海时代是人类文明进程中最重要的历史阶段之一,然而她虽然在一定程度上推进了全球经济贸易的发展,但无论是哥伦布还是麦哲伦,他们开辟新航线之后都把注意力更多地集中在海外殖民地的开拓上。因此新大陆的发现并没有开启经济全球化的新时代,西班牙、葡萄牙的航海技术仅仅用于对非洲、美洲以及亚洲等大陆的掠夺。

第二节　海运技术的发展推动了海上贸易的发展

早期的欧洲国家并没有把全部精力投入到海上贸易中去,而是过分热衷于殖民扩展与资源掠夺,因此新航路的开辟并未显著地推进经济全球化。而后来相继崛起的荷兰、英国、美国等国家依靠技术革命快速发展自己的海上力量,并通过海上运输加快了经济全球化的进程。

一、新航海技术的出现

(一)15 世纪航海技术的快速发展

15 世纪前后,欧洲人已经掌握了更为先进的航海和造船技术,同时自然科学的快速发展使其形成了与航海有关的天文、地理等知识体系。这些新技术和新知识为后来的大航海提供了关键的技术保障,为越洋航线的开辟奠定了坚实的基础。

首先,欧洲的造船技术不断取得突破。早在 15 世纪 20 年代,北欧就出现了双桅船。到 50 年代,意大利出现了三桅轻快船;葡萄牙人则设计出了一种适合远航、快速轻便、机动性好的卡拉维尔帆船。15 世纪末,西欧又出现了一种载重量大、抗风浪能力强的"牢型船"。16 世纪,葡萄牙又造出了有 7 层甲板,能载 2000 人的卡拉克船。[13] 这一时期造船技术的不断推陈出新大大提高了船舶的性能,增强了远洋航行的能力。

其次,航海仪器得到改进。中国的罗盘针传到欧洲后,经过改进和发展后已经成为先进的航海仪器。1380 年,欧洲已经出现了先进的旱罗盘。这种罗盘不仅比较稳定,便于观察,而且能够准确定位,"罗盘上的标准罗经卡这时通常稳定在 32 个方位点的精度上"。[14] 在计时器方面,由原来的沙漏、玻璃漏、点香发展到天文钟,最终解决了船位的精度测量问题。特别是六分仪和天文钟的发展使船在海中的精确定位有了可能,也使航海技术又跨上了新的台阶。

第三,海图制作技术也有了相当的发展。14 世纪,数学取得了很大进步。几何三角学可以用来制作某些数学表,并有效地用于航海,从而带动欧洲进入了数学航海的新阶段。同时期欧洲出现了第一种近代化的科学海图。海图应用投影原理、经纬网、比例尺,反映了极圈、赤道、回归线等自然因素的制图术,绘制的大范围小比例尺地图、世界地图,都为后来地理大发现提供了条件和基础。[15]

(二)工业革命带来蒸汽轮船的出现

18 世纪末至 19 世纪初的蒸汽技术革命引发了交通运输技术的飞跃,以蒸汽机为动力的轮船和火车相继诞生。1807 年,被誉为"轮船之父"的美国人富尔顿发明蒸汽汽船,揭开了蒸汽轮船时代的序幕,使人类航行进入了新的时代。1814 年,英国的亨利 · 贝尔建造了"彗星"号客轮运送旅客,这是欧洲的第一艘班轮。1819 年,美国的"萨凡纳"号轮船横越大西洋成功，揭开了航海史上的光辉一页。

新兴钢铁轮船拥有过去造船业完全没有的三项技术：第一是金属结构技术，这使船体比原先的木质船舶更坚固；第二是螺旋桨推进，可以产生更大的动力和速度；第三是汽轮机，它与减速齿轮装置及高压锅炉联合使用，把燃料转变成运动能量。以蒸汽为动力的轮船从此迅速兴旺起来，蒸汽动力轮船成为海洋的新主人。到了20世纪初，世界各国拥有的蒸汽船的吨位已经远超过木帆船，主宰着海洋通道的运输，参见表1.2。

1870年、1910年主要航运国注册商船吨位（单位：千吨）　表1.2

国家	船型	1870年	1910年
英国	木帆船	4578	1113
	蒸汽船	1113	10143
法国	木帆船	921	638
	蒸汽船	151	846
德国	木帆船	872	507
	蒸汽船	67	2383
美国	木帆船	2363	1655
	蒸汽船	1075	4900

资料来源：作者整理。

（三）导航技术提高了航行能力

天文导航和指南针导航这两种方法使人们摆脱了海岸，但在雾天、阴天和复杂的海区仍可能出现误差而酿成悲剧。后来无线电导航和雷达导航以及卫星导航诞生后，人类才真正地做到了"海阔凭船行"，才真正地获得了海上航行的自由。新的导航方式提高了导航精确度和导航距离，可以保证船舶在雾、雨、雪等不易看清前方的情况下正常航行，还可防止与其他船舶相撞。因此航海学家们把其称为"并不轰动但极有力量的航海革命"。

技术的进步和人民的富足为海上运输的进一步发展提供了基础，随之而来的资本主义经济的进一步发展从社会形态的角度推动并加快了经济全球化的进程和国际间贸易的深化。

二、国际海运的不断成熟

由于上述因素的推动和影响，国际海上运输逐渐成为国际间运输的主要方式，并开始在国际贸易中扮演重要的角色。

（一）海上运输优势逐渐显现

船舶技术的进步使得海上运输方式在国际贸易蓬勃发展的背景下优势愈发明显，并最终成为大宗商品在国际间流通的主要运输手段。海上运输的优点主要有：

（1）运量大。船舶自诞生之日起便一直在向大型化的方向发展，如今巨型油轮已经达到50～60万吨等级，大型集装箱货船已达18000TEU等。船舶的承载能力远远大于火车、汽车和飞机，是运输能力最大的工具。

（2）成本低。据统计，海运运费一般为铁路运费的1/5、公路运费的1/10、航空运费的1/30。这就为低值大宗货物的运输提供了有利的运输条件。此外，集装箱船从1000TEU（标准箱）提高到2000TEU，单位运输成本可下降20%左右，从2000TEU提高到4000TEU，单位运输成本可下降10%左右，从4000TEU提高到6000TEU，单位运输成本可下降5%左右。[16]

（3）适用范围广。海上运输适应运输各种货物，尤其是一些火车、汽车无法运输的特种货物，如石油井架、机车等均可利用海上运输。

尽管存在着如速度慢、风险大等一些不足，但是海上运输仍然具有其他运输方式不可比拟的优越性，海上运输在人们越来越多的关注中快速发展，并逐渐成为国际贸易中最重要的运输方式。

（二）海上运输规模迅速扩大

基于制度变革和技术创新的世界海上运输获得了前所未有的发展动力，其规模从18世纪开始迅速扩大。英国、美国等新兴资本主义国家不再把主要海上力量用于军队的装配，取而代之的是大批的商船往来于大西洋之中。数据显示，1900年世界轮船的总运力达到2240万吨，仅仅13年之后，1913年时的世界轮船的总运力已经增长到4170万吨，几乎翻了一番（表1.3）。

16世纪末至20世纪初世界船舶航运能力（千吨）　　表1.3

	1570年	1670年	1780年	1850年	1900年	1913年
帆船	730	1450	3950	11400	6500	4200
轮船	0	0	0	800	22400	41700

资料来源：根据安格斯·麦迪森，《世界经济千年史》整理。

在国家层面，以典型的新兴资本主义国家英国为例，从16世纪开始英国的船队开始快速发展，成为支撑该国进行海外贸易的重要基础。英国当时具有世界上最大的商船队。在1560—1860年的300年间，英国商船队的力量得到了持续快速的增长。1860年，英国商船队的吨位数是1560年的100倍。1815年，英国商船吨位数为220万吨。1850年接近360万吨，占世界商船总吨位数的47%。1870年达到569万吨，超过美、德、荷、法、俄等国商船吨位的总和。[17]

船队数量的增加带来货物运输的增长。据统计，1600—1640年英国的进口总值增长很快，从大约1000000镑增长到3000000镑。主要的增长阶段是在1615年以后。如1603—1615年平均的进口值是1240000镑，1630—1640年的平均进口值达3000000镑。其中，17世纪30年代，酒、丝、葡萄干、胡椒、烟草等大宗货物的进口总值比伊丽莎白统治早期增长2倍。[18]而且，由于当时逃避关税的现象较为普遍，因此实际进口量可能会更大。

（三）专业化运输船舶开始出现

19世纪海运大发展的重要标志之一就是专业化运输船舶的出现。其中最为突出的是油轮从干货船中分化出来，成为一种独特的、有专用设备且日益大型化的货运船舶。最早的油轮出现于1869年，是载重714吨的改装了油舱的三桅帆船“林逊斯”号。1872年，比利时的“瓦德兰”号投入运行，成为世界上第一艘用蒸汽机为动力的运油船。1878年，世界第一艘散装油轮出现，由阿塞拜疆巴库的诺贝尔兄弟石油公司设计，并且委托瑞典一家造船厂建造的“索洛阿斯特”号散装油轮投入里海航行。之后油轮快速发展，到1885年，美国已经有1000多条运油船。

尽管油轮、集装箱船和大型散货船均发展和成熟于20世纪，但仍不可否认，19世纪期间专业化船舶的出现是航运效率提高的发端，也是国际海运走向成熟的重要标志。

三、国际海运有力地推动了经济全球化

海上运输直接推动了国际贸易的发展，成为全球经济一体化的重要推手。海洋是国家繁荣，与外界通商贸易、扩大势力和发挥影响的一条途径。在航空事业未出现之前，大海是唯一的一条沟通与外界联系的自然通道。[19]海上贸易占据国际贸易的主要份额，大量的货物通过海运的方式在大洋上往来。有数据显示，全球经济每增长一个百分点，国际海运量将上升1.6%。从一定意义上说，经济兴衰状况与航运密切相关。因此，

国际航运是影响世界经济贸易的重要因素。

(一)海运推动了新兴国家的海外贸易

依托于海运发展的是国际贸易的兴盛和海上大国的繁荣,在海运急速发展的同时,英国、美国等新兴资本主义国家通过贸易走上了强国之路。1801—1850 年间,19 世纪海上霸主英国的出口额从 2490 万英镑增加到 17540 万英镑,增加了 600%。1892—1894 年,英国商船占世界商船总吨位的 81.6%。到 1850 年,世界将近一半的商品额是英国同世界各国的双边贸易,对外贸易成为其经济增长的"发动机"。从 1870 年到 1913 年,英国的船舶建造从 34 万吨增加到 120 万吨。到 1911 年,英国以及英属殖民地拥有的商船吨位占世界总吨位的 39.1%。1912 年,英国商船运送了世界贸易额 52% 的货物,运送了英国本国与英帝国内各国之间贸易价额的 94% 的货物,运送了各国与英国之间贸易价额 63% 的货物以及各外国相互贸易价额约 30% 的货物。[20]超群的海上实力使英国在国际贸易中获得了巨大利益,财富的快速积累有力地促进了英国国力的提升。

继英国之后,美国也积极加入海上贸易的行列之中,并通过海洋贸易实现了北美地区的最初繁荣。1752 年有 3000 艘商船从事北美殖民地的贸易。1772 年从波士顿港运往外国的年货物运输量为 42506 吨,比 1717 年的 20927 吨翻了一番。1795—1801 年,美国海上运输业每年的纯收入超过 3200 万美元。1805 年,美国对外贸易额约占世界总贸易额的三分之一。美国拥有的商船吨位也从 1789 年的 12.38 万吨,跃增到 1810 年的 95.10 万吨,规模仅次于英国。[21]

(二)海运促进了世界市场的形成

海上运输方式的革命从根本上改变了地球上各地区彼此隔绝的状态,迅速地扩大了人类的活动范围并加强各地之间的交往,为世界市场的形成提供了条件。世界市场在 15、16 世纪的地理大发现时期已有发端,到 19 世纪中叶终于形成。在这一段时期内,世界市场的范围不断扩大,中欧、东欧、中东以及印度洋沿岸的广大地区都成为世界市场的组成部分,南太平洋和远东的澳大利亚、日本和中国等也开始进入世界市场。商品交易打破了原有的时间空间限制,商品生产和交换越来越具有世界的规模,世界各国之间的经济联系及相互依赖程度都加强了。

海洋运输的变革使远程运输更加安全便捷,是促进世界市场形成的重要因素之一。其推动作用主要体现在三个方面:

一是海上运输工具的变革成为 19 世纪末世界经济、世界市场发展的主要推动力。如前文所述，蒸汽轮船的出现使远洋航运的商船队力量大大加强了，船队航行的速度、运量和安全性得到保障。在19世纪，若用快帆船把1000吨货从中国运到欧洲需要120～130天的时间，而霍尔德兄弟的首航船（当时一家海运公司的轮船，作者注），从中国装载了3000吨货物只用了77天便运抵英国。[22]远洋货轮把英国生产的商品运销到世界每个角落，又把英国所需要的各种工业原料、生活用品运回。海洋运输方式支撑着国际贸易体系的运行。

二是固定的航线、港口、码头建立起来，使世界市场有机地结合在一起。地理大发现后，世界海运的航线不断增多，并于19世纪初出现了固定航线运行的班轮运输形式。1818年美国黑球轮船公司开辟的纽约—利物浦航线被认为是最早的班轮。同时，伴随着国际贸易与世界海运的发展，适应近现代运输模式的码头公司于19世纪出现，并经过半个多世纪的发展逐渐完备。码头公司拥有码头、仓储等基础设施，并雇用长期和临时搬运工参与装卸工作。码头功能的完善提高了货物的周转效率，使得在大洋中航运的货物在陆地上有了更加可靠的依托，使国际市场间的贸易更加顺畅。

三是海运规则的形成规范了航运秩序，加快了贸易自由化的发展。在18、19世纪，承运人滥用契约自由、无限扩大免责范围的做法使当时的国际贸易和运输秩序一度陷入混乱。各国为维持海洋秩序相继出台了海上货物运输的有关法律，如美国的《哈特法》、澳大利亚的《海上货物运输法》、新西兰的《航运及海员法》、加拿大的《水上货物运输法》等。到1921年，国际法协会所属海洋法委员会通过了著名的《海牙规则》，第一次形成了统一的国际海上货物运输公约。统一的海运规则促进了海运事业的发展，并在推动国际贸易发展方面发挥了积极作用。

（三）国际海运推动了全球贸易中心的出现

强大的海上实力先后成就了荷兰、英国、德国、美国等资本主义强国，也造就了这些国家中发挥着全球贸易中心作用的国际性大都市。在数百年的时间里，大国兴衰更替，贸易中心几度变迁，而在背后推动这些变化的是世界海运格局。

（1）安特卫普。安特卫普是16世纪的全球贸易中心。尽管当时葡萄牙开辟新航路并崛起为世界海洋大国，但是由于其地理位置的原因，来自印度和美洲的货物要经里斯本—安特卫普一线运送到欧洲大陆。在安特卫普的黄金时代，世界贸易的40%都经过这里。当时从印度来的各种贵重货物都经里斯本到安特卫普,再卖往欧洲的其他国家。1532 年新安特卫普交易所成立,更是使其成为当时世界金融的中心。

(2)阿姆斯特丹。随着荷兰在世界海洋版图上的崛起,阿姆斯特丹从 17 世纪开始取代了安特卫普的海上贸易的优势地位。这一时期荷兰商人垄断了波罗的海的谷物贸易,阿姆斯特丹实际上已成为整个欧洲最大的谷物市场。大量的棉布和亚麻从印度进口到荷兰,经加工后再从阿姆斯特丹出口到欧洲各地。阿姆斯特丹成立了贸易公司的证券交易所,为整个欧洲提供商品行情。[23]同时阿姆斯特丹还是欧洲贵金属交易的中心。

(3)伦敦。在 16 世纪之后伦敦发展势头迅猛。到 17 世纪后期,伦敦已成为继阿姆斯特丹之后的第二大国际贸易中心。英国以呢绒出口为中心掀起了对外贸易高潮,在这个高潮中,伦敦处于极重要的地位。呢绒从全国各地运抵伦敦然后再出口,这里的呢绒储量价值达几万镑。[24]受海外贸易利润的驱使,伦敦在实物交易的基础上发展了以公司和金融为主要特征的现代商业。1570 年伦敦皇家交易所成立, 1600 年伦敦建立了第一个特许公司即东印度公司。证券交易所的成立和公司制的出现不但极大方便了国际贸易的发展,也进一步巩固了其欧洲贸易中心的地位。

国际海运自 16 世纪以来的快速发展,为国际范围内进行大批量、低成本的商品运输提供了支持,为商品的全球流动创造了条件,因此航海技术的发展成为经济全球化的强力推手。

第三节　现代海运业加速了经济全球化的进程

20 世纪初,经济全球化进入了一个新阶段。科学技术的持续发展而导致物质财富前所未有的巨大增长,资本主义工业化同时向纵深发展和横向扩散。整个世界在更大程度上紧密结合在一起,形成了真正意义上的全球经济。值得关注的是,国际海运也在这一时期不断成熟,基本形成完善了现代航运体系,成为经济全球化的重要助推器。

一、20 世纪经济一体化进程加速

进入 20 世纪后,世界贸易总额比以前任何一个时代都增多了。从 1903 年到 1911 年的八年中,国际贸易增长了 50% 。随着制造国和初级产品生产国之间分工的加剧,欧洲以外的地区更深地卷入了世界市场,向

欧洲市场提供食品和原料。对外贸易日益成为世界大多数国家经济中一个不可缺少的因素。进入20世纪,世界经济呈现经济全球化、区域经济一体化和金融国际化三大趋势。

(一)经济全球化趋势

由于高新科技的迅猛发展,导致运输和通信成本的大幅度降低,从而直接推动国际贸易、跨国投资和国际金融的迅猛发展和高科技的广泛扩散与辐射,使整个世界经济空前紧密地联系在一起。

20世纪90年代以来,经济全球化的发展步伐尤其迅速,几乎每个国家都已经加入到世界经济体系中。一些关键性行业,如电信、航空、石化和金融等部门出现了空前的兼并高潮,跨国联盟成为跨国公司发展的新趋势,全球性公司正在兴起。据联合国有关机构统计,在70年代末80年代初,跨国公司数量已达到1万多家,受其控制的海外子公司和分支机构达10万多家;1996年,跨国公司的数量达4.4万家,受其控制的海外子公司和分支机构达到28万家;而到了1999年,跨国公司及受其控制的子公司和分支机构就分别到达了6.3万家和70万家。此外,互联网技术兴起后,经济全球化的活动不再仅仅局限于货物的生产、制造、运输等传统经济活动,管理、服务和信息活动也明显具备了经济全球化的特征。

(二)区域经济一体化趋势

世界经济贸易不断向区域集团化发展,已经形成新时代国际贸易的新格局。其形式主要包括:优惠贸易安排(Preferential Trade Arrangement)、自由贸易区(Free Trade Area)、关税同盟(Customs Union)、共同市场(Common Market)、经济同盟(Economic Union)和完全经济一体化(Complete Economic Integration)等。世界贸易组织提供的数据表明,全球已建立的区域经济组织达到120多个,进入90年代后期,不仅早期建立的欧洲共同体正在走向统一大市场,而且新出现的北美自由贸易区、东盟自由贸易区等也迅速扩大。此外还出现了像亚太经合组织(APEC)这样的非集团性的区域经济合作组织,并吸引了越来越多的国家参与合作。[25]在区域经济一体化进程中,各区域经济集团采取更加开放的政策,各经济体一方面加强成员间的协作,一方面更加开放地与非成员国进行对话,有力地推动了经济全球化。

目前世界上最大的三个区域经济集团——欧洲联盟、北美自由贸易区和亚太经合组织,已拥有世界上大约80%的GDP和80%以上的国际贸易,其中的跨国公司占有全球贸易的67%左右。[26]多元化经济格局形成的同时，全球经济也由国家之间的竞争上升为区域经济集团间的竞争。脱离区域经济集团的国家最终将在国际竞争中失去自己的地位，主要发达国家开始高度重视并有效利用区域经济一体化的趋势，从而提高自己的国际地位。

（三）金融国际化趋势

金融国际化是经济全球化的重要内容。进入20世纪之后，一国的金融活动已经超越了本国国界，在全球范围展开经营、寻求融合、求得发展，推动了经济全球化的进程。金融国际化与国际贸易、生产国际化的发展紧密互动，获得了长足的进展。在当代国际金融领域，人们普遍看到：国际资本资源的全球化配置日趋成熟，银行业的国际化不断发展，国际金融市场不断扩大和更新，全球性国际金融合作与协调机制不断强化，各国金融开放与全球自由化不断被推进。[27]这一系列发展表明，金融国际化已给全球经济带来重大的影响。

从上述三大趋势可以发现，在21世纪经济全球化的进程中，国际航运已经不再是联系经济体之间往来的必要条件。目前全球化的经济早已超出传统的货物流动，而向金融、服务、信息、科技等不必依存于航运的高端领域发展。但不可否认，现代航运仍然在经济全球化中发展着不可替代的作用。进入21世纪后国际间的货物运输量继续大幅增长，原油、矿石等能源型大宗商品的跨国运输对于船舶和航运都提出了更高的要求。因此现代航运仍在发挥着支撑经济全球化发展的重要作用，并在很大程度上促进着经济全球化的进程。

二、现代航运业支撑着经济全球化的发展

由于具有历史悠久、运量大、运价低、运输范围广、运输距离灵活、适货性强，运输技术和运输过程完善发达、国际合作最为密切等优点，海运是完成国际贸易往来最好的交通手段。特别是在经济全球化的背景下，海运已经成为全球经济运行的基石。当前全世界有70%以上货值的国际贸易是用船舶来运输的。其中，集装箱运输占总货值的70%左右，散货船运输占总货量的70%左右，这就是航运上所谓的三个70%。国际海事组织（IMO）秘书长米乔普勒斯在谈到海运对经济社会的影响时指出，“海运影响全人类。无论你在世界哪个地方，假若你看看周围，你肯定会看到某些东西要么已经或即将通过海洋运输，不管是原料、部件，还是成品。我们生活在一个由全球经济支持的社会中——要不是船舶和海运

业，经济就不能运作。”

(一)运力与运量的同步性增长

截至2008年1月1日，世界商船队已达到11.2亿载重吨，比2006年增长了7.2%。随着运输能力的需求达到历史上新高，造船订单也达到了最高的水平，达到了10053艘船，共4.95亿载重吨。

根据联合国贸易和发展会议(UNCTAD)的报告，从2000年至2005年间世界海运贸易大幅增长，货物总量由23.7亿吨增长到71.1亿吨，年均增长率超过5%。从地理位置上看，亚洲大陆的世界海运货物量(吨位)占比最高，为38.8%。美洲排名第二，为22.1%，欧洲出口海运量比重达到21.8%，排名第三位。而大洋洲和非洲的世界海运量占比分别为8.8%和8.5%。世界主要经济体海运贸易量的比重是：欧盟(EU)14.8%；海湾合作委员会(GCC)15.0%；北美自由贸易协会(NAFTA)10.1%；东南亚国家联盟(ASEAN)6.6%；南方共同市场(MERCOSUR)7.0%；东部和南部非洲共同市场(COMESA)1.5%。[28]

(二)全球大宗货物运输主要通过海运完成

近年来能源、原材料的需求和产量几乎同时保持增长，原油、铁矿石、煤炭等大宗货物基本上都是通过海运来完成的。海运支撑着大宗资源与商品在国际间的流动，以最经济的方式推动经济全球化背景下的国际间分工。根据联合国贸易和发展会议的国际海运报告，可以清晰地看到大宗干散货的全球运输量逐年上涨，海运起到了在世界范围内配置资源的作用。

(1)原油运输

现代工业社会的快速发展使得世界主要经济体对石油产生严重的依赖，而大型油轮则是最经济的运输方式。每年世界上有数十亿吨的石油被生产出来，并在全球范围内流转，伴随这一过程的是油轮在大洋间的往返。

据克拉克森的统计，2009年全球原油海运量为18.83亿吨，成品油海运量为7.56亿吨。2010年全球原油海运量为19.33亿吨，同比增长2.7%；成品油海运量为7.74亿吨，同比增长2.4%。

巨大的原油运量的背后是大规模船队支持。截至2010年上半年，全球现有船队(万吨以上船)共5367艘，4.473亿载重吨，较年初增长2.73%，其中超大型油轮1.657亿载重吨，较年初增长2.41%。与上年同期相比，船队总规模增长5.2%，其中，超大型油轮增长3.18%，苏伊士型和阿芙拉型油轮分别增长 10.56% 和 5.58%。

(2)铁矿石运输

钢铁产量的大幅增长带动了铁矿石运输量的持续增长,强劲的需求和高起的价格使铁矿石运输成为世界海运中的重要组成。自 2000 年以来,全球铁矿石海运供应量的平均年增长率维持在 8% 以上,2009 年更是达到 9.25 亿吨,再创历史新高。世界铁矿石海运量在运量增长的同时,运输距离也在不断延长。2008 年,世界铁矿石海运周转量达到 51.95 亿吨海里(货物周转量 = 运送货物重量 × 运输距离),自 2000 年以来年均增长 9.3%。而"中国需求"在铁矿石运输中占据了越来越重要的位置。尽管中国为铁矿石的进口付出了高额的成本,但是从经济全球化的角度来看,铁矿石等资源性产品和钢铁等产成品在世界范围内的销售与输运恰恰反映了日益深化的国际间合作与分工参见表 1.4。

2005—2010 年铁矿石海运量情况　　表 1.4

单位:亿吨

	2005	2006	2007	2008	2009	2010
全球供应量	6.65	7.30	8.10	8.65	9.25	10.45
中国进口量	2.75	3.26	3.84	4.44	6.28	6.45

资料来源:海运铁矿石市场走势分析,《世界金属导报》,2010.6。

(3)集装箱运输

集装箱运输的产生是海运史的革命性事件,对于世界经济全球化和世界航运界发展的意义举足轻重。正如《集装箱改变世界》中描述的那样:一个个冷冰冰的铝制或钢制大箱子,却堆积出了中国一年 2 万亿美元的进出口总值,集装箱,就好比是全球化的"肾"。

集装箱的发展历程已经超过半个世纪,但是仅从近几十年的运力及运量变化中就可以看到集装箱运输惊人的成长速度和对全球经济的贡献。表 1.5 给出了 1980—1999 年世界集装箱运力的增长情况,20 年间集装箱船舶数量增长了 2 倍以上,运力增长 4 倍以上。

进入 21 世纪以后,集装箱运量保持了高速增长。根据克拉克森的统计,2003 年全球集装箱运量为 8300 万箱,2008 年达到创纪录的 1.37 亿箱。受金融危机影响,2009 年运量出现回落,达到 1.24 亿箱。但是在贸易需求的强力拉动下,预计 2010 年和 2011 年仍将以 10% 的速度保持增长。届时全球集装箱运量将达到 1.54 亿箱,比 2003 年水平增长 85.6%。

1980—1999 年世界集装箱船舶运力情况 表 1.5

年份	艘数	总 TEU	年份	艘数	总 TEU
1980	744	736216	1990	1405	1786168
1981	785	774596	1991	1483	1930235
1982	856	844328	1992	1560	2088609
1983	948	953251	1993	1636	2264193
1984	1023	1076916	1994	1756	2494733
1985	1116	1206841	1995	1878	2690795
1986	1187	1348647	1996	1939	2939232
1987	1235	1440326	1997	2126	3343119
1988	1288	1557304	1998	2351	3826697
1989	1388	1658839	1999	2545	4238796

资料来源:《国际集装箱化年鉴》1976—2000 年版。

(三)海上运输承载经济体间的国际贸易

海运需求是国际贸易的派生性需求,承担了世界上货值近 90% 的国际贸易运输。以中美两国为例,美国和我国均是海运大国,中美的贸易量是推动世界经济和贸易增长发动机。海运是美中贸易货物的主要运输方式,2008 年美中海运贸易货物总量占美中贸易货物总重量的 99.04%,美中海运贸易货物价值占美中贸易货物总额的 75.62%。[29] 据统计,2008 年美中贸易海运货值达到 2956.27 亿美元,贸易海运货量达到 11087.70 万吨,集装箱货量达到 6894.93 万吨。

如此巨大的海运贸易量对贸易双方乃至世界经济的稳定增长均起到至关重要的作用。首先,中国的经济增长在很大程度依赖于出口的增长,而与美国的贸易额占到了很大比重。2000 年以来的 5 年中,我国对外贸易平均增长速度高达 26.7%,比同期 GDP 平均增长速度高出 16 个百分点。改革开放以来,我国国民经济对外依存度逐步提高,尤其是近五年的依存度都在 60% 以上。2008 年我国货物进出口总额 25616 亿美元,对外依存度达到 66.3%。[30] 这种经济结构反映出我国经济与世界经济十分紧密,对外贸易支撑了国民经济的增长。其次,对美国而言,对外贸易是拉动美国经济增长的不可或缺的组成部分。在金融危机爆发之前的 5 年中(2004—2008 年),美国 GDP 年均增长率仅为 5.34%,国际贸易额年均增长率却达到 11.34%。如果没有对外贸易的快速增长,美国现有的 GDP

增速是难以为继的。第三,随着两国的发展,海运进出口在美中贸易中的地位不断加强。2008 年美国与我国间的海运货物价值达到 2956.27 亿美元,占贸易额的 72.24%,其中海运进口 2507.84 亿美元,占进口贸易额的 74.24%,海运出口 448.43 亿美元,占出口贸易额的 62.76%。[31] 另据统计,2007 年美国、中国的贸易额分列世界第一和第三位,所占比重达 19%(见表 1.6)。

2007 年货物贸易额前十位国家 表 1.6

国家和地区	贸易额(亿美元)	占世界比重(%)
美国	31802	11.3
德国	23860	8.5
中国	21738	7.7
日本	13338	4.7
法国	11645	4.1
英国	10528	3.7
荷兰	10412	3.7
意大利	9961	3.5
比利时	8481	3.0
加拿大	8082	2.9
合计	281090	—

资料来源:根据网络资料整理。

三、全球化的航运与贸易带来新兴经济体的崛起

纵览新兴经济体的成长历程,不难发现这些国家和地区的腾飞都与其积极参与国际分工,努力加入世界经济体系有密不可分的关系。无论是二战后的德国和日本,20 世纪 70 年代的亚洲四小龙,还是改革开放之后的中国,他们的崛起都得益于全球化的航运与贸易。特别是一些后起国家和地区大多是依托国际贸易迅速实现工业化,进而走上发达富强之路。

(一)国际贸易助推战后日本经济迅速恢复

战败后的日本为了快速恢复国民经济,制定了一系列经济改革和发展计划。其中重要的一点就是选择了面向世界的贸易模式。1948 年,日本国内曾经围绕"日本到底走什么样的发展道路"的问题展开争论。"开

发主义”者主张学习美国30年代的经验，大力开发国内资源，以发展经济。而贸易主义者认为日本经济面临人口多、出生率高、资源少、生活水平低等基本问题，只能在“世界范围内解决”。最终的结果是日本选择了振兴对外贸易作为重建日本经济的方向，于是日本在战后走上了贸易立国的发展道路。

对外贸易帮助日本在50年代实现经济复苏，并从1955年开始进入高速增长时期。60年代初日本政府逐渐实行贸易自由化体制，到1963年8月，贸易自由化率已达92%。出口总值由1967年的106亿美元，跃升到1971年的247亿美元，四年中年均增长20%，外汇储备也长期由20亿美元增到44亿美元。紧密依靠国际市场和国际资源成为了日本经济高速增长的重要支撑因素之一。

对外贸易的发展必然会依赖海运业，而日本发达的海运能力支持了外贸经济的不断增长。尽管日本的舰队和商船在战争中消耗殆尽，但造船设备和技术人才、熟练工人大半都保留了下来。日本政府为重建海运业，在财政上支持各海运公司造船，实行了计划造船的政策。到1956年，日本就超过英国居 第一位，到60年代，其造船产量占世界造船总量的一半以上。[32]

(二)海运为香港树立国际航运中心地位

香港兴盛于航运业，在过去一百多年的时间里，航运业一直以来是香港经济的支柱之一。作为国际性航运中心，香港的航运业在其成长历程始终发挥着不可替代的作用。二战前香港以中国内地市场为依托，以转口贸易为指导，形成了转口业务的黄金时期。20世纪50年代至80年代，随着美国经济的繁荣和东亚经济的逐步崛起以及海上集装箱运输方式的兴起，国际性生产、贸易和运输的分工与合作得到了普遍的认同，香港也在国际运输、仓储和集散的基础上添加了货物的加工增值服务。80年代，随着亚太经济，特别是东亚地区和中国内地经济的兴起并进入发展快车道，香港终于成为以资源配置为特征的国际航运中心。香港作为国际航运中心和物流中心，集有形商品、资本、信息、技术的集散于一身，主动参与资源与生产要素在国际间的综合流动与配置，成为名副其实的国际生产与贸易的“后勤总站”。无论是早期的转口贸易，还是20世纪中叶的加工贸易，直到最后成为国际航运中心，香港的航运业始终发挥着支柱性的作用，为香港的繁荣做出了巨大的贡献。

(三)海运支撑中国沿海经济的快速成长

在中国改革开放30多年的发展过程中,海运无疑起到了重要的作用。中国改革开放的基本模式就是通过积极融入全球经济体系,主动参与到国际分工体系与国际贸易体系之中,从而带动中国工业化、城镇化快速推进。而海运正是中国融入经济全球化的战略性通道,是国家实现利用国际、国内两种资源、两个市场的重要支撑。2007年,中国通过海运完成的外贸货物运输量达到18.5亿吨。在各项大宗货物的贸易中,99%的铁矿石运输是通过海运方式完成的,进口规模达4.4亿吨;外贸集装箱吞吐量达7740万TEU,占中国集装箱运输90%以上,位居世界第一;石油进口1.8亿吨,是重要的石油进口国。

巨大的贸易需要充足的运力作为保障。中国船队的总运力由1995年的3373万载重吨发展到2000年3844万载重吨,2007年达到了6907万载重吨,控制运力居世界第四位。其中油轮船队达1407万载重吨,居世界第八;散货船队达3756万载重吨,居世界第三;集装箱船队达709万载重吨,居世界第六。

在国际贸易的拉动和国际海运的支持下,中国沿海经济取得了飞速发展。环渤海、长三角、珠三角三大经济圈的快速增长均得益于我国主动参加国际分工,积极从事以出口加工、转口贸易、国际采购为主的国际贸易活动。同时大规模的货物进出、中转与运输能力为贸易奠定了基础。因此可以说国际贸易是推动中国沿海经济腾飞的重要驱动因素。

第四节　港口在经济全球化进程中发挥日益重要的作用

海上航线是全球贸易的通道,港口则是连接海上通道与陆地通道的结点。在自然条件、社会条件和经济条件的共同作用下,港口获得了与航运业同步的发展,这些港口起到联通海陆、集散货物的作用,有力促进了所在城市与地区的发展。随着港口功能的不断升级,港口的作用正在由单一的物流节点向综合性资源配置中心转变,在经济全球化的过程中发挥着越来越大的作用。

一、港口的基本功能是为海上运输提供保障

(一)港口资源是海运通道的组成要素

海权论专家马汉认为海权体系包括海上力量及配套设施等内容,其

中港口是海权体系中的重要组成部分。马汉对海权体系的定义为，一个国家为了获得竞争中的主动权，必须有自己的海上力量，其中包括运输船只、基地和各种附属设施，以及海上武力即海军，这就构成了海权体系。

港口在海权体系中起到承载与支撑的作用。“宽大与水深的良港是力量与财富的一个来源。”在一个假定的国家中，如果只是拥有漫长的海岸线，但是却完全没有一处港口，这种国家就不可能拥有自身的海洋贸易、海洋运输以及海军。[33]港口是一国战略通道的咽喉要地，是开展国际间交通运输的枢纽，是对外联系和沟通的出海口，具有十分重要的战略意义。

（二）出海口是国家经济发展的生命线

出海口是国家与外界联系的生命线。一方面，海洋强国需要利用优良港口开展国际贸易，发展本国经济；另一方面，内陆国家也要千方百计寻求出海口，并把出海口的争夺作为国家战略行为。如果没有出海口，国家的正常经济运行就会受到影响，人民的日常生活也难以得到保证。有专家认为，第二次世界大战中日本战败的重要原因之一就是日本海上运输线被切断。战争期间美军实施代号为“饥饿战役”的封锁日本本土的计划，历时 4 个半月，基本切断了日本的交通运输线，日本急需的石油、粮食等战略物资严重匮乏，许多作战飞机不能起飞，军舰不能出港，民众饱受饥饿的煎熬，战争潜力消耗殆尽，国民经济萧条、崩溃，这些无疑都加速了日本战败的进程。[34]对于内陆国家来说，在资本流动活跃，经济联系紧密的当今世界，内陆国家也在通过各种方式努力打通联通国内外的出海口。蒙古及哈萨克斯坦、乌兹别克斯坦等中亚国家通过中国港口完成棉花等货物的出口，其中天津港是中亚国家重要的出海口岸之一。在南美洲，内陆国家玻利维亚为了获得出海口，先是以出口天然气为交换条件向岸线资源丰富的智利换取出海通道，之后又与智利达成协议，被允许在距离秘鲁南部海港伊洛港 10 英里的地方建造并运行一个小型港口。玻利维亚之所以不遗余力地争取出海口，正是因为获得自主的海运通道对于一个内陆国家的经济腾飞具有决定性作用。

二、港口的经济性功能是拉动区域经济发展

（一）港口兴衰成为经济发展的重要标志

人们通常把港口称为经济发展的“晴雨表”，港口的兴衰直接反映了港口所在地区经济发展的水平以及世界经济结构的变化和产业转移的趋势。从世界港口历史发展经验看，全球制造中心转移到哪里，一个个国际

枢纽大港就诞生在哪里。18 世纪英国伦敦成为当时国际航运中心;工业革命席卷欧洲,造就了欧洲一些著名国际大港,如鹿特丹、安特卫普、汉堡、哥本哈根等。其中,鹿特丹港将欧洲内陆和沿运河经济区整合为自己的经济腹地,成为世界第一大港和欧洲门户;汉堡港货源几乎覆盖整个欧洲;19 世纪 80 年代,美国制造业雄踞全球第一,纽约、长滩等很快成为全球最大的国际枢纽港;20 世纪第二次世界大战后,日本成为"世界工厂",神户和横滨成为当时全球最重要的国际枢纽港;80 年代中后期开始,亚洲东南亚地区承接又一轮技术和制造业转移后,香港、新加坡、高雄、釜山等城市经济迅速崛起,相继成为世界最活跃、最繁忙的国际航运中心及国际大港。在 2010 年的世界港口排名中,有 8 家中国港口位列货物吞吐量前十位,6 家中国港口占据集装箱吞吐量前十的位置。港口排名的变化充分反映了国际贸易的变化趋势,真实地体现了亚洲出口经济高速增长的经济走向和中国经济高速发展的迅猛态势。

表 1.7 记载了 18 世纪工业革命至今,世界经济重心转移与知名大港的情况。

世界经济重心转移与知名大港 表 1.7

年　代	世界经济重心	产生的知名城市	伴生的知名港口
18 世纪工业革命	英国	伦敦	伦敦国际航运中心
工业革命席卷欧洲	欧洲	鹿特丹、安特卫普、汉堡、哥本哈根等	鹿特丹港、安特卫普港、汉堡港、哥本哈根港等
19 世纪 80 年代	美国	纽约、长滩	纽约港、长滩港
20 世纪"二战"后	日本	神户、横滨	神户港、横滨港
20 世纪 80 ~ 90 年代	亚洲"四小龙"	高雄、香港、新加坡、釜山	高雄港、香港港、新加坡港、釜山港
20 世纪 80 年代开始至今	中国	珠三角、长三角、环渤海等区域城市	深圳港、广州港、宁波港、上海港、青岛港、天津港、大连港

资料来源:作者整理。

(二)港口是国际贸易中的重要支点

港口作为物流链条中的重要节点,对于国际贸易的战略作用日益增强,是综合运输过程中的主要环节,是区域经济和工业发展的支柱。

港口对于国际间贸易的支点作用主要体现在三个方面：一是港口起到了配置资源的作用。港口是综合物流分拨配送中心，不但负责储存、装卸和配送货物，还负责整个供应链的信息工作；作为生产要素的最佳结合点，港口可以有效地吸引产业入住临港区域，形成具有规模效应的产业聚集，汇集人流、物流和信息流，成为区域中的产业、商务中心及信息中心。二是港口是物流体系中的节点。在一个完善的物流运输体系中，不仅有畅通的公路网连接港口，有快速运送货物的专列与港口联通，还有航运公司以港口为节点实现货物的跨大陆周转。多种运输方式都以港口为周转中心，港口成为贸易物流体系中的战略性关节点。三是港口有利于国际贸易模式的创新。企业利用港口的便利，在上述区域中开展政策优惠的国际贸易等活动，活跃了区域经济，推动了国际贸易模式的发展。

(三)港口实现了与所在城市互动发展

港口与城市的发展关系是相互依托、相互促进的，港城的发展基本上可以分为四个阶段：①港口在发展初期促进城市发展的阶段；②港口与城市相互促进发展的阶段；③港口与城市在发展空间、城市交通等方面出现矛盾的阶段；④港口与城市在更高的层次上高度融合的阶段。在初始阶段，港口的基本功能是货物的中转和集散，城市对港口有比较强的依赖性。在第二阶段，港口促进了城市规模的扩大和功能多元化，临港工业依托港口实现发展，港口利用城市获得成长动力。第三阶段中，城市在空间拓展和功能升级上产生新的需求，对港口的装卸、中转等基础性功能产生一定的限制。在第四阶段，港口的高端功能将保留，低端功能将外迁，并通过贸易、金融、物流、航运等功能的提升，带动城市功能的提升。

港口对城市发展的作用包括：一是对港口城市的聚集和辐射作用。港口联系贸易，形成网络，对其腹地的城市具有重要作用。港口面向着国内和国外两个扇面腹地，作为城市的窗口和门户，是聚集国外资本、设备、技术等的重要渠道。[35]二是对城市经济发展的乘数效应。港口可对直接相关的前向和后向产业产生社会经济影响，由初级乘数效应对间接相关产业产生影响，从而引起产业扩展产生下一级乘数效应，连续传递使城市和区域经济不断增长，[36]升级城市产业结构等。随着港口的发展，港口城市也从原来的临海渔业、修造船业、码头集散和运输业，逐渐发展成贸易、信息、科技、金融、服务、旅游等多产业的集群，从而使产业结构得到升级。

在港口推动城市发展的同时，城市的经济水平和产业结构也对港口的成长产生影响。城市的经济发展水平越高，与外界的经济联系也越频繁,所需输入和输出的货物的种类和数量也越多,港口可以获得稳定的货源保障。同时城市的产业结构调整也会作用于港口,带动港口等级的提升和转型。

三、港口在全球化进程中将扮演资源配置的角色

(一)港口成为物流与贸易的中心

到目前为止,世界港口发展主要经历了三个代际,并正在向第四代港口演进。在功能上由运输枢纽中心发展到装卸和服务中心,再到贸易物流中心。随着经济全球化进程的不断深入,和供应链管理的日益成熟,人们对港口功能的要求也逐步提高。港口功能已经不是作为运输链中孤立的一个点(或者中心)而存在,而是作为供应链中的一个组成环节。[37] 当前港口正在向第四代的方向发展,港口更多地起到了分拨和配置资源的作用,进而由单一的运输功能发展成为一定空间范围内的资源配置中心,见表1.8。

港口代际划分及其特点 表1.8

	时间段	功能特点	生产特点	与用户关系	决定性因素
第一代	20世纪50年代中期以前	运输枢纽、货物装卸与储存	保守形式,货物移动,港内交接,分享服务,增值低	松散,不定期等货	劳动力和资本
第二代	20世纪50年代中期至80年代	运输枢纽、货物中转、工业与商贸中心、增值工业与商业服务	货物流动与中转,联合服务,提高增值	与用户关系密切,港城关系不密切,揽货	资本和技术
第三代	20世纪80年代至21世纪初	多式联运与物流中心,货物、信息流动与分配,物流活动	高增值综合物流服务	生产、贸易与运输一体化,港口与用户关系密切,港城一体化发展	技术、信息和服务
第四代	21世纪之后	全球资源配置枢纽	组织自治化、生产自动化、经营集约化、管理现代化、产业信息化、环境生态化。全程、全方位、多层面个性化服务	经贸港运输实行"国民待遇",港口群体,城市社区分运网带和综合物流网链一体化,形成区域经济、技术、文化、利益共同体	人才与环境

资料来源:于汝民等,港口规划与建设,人民交通出版社,北京,2003.

与传统港口相比,第四代港口更加面向商业,并给国际经贸及港航运输物流系统带来极为深刻的影响。[38] 随着跨国公司在全球策划、组织商品生产和销售活动的日益频繁,港口作为国际物流中心的地位愈发明显,港口周边开始成为跨国公司生产、储运和销售基地。与此同时,依托于港口区位优势而形成的保税区、开发区和物流园区成为工业发展、产业优化升级的窗口和重要基地,为发展具有较强竞争力的外向型企业群和进出口产业奠定了基础,使资源的整合和配置达到更高水平。

(二)港口成为资源配置的枢纽

新时期的港口功能已经大大超越了运输和物流功能,在经济全球化的过程中发挥了更加重要的作用。特别是随着第四代港口发展思路的不断清晰,港口的功能已经明显地体现出产业整合、资源配置的特征。纵向上,港口与供应链上下游,如腹地工业、货代、海关、物流公司、经销商、银行等形成以港口为中心的一个有机整体,统一调配资源,使供应链各环节之间无缝链接,能够提供更加精细的作业和敏捷的服务,使港口运输服务更加丰满和有效,满足运输市场对港口差异化服务的需求。横向上,港口不再作为一个孤立的运输节点独立运营,而是与全国乃至全世界各地的港口形成战略同盟,联合经营,共同发展。从而在更广的范围内调配资源,提高运输效率,顺应经济全球化的需求,成为经济全球化中愈发重要的棋子。

(三)经济全球化中港口时代的到来

随着经济全球化的不断深入,港口的功能得到了极大的丰富与提升。港口对腹地经济形成辐射,对临港产业产生聚集,港口正在成为经济活动的物流中心、贸易中心和资源配置中心。港口已经不再是被动地接受经济全球化带来的影响,而是主动参与到经济全球化的进程中,并积极地发挥着自身的重要作用。在经济全球化过程中,港口时代已经到来。

参考文献

[1] 崔连仲,等. 世界通史·中世纪卷[M]. 北京:人民出版社,2000:第213页.

[2] 张箭. 地理大发现研究(15-17世纪)[M]. 北京:商务印书馆 2002:第42页.

[3] 李亚敏. 海洋秩序在国际秩序变迁中的地位和作用[D]. 博士论

文,2007.
[4] 汉布尔. 探险者——航海的人们[M]. 北京:海洋出版社,1985:第80页.
[5] 百度百科,http://baike.baidu.com/view/16104.htm.
[6] 百度百科,http://baike.baidu.com/view/5964.htm.
[7] 周志贤. 东亚纵横谈[M]. 北京:时事出版社,1989:第99页.
[8] 马克思. 资本论(马克思恩格斯全集)[M]. 第25卷,第371~372页.
[9] 崔连仲,等. 世界通史·中世纪卷[M]. 北京:人民出版社,2000:第218页.
[10] 中央电视台《大国崛起》节目组. 大国崛起[M]. 北京:中国民主法治出版社,2007.
[11] 百度百科,http://baike.baidu.com/view/27031.htm.
[12] 中央电视台《大国崛起》节目组. 大国崛起[M]. 北京:中国民主法治出版社,2007.
[13] 张箭. 地理大发现研究(15-17世纪)[M]. 北京:商务印书馆,2002:第56页.
[14] 李亚敏. 海洋秩序在国际秩序变迁中的地位和作用[D]. 博士论文,2007.
[15] 张箭. 地理大发现研究(15-17世纪). [M]. 北京:商务印书馆,2002:第52页.
[16] 魏书杰. 中国海上贸易发展战略[D]. 博士论文,2009.
[17] 库钦斯基. 资本主义世界经济史研究[M]. 北京:三联书店1955:第107页.
[18] 赵秀荣. 17世纪英国海外贸易的拓展与贸易转型[C]. 史学月刊,2004年第2期.
[19] 杨金森. 海洋强国兴衰史略[M]. 北京:海洋出版社,2007:第143页.
[20] 魏书杰. 中国海上贸易发展战略[D]. 博士论文,2009.
[21] 魏书杰. 中国海上贸易发展战略[D]. 博士论文,2009.
[22] 高见玄一郎著. 杨世强译. 世界港口史[J]. 中国港口,2004.8.
[23] 宁凡. 16-17世纪北海与波罗的海的国际贸易[D]. 硕士论文,2007.
[24] Ramsa, R., English Oversea Trade 1500-1700, London, 1973:52-53.
[25] 姜春明,佟家栋. 世界经济概论[M]. 天津:天津人民出版社,2009:

第 13 页.
[26] 曹荣. 世界经济发展的三大趋势[J]. 中宏研究报告,2001.3.
[27] 曹荣. 世界经济发展的三大趋势[J]. 中宏研究报告,2001.3.
[28] 联合国贸易和发展会议. 世界海运贸易,2006.
[29] 彭传圣. 海运在美中贸易中的作用[J]. 港口经济,2010.1.
[30] 交通部科学研究院. 中国交通 60 年[J]. 交通建设与管理,2010.5.
[31] 彭传圣. 2008 年美国西海岸港口的集装箱运输[M]. 北京:港口经济,2009.12.
[32] 中央电视台《大国崛起》节目组. 大国崛起[M]. 北京:中国民主法治出版社,2007.
[33] 马汉著,萧伟中,梅然译. 海权论[M]. 北京:中国言实出版社,1997:第 26 页.
[34] 李兵. 国际战略通道研究[D]. 博士论文,2005.
[35] 王涛. 港口对港口城市经济发展的影响研究[D]. 硕士论文,2008.
[36] 王涛. 港口对港口城市经济发展的影响研究[D]. 硕士论文,2008.
[37] 真虹. 第四代港口的概念及其推行方式[D]. 交通运输工程学报,2005,12.
[38] 林国平,等. 从港口的代际功能看港口功能的发展,港口科技动态,2006.10.

第二章　经济全球化背景下港口为城市带来了什么

秦　昕　孟庆柱

第一节　经济全球化下的国际航运发展趋势和港口新版图

一、经济全球化推动国际航运新发展

经济全球化是当代世界经济的基本特征之一，是世界经济发展的必然的历史性趋势。经济全球化表现为贸易全球化、资本流动全球化、科技交流全球化、人才的全球移动等。经济全球化进程的本身，就是促进生产要素在全球范围内进行流动和配置的过程，也就是说，全球化本身就在塑造着对海运服务的需求格局，全球化决定着国际航运业所服务市场的空间和格局。在这一大的宏观经济背景下，国际航运和港口业不可避免地受其影响，并呈现出新的发展趋势。

（一）船舶大型化趋势

当前，船舶大型化是国际航运业发展的一大趋势，其中：集装箱以载箱量5000TEU及其以上船舶为主，远洋干线向载箱量8000～13000TEU船舶发展，内贸集装箱向载箱量4000TEU船舶发展；外贸出口煤炭船型以5～15万吨级为主，外贸进口煤炭船型以5～7万吨级为主；进口铁矿石船舶以15～20万吨级（VLOC船型）为主，有逐渐向40万吨级发展的趋势；原油船舶以5～30万吨级为主；钢材、杂货船舶以1～3万吨级为主。

（二）海运集装箱化趋势

近年来，随着集装箱制造的标准化、装卸工艺的发展以及集装箱运输具有的安全、便捷、高效等诸多优势，海运集装箱适箱货范围不断扩大，部

分传统依靠散杂货船运输的货物改用集装箱运输，集装箱吞吐量已成为衡量港口地位的重要标志。据统计，全球 GDP 每增长 1%，世界集装箱贸易量增长 2.8%，而在中国 GDP 每增长 1%，中国的集装箱运量增长 3.5%。集装箱货物运量在整个海运贸易中的比重已从 20 世纪 60 年代的 12% ~14% 上升到目前的 30% 左右，从价值上讲，则高达 80%，集装箱货物贸易增长率一直保持在 4.7% ~5.5% 之间。

（三）航线轴心化、枢纽化趋势

国际集装箱班轮公司为降低营运成本、应对激烈的市场竞争，纷纷选择干线挂靠港的经营战略，国际集装箱班轮运输市场船舶大型化、船公司联盟化以及经营干线化趋势日益显现。许多国际班轮运输公司为进一步发挥其规模经济和规模效益，在充分考虑现有航线网络布局和未来市场开发方向的基础上，通过调整其航线布局，构建以干线枢纽港为核心的全球运输网络体系，从而形成了航线轴心化、枢纽化的趋势。

（四）码头专业化、深水化趋势

船舶大型化的趋势促使码头等级不断提升，码头大型化、专业化、深水化趋势加强，尤其是载箱量 1.8 万 TEU 集装箱船、40 万吨矿石船的出现，对港口航道、码头等硬件设施的要求更高。

二、经济全球化重塑世界港口版图

随着经济全球化进程的加快、亚洲地区经济和贸易的迅速发展尤其是新兴经济体的快速发展，全球航运业正在经历一个新的变革。

（一）世界航运业中心加速向亚洲转移

目前，世界上最大的 20 个集装箱班轮公司中的 13 个是亚洲公司，而这 13 家公司又控制着全球总 TEU 运力的 70%。目前在全球最重要的 20 个海运国家与地区中，亚洲有 9 个，占世界总载重吨位的 43%，世界最大的 20 个集装箱码头中，其中 13 个港口属于亚洲，超过 80% 的船舶由韩国、日本和中国建造；一半以上的船员来自菲律宾、印度、中国及其他亚洲国家。其他航运相关行业如航运金融、保险、法律等，也在加速向香港、新加坡和上海等亚洲航运中心转移。

（二）中国成为世界航运业发展的最大亮点

截至 2009 年底，我国拥有运输船舶 17.69 万艘、14608.78 万载重吨，载重吨比上年增长 17.7%。海运船队 1.02 亿载重吨，保持世界第四，占世界船队比重为 8.3%。全球有 19% 的大宗海运货物运往中国，有 20%

的集装箱运输来自中国;而新增的大宗货物海洋运输之中,有60%至70%是运往中国的。

中国的港口货物吞吐量和集装箱吞吐量均已居世界第一位;2009年,在全球货物吞吐量排名前10大港口中,中国稳占8席,上海港继续保持全球第一大港的位置。货物吞吐量超过亿吨的港口由上年的16个上升到22个,中国共有9个港口进入全球20大集装箱港口行列,其中大陆港口7个,中国海运业已经进入世界海运竞争舞台的前列,参见图2.1、图2.2、图2.3。

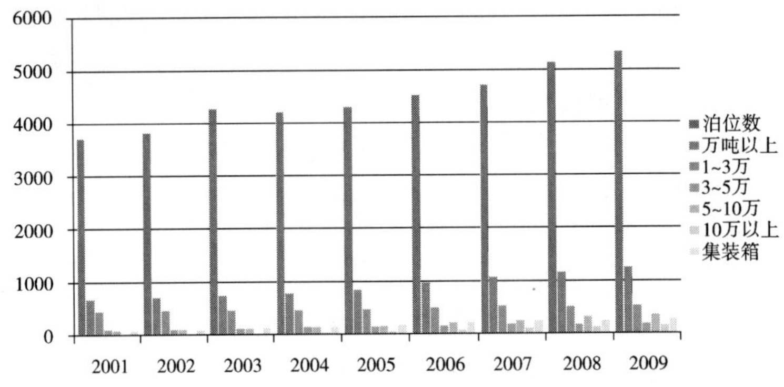

图2.1 2001—2009年中国大陆沿海港口拥有生产泊位发展图

	泊位数	万吨以上	1-3万吨	3-5万吨	5-10万吨	10万吨以上	10万吨级占万吨级	集装箱
2001	3718	677	451	113	91	22	3.25%	83
2002	3822	700	457	113	103	27	3.86%	98
2003	4274	748	464	128	125	31	4.14%	134
2004	4197	790	465	143	145	37	4.68%	155
2005	4298	847	476	155	167	49	5.79%	175
2006	4511	978	506	166	219	87	8.90%	224
2007	4701	1078	522	183	263	110	10.20%	253
2008	5119	1157	517	177	324	139	12.01%	251
2009	5320	1261	533	193	371	164	13.01%	280
平均增长	4.58%	8.09%	2.11%	6.92%	19.20%	28.54%		16.42%

图2.2 2001—2009年中国大陆沿海港口拥有生产用泊位表

当前,中国正在建设以渤海湾、长三角、珠三角三大港口群为依托的三大国际航运中心,即以天津等港口为支撑的北方航运中心;以江浙为两

翼，上海为中心的上海国际航运中心；以深圳、广州、香港为支撑的香港国际航运中心，正是顺应了世界经济中心东移和中国经济快速发展的要求。

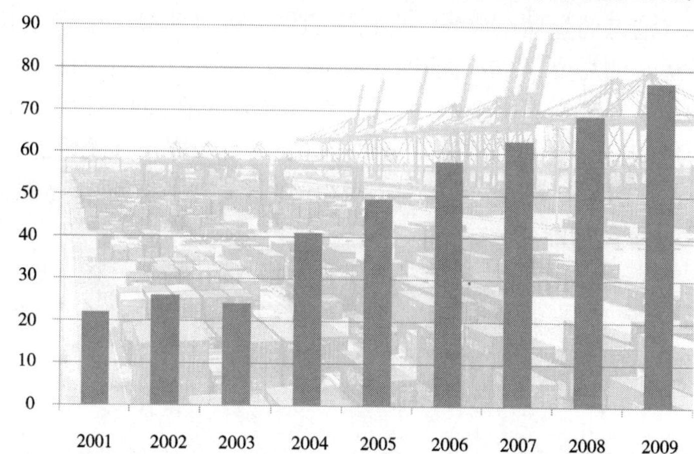

注：从2003年起，中国大陆港口吞吐量（包括集装箱吞吐量）已经连续7年居世界港口第一，成为港口大国。

图2.3　2001—2009年中国大陆港口吞吐量发展图

第二节　港口功能新变化和给城市带来的新机遇

一、国际航运趋势促成港口功能新变化

港口作为全球贸易运输体系中不可或缺的环节，港口功能和作用也随着国际航运趋势的新变化，按照不同的经济和社会发展阶段的现实需求而逐步扩展，在经济全球化浪潮的巨大推动下，港口的功能更加丰富，已成为全球经济体系中重要的生产要素配置中心。

（一）港口的传统功能

（1）运输、中转功能

运输和中转是港口的基本功能。港口是运输链上的一个环节，运输网络上的枢纽，货物到达港口并不是终点，而只是为了继续运输而完成存储、分配等作业环节，这些仅是运输过程的一部分，而非终点。为了实现整个运输过程，港口必须完成货物在不同运输方式之间的换装和转载，这就是中转功能。中转功能的实现依赖运输方式的衔接，其重要标志是车、船、货的在港停留时间，货物换装速度快，车、船、货在港停留就短，这主要

取决于港口通行能力的大小和港口功能的发挥。

(2)仓储功能

现代港口的仓储已成为综合物流的一个重要环节。仓储已不仅是满足继续运输的需要,而是通过将货物暂存港口,可以不间断地适应市场和生产的需要。现在不少企业,尤其是跨国企业都在港口建立仓库和配送中心。例如,在安特卫普港,美国的福特公司就设立了大型配送中心。目前,世界上主要港口均开辟出一定面积的区域,提供仓储、配送服务。

(二)港口功能变化

在经济全球化背景下,港口不仅是货物海路联运的枢纽,也是国际商品储存、集散、配送的分拨中心,还是国际贸易、临港工业发展的聚集地,港口越来越成为国际物流链和世界经济贸易发展中越来越重要的组成部分。

港口的功能随之发生巨大变化:

(1)由单纯装卸仓储功能到综合物流汇集、临港工业兴起、航运与物流相关服务业蓬勃发展的新阶段。

(2)由传统货流到货流、商流、技术流、信息流、金融流全面大流通、大发展。

(3)运输方式也从车船换装到综合运输、联合经营,从简单装卸到以集装箱多式联运为主要特征的现代运输方式转变。

(4)从一般的交通枢纽到现代综合物流运输网络体系中的重要节点。成为国际跨国公司在地域内的运输、存储、加工、分拨、配送、物流信息处理等全方位及综合服务中心,成为联结世界生产与消费的中心环节,成为网络经济时代虚拟经济中的信息流、资金流与现实经济中的物流的交汇点。

以天津港东疆港区为例,就是从单纯港口装卸、仓储作业为主,向具备航运、物流、金融、贸易等综合功能的自由贸易港区发展的典型。

天津港的东疆港规划面积30平方公里,分为码头作业区、物流加工区、港口综合配套服务区"三大区域",具备集装箱码头装卸、集装箱物流加工、商务贸易、生活居住、休闲旅游"五大功能",将建设成为国家先行先试的政策创新区和自由贸易港区。其中,物流加工区和码头作业区的一部分将建设规划面积10平方公里的天津东疆保税港区,全面推进北方国际航运中心核心功能区建设和自由贸易港区的改革探索,全面实现国际中转、国际配送、国际采购、国际贸易、航运融资、航运交易、航运租赁、离岸金融等八大功能，建设成为中国规模最大、开放度最高的保税港区。

特别是2011年5月，国务院《关于天津北方国际航运中心核心功能区建设方案》正式批复后，更进一步明确要把天津东疆保税港区建设成为各类航运要素聚集、服务辐射效应显著、参与全球资源配置的北方国际航运中心和国际物流中心核心功能区，综合功能完善的国际航运融资中心。

二、港口成为全球生产要素的配置中心

经济的全球化按照城市与区域的优势逐步重组国际经济秩序，从而进一步改变了地区产品和资源的空间分布，形成了新的动态空间分布结构。世界经济更为依赖国际贸易和国际航运的发展，港口作为海运与其他运输方式的换装节点，功能日益完善，作用逐渐延伸，已发挥出其重要的战略性作用。

(一)生产要素市场的形成

按照经济学的一般理论，生产要素包括劳动、资本、土地和企业家才能四大要素。劳动是指劳动者为生产活动提供服务的能力，资本是指生产中所使用的厂房、机器、设备、原材料等，土地是指生产中所使用的各种自然资源，包括土地、水源、自然矿藏等，企业家才能是指企业家对整个生产过程进行组合与管理工作的才能。四者结合在一起，为人类提供了各种各样的产品。现代经济学理论认为生产要素还包括技术进步，通常又把经济增长的因素分为两大类：(1)生产要素的投入量，包括土地、劳动和资本；(2)全部要素生产率或技术进步，包括资源的重新配置、规模经济和知识进展等。

(二)生产要素的配置目标

世界生产要素合理配置的目标是世界生产要素配置的最优化或最有效率，即世界的各种生产要素得到最有效的分配与最有效的利用，从而世界在其现实拥有的要素数量的限制下，其生产规模达到最大可能性边界。其中，宏观生产要素配置的最优化，目的是实现世界经济结构的最优化；微观生产要素配置的目标就表现为世界经济结构的最优化和世界经济效率的最优化两者的综合。

(三)港口成为全球生产要素的配置枢纽

经济的全球化使国际分工单纯从负责工业制成品生产的发达国家与初级产品生产的发展中国家之间的垂直分工，逐渐向垂直分工日益深化及水平分工不断扩大的方向发展。跨国公司主导了这种分工形态的演

变,其通过在全球范围内选择最为有利的区位和生产要素组合,大量的货物、信息在全球范围的不同地域之间储存、转移和交换,物流活动更趋国际化,港口作为国际物流活动的主要载体,以其强大的海陆物流系统,促成货物、原材料和信息在世界范围内的流动、交换与重新组合。

随着港口功能的多元化和港口功能的进一步完善,其在国际贸易与国际经济合作中愈来愈发挥着重要作用,成为全球资源配置重要枢纽。港口对城市经济社会发展也表现出了多方面、深层次的影响。港口的建设不仅对城市的工业和服务业的发展帮助巨大,而且对城市吸引外资,改善就业,增加政府税收,提高居民收入都有着必然的联系。港口为城市和区域经济社会发展带来新的发展机遇。

三、港口给城市带来发展新机遇

(一)港口对所在城市的聚集和辐射作用

港口是一个城市对外开放的窗口,一个城市需要和外界进行广泛频繁的物质、能量和信息等交换,港口是对外通道和对内交流的据点,是城市的重要基础设施,关系着城市利用外地资源的范围和程度。因此,港口的发展和国内外贸易发展有着密切的联系。港口一般处于海湾或半岛,又面向海洋,因而形成内扇面和外扇面两个扇面网络。内扇面网络直接联系其腹地;外扇面网络则直接联系国内外一些港口。面向着国内和国外两个扇面腹地,作为城市的窗口和门户,是聚集国外资本、设备、技术等的重要渠道。

(二)港口对港口城市经济发展的乘数效应

港口从它的最基本的转运功能到成为城市增长极的中心,再到区域经济不可或缺的一部分,发挥着越来越大的作用。首先,港口给城市带来产值、就业机会和税收,它可以给社会带来直接经济效益,再者,港口对它的前后关联工业和服务业提供了区位优势,为这些行业的发展提供了机会,港口和城市的关系变化也从仅仅满足城市经济运转的需要,向港口推动城市经济高速发展的方向转移。港口通过其前向和后向联系,将对城市经济产生波及和扩散效应,港口产生的直接效益将会逐级扩散到城市经济的各个领域,这些扩散效果要远大于直接经济效益。

港口的乘数效应表现在两个方面,一是对港口本身的乘数效应,二是对整个经济的乘数效应。港口的建立会推动与港口直接相关的港务部门和集散部门的发展,以及这些产业人员的配套生活服务部门的建立和发展;除此之外还有对区域经济的间接乘数效应,如加工包装行业、金融邮电业、餐饮娱乐业、广告宣传业等行业的发展,对港口直接相关的前向和后向产业产生社会经济影响,由初级乘数效应对间接相关产业产生影响,从而引起产业扩展产生下一级乘数效应,连续传递使城市和区域经济不断增长。

我国交通运输的权威研究机构对中国港口对国民经济影响的分析显示,每万吨吞吐量对 GDP 的贡献为 110 万元,可以创造约 20 个就业岗位,港口生产经营与其他相关产业及间接诱发的经济贡献为 1:5,提供就业比值为 1:9。以天津港为例,每万吨吞吐量创造 GDP 的贡献约为 120 万元,对地区就业的贡献为 26 人,港口生产经营与其他相关产业及间接诱发经济贡献为 1:5,提供就业比值为 1:9。再如厦门港,港口总生产值每增加 1 元将会带动地区其他经济部门创造 0.84 元的间接经济增加值,每上缴 1 元税金将会带动其他经济部门创造 0.67 元的间接经济增加值,依此类推职工工资每 1 元对相关其他国民经济部门的带动增加值为 0.7 元,每 1 元利润带动产生 0.87 元间接经济贡献。

(三)港口催生高度集聚的产业集群

从现代港口的临港产业来看,大都呈现临港产业集聚的发展态势。国内外港口发展实践表明,产业集群作为港口经济发展的强大载体,已成为驱动港口经济及区域经济快速发展的内生原动力之一。

在国内:凡是港口发展较好的地区,也是临港工业发展较快较好的地方,都呈现或采取产业集聚态势。宁波市已形成以石化、钢铁、修造船、造纸、汽配、能源为重点的六大临港工业群;在上海港、天津港、深圳港等港区,一批以培育石化、机械、国际贸易仓储物流加工、新材料、高新技术产业为特征的港口产业集群也正在形成。在国外:法国的福斯港,在进口原油、铁矿石、煤炭的基础上,形成了炼油—石油化工、钢铁—金属加工为主体的工业体系,其产量占到全国的 1/4;日本的阪神工业带,在港口周边区域内,分布着 6000 多家工厂,川崎重工、神户制钢、三菱电子等都在这里设有大型生产基地。

(四)港口助力港口城市产业结构升级

产业结构表现了不同城市和区域内的人力资源、资金和自然资源在国民经济中各个部门间配置状况及其相互制约的方式,包括了国民经济中各产业的构成种类和数量,也包括产业之间的所占比率,还包括产业之间的经济技术联系,即不同产业之间相互依存制约的状态与方式。经过长期的发展,面向国内国外两个经济扇面的港口,已经从先前的货物转运的枢纽和旅客人员的集散地,发展成为经济贸易文化交汇地,它在运输功能的基础上逐渐发展为集贸易功能、工业功能、商业功能于一体的多功能体。相应的港口城市也从原来的临海渔业、修造船业、码头集散和运输业,逐渐发展成贸易、信息、科技、金融、服务、旅游等多产业的集群。

(五)沿海城市成为全球财富的聚集地

目前,全球财富的65%集中在沿海地区,包括东京、纽约、伦敦、芝加哥等世界经济实力最强的25个大型城市全部集中在沿海300公里范围以内,这些城市的经济总量占世界经济总值的一半、占到创新科技的90%。在我国,沿海11个省、市、自治区的面积占全国总面积的13.6%,全国大城市有70%以上、社会总财富的60%以上集中在沿海地区。

(六)港口对城市其他方面的影响

港口对城市经济的促进作用是最为直接的,但港口的作用并不仅仅局限此,而是全方位的。港口城市作为不同文明、文化的交汇点,孕育出了开放、兼容并蓄、特色鲜明的沿海城市文化。特别是随着世界经济中心向沿海地区的快速转移,经济港口所在城市或地区也逐渐成为世界的政治中心、文化中心,也成为世界时尚潮流的发源地,美国纽约、日本东京、法国巴黎、中国上海……这些沿海城市无疑引领着本国甚至全球范围的时尚潮流。

第三节　经济全球化下的全球资源配置中心——集装箱枢纽港

一、集装箱运输是国际航运史上的一次历史性革命

(一)集装箱运输发展简要回顾

集装箱运输作为全球运输史上一场重大变革,自它诞生以来就显示出强大的生命力,它给全球带来一种崭新的运输系统。从其萌芽时算起至今整整两个世纪,现正处于成熟发展期。集装箱运输方式也从军用到民用,由内河进入海上,进而由欧美走向世界,渐进发展,逐步形成由集装箱水上运输、港口、公路、铁路、内陆集装箱场站等组成的集装箱运输系统。

国际集装箱运输的发展与全球经济发展及科技进步密切相关,其发

展历程大体经历了萌芽期、开创期、成长期、成熟期 4 个阶段。

(1)萌芽期(1801—1955 年)

1801—1955 年这一个半世纪是国际集装箱运输发展的萌芽期,该时期欧美等发达国家在其国内开始尝试短距离集装箱运输。后来欧洲各国之间进行陆上集装箱运输的合作,由于公路和铁路集装箱运输不统一,制约了陆上集装箱运输的发展,集装箱运输发展非常缓慢。

(2)开创期(1955—1966 年)

1955—1966 年为集装箱运输发展的开创期。该时期美国首先用油船、件杂货船改装成集装箱船舶在美国沿海从事海上集装箱运输,并获得良好的经济效益。海上集装箱运输的成功,为实现国际远洋航线的海上集装箱运输打下了坚实的基础。

这一阶段的标志性事件是美国泛大西洋轮船公司的成功试运输集装箱。1956 年 4 月 26 日,该公司将一艘 T-2 型油船“马克斯屯”号经过改装后,在甲板上装载了 58 只集装箱,由美国新泽西州的纽约港驶往得克萨斯州的休斯敦港试运成功,开创了世界海上集装箱运输的先河。

(3)成长期(1966—20 世纪 80 年代末)

1966—20 世纪 80 年代末为国际集装箱运输发展的成长期。这一时期的初期集装箱运输从美国的沿海运输向国际远洋运输发展。从事集装箱的船舶为第一代集装箱船,其载箱量在 700 ~ 1100 箱之间。1965 年,国际标准化组织(ISO)颁布了一系列的国际集装箱标准。到 70 年代末期,集装箱运输发展迅速,世界主要航线均开展了集装箱运输。集装箱专用泊位也从无到有、不断增加,港口装卸设施设备走向专业化、现代化,集装箱多式联运水平得到提升。国际集装箱航线也从欧美拓展到东南亚、中东及其他世界主要航线。

(4)成熟期(20 世纪 80 年代末至今)

20 世纪 80 年代末以来,国际集装箱运输的发展进入成熟期。集装箱运输船舶、码头泊位、装卸设备、集疏运道路桥梁等硬件设施日臻完善,集装箱运输在全球范围内得到普及,多式联运得到进一步的发展。集装箱运输的经营管理、业务管理越来越现代化。国际集装箱运输呈现出船舶大型化、码头深水化、运输联运化、竞争激烈化的发展趋势。

(二)集装箱运输的优势

(1)成本优势

通过采取简化包装,大量节约包装费用,减少货损货差,提高货运质量,减少船公司营运费用等方式,大大降低了国际海运成本。在集装箱还没有进入国际运输的20世纪60年代,单单海运成本就占到美国出口总值的12%和进口总值的10%。通过大规模的使用集装箱运输,国际主要航线的运价下降了40%~60%。

(2)运输效率优势

传统的运输方式具有装卸环节多、劳动强度大、装卸效率低、船舶周转慢等缺点。而集装箱运输完全改变了这种状况。首先,普通货船装卸,一般每小时为35吨左右,而集装箱装卸每小时可达400吨左右,装卸效率大幅度提高。同时,受气候影响小,船舶在港停留时间大大缩短,因而船舶航次时间缩短,船舶周转加快,航行率大大提高,船舶生产效率随之提高。

有了集装箱运输,来自世界工厂——中国生产的产品,采用集装箱运输,仅经过半个月的时间就可以出现在美国的大型超市的货架上。

(3)货运质量优势

集装箱运输以箱为单元,其装卸、换装、运输、堆存等过程,都是以整箱为单位进行作业。加之集装箱结构坚固,水密性好,使得货物在箱内即使经过水陆长途运输或多次换装,也不易受到损坏。同时,货物装箱也有较高的要求,因而可以减少由于各种原因引起的货损、货差、丢失的可能性,减少货损货差,保证货物的完好无损。

(4)组织模式优势

由于集装箱运输在不同运输方式之间换装时,不需搬运箱内货物而只需换装集装箱,这就提高了换装作业效率,适于不同运输方式之间的联合运输。在换装转运时,海关及有关监管单位只需加封或验封转关放行,从而提高了运输效率。

二、集装箱运输改变了世界经济布局和经济形态

(一)集装箱是全球大规模产业转移的前提条件

集装箱在20世纪60年代正式进入国际海上运输领域,在这之后的10年间,制成品国际贸易的增长速度是全球制造业产量增速的2倍,是全球经济增速的2.5倍。

集装箱运输快速发展及具有的优势,使全球制造业不再以靠近原材料产地和市场而选址,使大规模的产业转移成为可能。集装箱运输在推动区域乃至全球产业布局与产业结构调整,带动全球资源的优化组合配

置与集中的渐进过程中产生聚集效应、辐射效应，带动并促进了集装箱枢纽港乃至国际或区域航运中心、物流中心的建设与发展。经济全球化的趋势为集装箱化提供了广阔的发展平台，另一方面，集装箱化也加速了经济全球化的进程，成为推动全球经济发展的重要驱动力之一。

（二）集装箱带动了相关产业的发展

集装箱运输推动了各国铁路、公路建设、运输向国际标准化靠拢；带动了与之相关的运输工具的科技革命与发展，特别是全集装箱船舶的设计制造向大型化、高速化发展，以及适应不同区域集装箱运输需求的多种船型发展；加速了集装箱制造业、集装箱专用机械设备等相关产品的技术进步与发展；带动港口集装箱码头的技术改进与设施装备的完善；带动集装箱码头深水化、规模化、枢纽化、多功能化的进程加快；集装箱码头信息化建设，乃至口岸计算机通信网络、电子商务的发展迈入一个崭新的阶段；带动并促进了国际多式联运的发展，进而为改进和完善集装箱运输系统奠定了扎实基础，特别是为现代物流业新的快速发展提供了极好的机遇。

在技术进步以及需求的双重推动下，集装箱运输经过近50年的发展已经成为比较成熟的运输组织形式，代表了现代运输的发展方向，对经济发展、就业的拉动作用显著。国内外研究表明，港口集装箱运输对区域经济的贡献是原油的4倍左右，煤炭的2倍左右，这是港口和城市特别重视集装箱运输发展，也是以集装箱吞吐量作为衡量港口发展指标的重要原因。

三、集装箱枢纽港的竞争日益白热化

（一）集装箱枢纽港城市，在全球化时代更具竞争力

在全球化背景下，集装箱港口在国际生产、贸易运输中的地位不断增强。过去，在国际经济、贸易和运输还没有一体化时，生产和贸易被当作两个隔绝的要素，而运输则被分割成许多过程。因此，港口仅执行其传统的装船和卸船功能，而游离于生产、贸易和运输之外。现在，随着国际经济和贸易的发展，物流模式正迅速发生变化，现代集装箱港口已成为经贸发展的催化剂，能对周围地区和腹地产生巨大的商业辐射功能，推动这些地区的经济和贸易发展。集装箱港口在现代国际生产、贸易和集装箱运输系统中处于十分重要的战略地位，并且发挥着日益活跃的作用。

（二）全球范围内的集装箱枢纽港竞争

随着全球集装箱航运业发展的不断成熟，给集装箱港口业带来了前所未有的机遇和挑战。2000—2005年，世界集装箱平均每年将以7%～

9%的速度递增；2005—2010 年，平均年增长率将在 5% ~7% 之间，到 2010 年世界港口集装箱吞吐量近 5 亿 TEU。这样快的发展速度，迫使世界集装箱港口业也相应快速发展，以适应集装箱吞吐量的大幅提高。

由于船舶大型化趋势加快，能接纳干线船舶的港口数目越来越少，导致近几年世界港口间的竞争，竞争主要目标是争取成为枢纽港。集装箱船舶的大型化和经营联盟化，是促使集装箱运输干线化的必然结果，从而使得集装箱枢纽港之争进一步白热化。一般而言，船公司在一个地区只会有一个枢纽港，航运公司一旦选择了枢纽中心，干线船舶挂靠港口的布局将更趋合理。而全球经贸发展的变化和船公司经营战略的转变，将使目前许多干线港成为支线港。哪个港口能最终成为本地区的枢纽港，必将有一番激烈的竞争，其中港口腹地货源之争将是竞争的焦点。

（三）全球集装箱运输中心快速向中国转移

（1）中国集装箱港口能力的快速形成

2009 年末，中国大陆沿海港口拥有专业化集装箱泊位 280 个，其中海轮泊位 260 多个，包括多用途泊位在内的集装箱设计总通过能力达到 1.2 亿 TEU。沿海港口基本形成了以大连、天津、青岛、上海、宁波、厦门、深圳、广州为干线港，其他港口为支线港和喂给港的分层次港口布局。

（2）集装箱吞吐量雄踞世界第一

中国在集装箱市场连续七年雄踞世界第一，中国占据了全球集装箱吞吐量的三分之一，我国沿海港口的集装箱化率已达到或接近国际先进水平。中国现已崛起成为世界上最大的集装箱国（见图 2.4）。

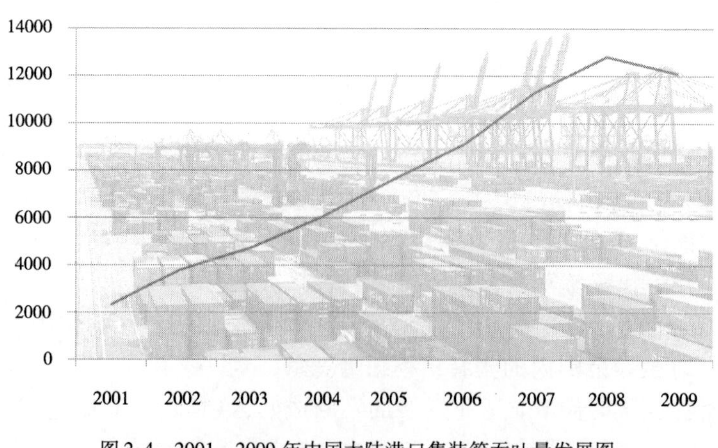

图 2.4 2001—2009 年中国大陆港口集装箱吞吐量发展图

四、智能集装箱将掀起又一场运输新革命

（一）集装箱运输的信息化瓶颈

目前，集装箱运输发展中存在着严重的信息化瓶颈：一是基础信息的采集依靠手工录入，人工采集数据的35%是不准确或不实时的，效率低、差错率高；二是不能实现完全的信息共享和交换；三是货物失窃严重，据统计，全球因集装箱失窃造成的损失达300～500亿美元；四是集装箱识别精度低，运输过程中仅通过箱号识别。

（二）智能化成为集装箱运输的新趋势

在集装箱运输中，作为物联网初级阶段的RFID技术显著提高了运输过程中的透明度和安全性，进而实现了整个供应链透明化、流程简约化和运输高效化。物联网的逐步完善对集装箱运输效率的提高将具有极其重要的意义。

随着物联网在集装箱运输中的运用，必将导致集装箱的智能化。而集装箱智能化所带来的变革可以体现在航运供应链的所有节点上，为所有供应链的参与者创造更多的价值。对于供应链中的货主、托运人和承运人来说，他们不用付出任何成本，通过可接入互联网的各种终端，就可随时随地获知货物状况，享受智能集装箱系统带来的安全性和及时性等方面的变革；对于供应链中的港口和货运站来说，智能集装箱系统的使用可以减少因劳动力雇佣所带来的人力成本，同时节约了大量的港口和货运站监控成本。

（三）天津港RFID成功应用案例

天津港集装箱信息化建设一直走在全国前列。目前，天津港以信息中心为核心，光缆基础网络采用星形拓扑结构，向各分公司节点辐射，具有接续点14个，端节点32个，共计50余家用户单位，还实现了与天津海关、海事局等外单位的互联互通。为进一步提升集装箱整体效率和服务水平，天津港以集装箱RFID作为突破点，全面改造集装箱业务流程。从2006年起，天津港与相关堆场、码头经过多轮讨论，完成了技术方案的设计，即采用RFID和EDI传输相结合的方案，并制订了天津港RFID电子标签信息标准。经过两年的测试实验，2007年在集团内部的集装箱堆场和码头公司出口作业流程改造项目上正式启用。2008年10月起在全口岸进行全面推广。

目前，天津港所有集装箱码头公司和参与集港作业的场站卡口通道

全部安装了RFID阅读器,设立RFID专用车道,海关监管的集港车队和津港车牌的车队也都配备了RFID电子标签,目前所有出口外贸集装箱实现了RFID集港。该项目的应用使出口集装箱通过码头闸口时间由2~3分钟减至1分钟之内,大大提升了车辆通过闸口效率,同时,提高了收箱信息的准确性,提高了配载效率,另外还减轻了整个港口交通运输组织压力。目前,天津港集装箱作业码头平均单桥效率和单船效率分别达到32自然箱/小时。

第四节 经济全球化下的港口城市发展高级阶段——国际航运中心

一、国际航运中心是港口城市发展的高级阶段

(一)港口是国际航运中心的基础与核心

国际航运中心是一个功能性的综合概念,是融发达的航运市场、丰沛的物流、众多的航线航班于一体,一般以国际贸易、金融、经济中心为依托的国际航运枢纽。在国际航运中心航运要素的构成中港口作为航运中心的重要航运要素,无论是航运服务型、中转型还是腹地型的国际航运中心,其发展之初均为世界一流港口,即使港口功能不断弱化的英国伦敦,作为航运服务型的国际航运中心也是如此。2009年,已经成为或潜在的全球50个国际航运中心,占同期全球集装箱吞吐量的70%左右。港口货物吞吐总量达159.66亿吨,占同期全球港口吞吐总量的68.5%。

(二)国际航运中心是港口城市发展的高级阶段

虽然国际航运中心实质上是一座“依港而兴”城市,但港口作为国际航运中心的基础和前提条件,是国际航运中心的重要组成部分。国际航运中心是港口与城市紧密结合的高级阶段,它不仅拥有优良的深水航道、航线密布全球的集装箱枢纽港,以及优越的集疏运网络等硬件设施,承载着国际航运、国际贸易、国际金融等功能,还要拥有伴随着航运业而产生的金融、贸易、信息等城市综合服务功能。从而只有在一个国际区域内,航运要素最为集中、航运市场或航运服务市场所占份额最大、在地区乃至全球航运事务中发挥主导作用的港口城市,才能成为国际航运中心。

(三)国际航运中心的巨大作用

在经济全球化浪潮的推动下,世界贸易迅速发展,作为国际航运中心

的港口城市是全球干线航运网络的重要节点,通过全面参与国际经济循环,在全球广阔的市场进行商品、信息和资源的交流和交换,由此成为国内市场与国际市场的接轨点、国内经济与世界经济的交汇点,并代表所在国家和地区参与国际分工与竞争。从某种意义上讲,21 世纪国家间的竞争在一定程度上演化为国际航运中心城市间的激烈竞争。

国际航运中心支撑的不仅是全球性的航运业,更重要的是支撑航运业的强大的现代物流体系,形成集增值服务、加工服务、多式联运集疏运服务、门到门服务、信息服务等强大的服务体系。国际航运中心的运作,不仅在于航运业本身的发展,而且在于航运业带动的先进制造业、现代服务业的乘数效应。航运业本身的发展依赖于国际航运中心港口城市、地区的国际贸易、国际金融等现代服务业的发展,反过来,航运业的发展又进一步推动了国际航运中心港口城市、地区的国际贸易、国际金融等现代服务业的发展。

二、国际航运中心的发展阶段

从国际航运中心功能上看,可以分为三大阶段。

第一阶段:19 世纪初。这一时期的国际航运中心一般属于航运中转型,通过提供存储场地、运输工具与设备、分拨途径,实现简单的货物集散功能,并逐渐达到航运高度繁荣发展。这一阶段自然条件对于航运中心的形成影响较大,伦敦、鹿特丹是第一代国际航运中心的代表。

第二阶段:二战结束至 80 年代。随着东亚经济的迅速崛起,尤其是集装箱运输的兴起,国际航运中心向第二代转型。第二代国际航运中心属于加工增值型,通过引进自由港、自由贸易区等经济性特区或特殊政策,实现就近进行工业加工、组合、分类、包装以及商业营销,以使产品更符合目标市场的需求,符合更经济地转运的要求。东京、中国香港、新加坡成为第二代国际航运中心的创新者,纽约、鹿特丹、伦敦等也完成了功能的转型并继续发挥国际航运中心的职能。

第三阶段:20 世纪 80 年代至今。第三代国际航运中心属于综合资源配置型,在继续保持有形商品的强大集散功能并进一步提高有形商品的集散效率(伦敦除外)之外,集有形商品、资本、信息、技术的集散于一身,而且,还集中各种要素组合成全新的产品或服务输向目标市场。第三代的出现,是由世界经济中生产一体化、资本一体化、技术一体化、信息一体化、市场一体化的趋势和信息革命所导致的;这样的国际航运中心城市,必然又是经济中心、金融中心和贸易中心。东京、中国香港、新加坡在向第三代国际航运中心的转型中走在前列。

三、国际航运中心的竞争态势

(一)国际航运中心的主要任务:服务经济全球化

目前,国际航运中心是以经济全球化为主要服务对象的多中心、特色化的国际航运中心,从20世纪八九十年代开始形成。主要动因是经济全球化、信息化和知识经济的快速发展,产业在全球快速转移,经济要素在全球快速流动,南美洲、亚洲和中东地区先后成为产业和金融转移的重要承接地,原来欧洲与美国之间贸易为主导的世界贸易格局发生重大变化。

现阶段的国际航运中心主要服务于经济全球化下的生产国与消费国之间的贸易和航运,服务范围扩大到全球各个国家和地区,服务功能中增加全球航运服务设点布局、航运服务外包、供应链服务、航运信息服务、航运金融服务等。集装箱运输及服务的作用也更加突出。正是因为经济全球化和产业大规模转移,使亚洲和中东成为新的跨国公司的重要诞生地,国际航运中心的格局进一步发生深刻变化。

(二)国际航运中心的竞争态势

按照2010年3月公布的"全球国际航运中心竞争力指数",评价了全球660个港口城市,最终排出国际航运中心的50强座次。伦敦、东京、中国香港、纽约、上海、新加坡、汉堡、洛杉矶、鹿特丹和釜山分列前十。

其中:第一方阵:以伦敦、纽约、东京为代表的传统中心方阵。它们在近代世界经济史和国际航运中心演变史上均发挥过极为重要的作用,航运生态系统较优越,占据全球航运服务制高点。但面临后金融危机时代的新格局、新挑战。

第二方阵:以新加坡、中国香港为代表的中转中心方阵。它们以超级离岸、国际转运、自由港区、承上启下为主要特征,对国际航运中心加工增值与资源配置的功能拓展作出重要推动。但因非航运主力需求发源地与目的地,受所在经济体的资源配置能力与辐射范围的限制较为可观。

第三方阵:以上海、天津、大连、圣保罗、孟买、迪拜等为代表的新兴中心方阵。作为新兴经济体的国际航运功能载体,这一方阵在帮助引领世界走出由美国次贷危机引发的全球金融海啸冲击的进程功不可没。以航运金融和专业服务为主的国际航运高端服务是它们共同的弱项,但在引领全球第四代国际航运中心模式创新领域具有后发优势。

四、国际航运中心的典型案例分析

(一)国外典型航运中心介绍

1. 航运市场服务型——伦敦国际航运中心

(1)伦敦国际航运中心的形成

伦敦是18世纪工业革命的发源地,工业革命促进了资本主义经济贸易的发展,促使伦敦在19世纪就成为世界著名的国际航运中心。此后的伦敦集中了世界各地的船舶和船公司的代表机构,同时也建立了世界著名的航运服务机构,为世界航运业提供最权威的航运服务。

(2)伦敦国际航运中心的特点

①世界级的海事机构和发达的航运市场

伦敦被公认为世界顶级航运中心,提供世界上最权威的航运服务,聚集着国际海事组织(IMO)总部、国际海运联合会(ISF)、国际货物装卸协调协会(ICHCA)、波罗的海航运交易所(BE)、波罗的海和国际海事公会(BIMCO)等多家国际航运组织。还有强大、完善的船舶的买卖、租赁、融资、保险、中介及其相关的法律服务等发达的服务业,使世界航运各业的公司总部在此集聚。同时拥有世界级的海上保险机构和享有国际声誉的航运法律服务,已有300多年历史的伦敦劳埃德保险行(Lloyd′s)是世界最大的保险行,如今它在交换航运信息、接洽各类航运保险业务,在保险规模、能力范围、专业化程度和创新性方面,是海上保险的领先者,被称为国际海上保险中心。

②伦敦国际金融中心优势

有着“金融首都”之称的伦敦,至今仍然是世界著名的银行业中心,共有几百家国内外大银行,管理着英国银行业50%以上的资产。伦敦航运融资放贷的总额约占世界市场份额的20%,在伦敦进行的航运保险业务,油轮、散货船租船、船舶融资等业务,在世界上占有很大的份额。

2. 腹地服务型——纽约国际航运中心

(1)纽约国际航运中心概况

纽约位于美国东北部哈得逊河注入大西洋的河口处,是美国最大的金融、商业、贸易和文化中心,也是世界最大的国际大都市。“二战”之后,纽约国际航运中心是在纽约国际金融中心的支撑下形成的。

(2)纽约国际航运中心的特点

①世界级港口的有力支撑

纽约—新泽西港是国际航运中心的重要组成部分，美国最大的海港，也是世界最大海港之一，拥有一个由200条海运航线、14条铁路线、4个现代化航空港以及稠密的公路构成的综合运输系统。

②国际金融中心的支持

纽约云集了许多国际超级金融机构，华尔街就是纽约国际金融中心的标志。总部设在纽约的美国金融机构，包括世界发达国家的380家银行、美国本国的10大银行中的4大银行和10大金融服务公司中的3家公司。

③国际经济中心的支持

纽约是世界最大跨国公司总部最为集中之地。在财富500强中就有46家公司总部选在纽约。纽约有制造业公司1.2万家，许多全球制造企业都在这设立了总部机构。

④功能齐全的国际航运服务业

目前，全球180家上市的航运公司挂牌的37家证券交易所中，美国纽约证券交易所就占了28家。所以，纽约的航运市场是仅次于伦敦的国际性航运交易市场，纽约租船市场也相当庞大。

3.国际中转运输型——新加坡国际航运中心

(1)新加坡国际航运中心的形成

新加坡国际航运中心是从20世纪60年代开始逐步形成的，其中有两个主要的因素：第一，20世纪60年代世界经济重心东移，以新加坡为中心的东南亚各国经济发展迅速，集装箱箱量猛增；第二，抓住机遇，率先发展集装箱运输和国际航运服务。

(2)新加坡国际航运中心的特点

①独特的地理位置

新加坡港位于新加坡岛南部沿海，西临马六甲海峡，南临新加坡海峡，在太平洋与印度洋的航运要道上，所有从欧洲、中东、南亚到亚洲东部或澳洲的船只都要从这里经过，是联系亚、欧、澳、非四大洲的海上交通枢纽。

②现代化的港口基础设施和集装箱国际中转优势

新加坡港航道最大水深21米，主航道限吃水14米，有6个港区，60多个泊位。港口集装箱国际中转比例高达70%以上，年均处理全球集装箱中转箱总量的25%，完成全球集装箱吞吐量的7%左右，集装箱吞吐量连年排位世界第一。

③齐全的航运服务及其相关产业

新加坡是国际箱管和租赁中心、国际船舶换装修造中心、国际船舶燃料供应中心。发达的航运服务业吸引了 250 多家船公司在新加坡设立机构,新加坡港与世界上 123 个国家和地区的 600 多个港口建立了业务联系,有 250 多条航线连接世界各主要港口,每周有 430 个航班发往世界各地,是世界上最繁忙的港口。

④先进技术和完善的信息管理系统

早在 20 世纪 80 年代,新加坡港务集团就首创了综合码头作业系统(CITOS)和海港网络(PORTNET)。通过这些系统,协调整合港口的各部分运作,使新加坡港运作准确和高效,集装箱在港口堆存时间一般为 3 ~ 5 天,其中 20% 的中转集装箱堆存时间仅为 1 天。

⑤自由贸易港政策

新加坡实行的自由港政策,包括自由通航、自由贸易,允许境外货物、资金自由进出,对大部分货物免征关税等。

五、快速崛起的中国航运中心

(一)上海全力建设国际航运中心

根据《国务院关于推进上海加快发展现代服务业和先进制造业建设国际金融中心和国际航运中心的意见》,到 2020 年,上海将基本建成航运资源高度集聚、航运服务功能健全、航运市场环境优良、现代物流服务高效,具有全球航运资源配置能力的国际航运中心。其主要优势:

(1)世界最大港口的支撑

2009 年,上海港的货物吞吐量、集装箱吞吐量分别达到了 5.9 亿吨、2500 万 TEU,均居世界首位,上海组合港吞吐量集装箱吞吐量更是达到了 4488 万 TEU,占全国规模以上港口集装箱吞吐量的 36%,同时与世界 180 多个国家和地区开辟了近 900 条航线,每天有 242 个航班往来。世界第一大港的地位是上海建立国际航运中心最大优势。

(2)优越的地理位置

上海港位于中国大陆的中部地区,毗邻全球东西向国际航道主干线,在国际航运上地理位置优越,适合开展国际中转运输。上海港临海沿江,以上海为依托,以长江三角洲和长江流域为主要经济腹地,经济腹地十分广阔,为上海港提供了充沛的货源。

(3)强有力的政策支持

国家给予了明确的定位:2009 年国务院发布关于推进上海加快“国际金融中心、国际航运中心”建设的意见,从全局和战略的高度,提出加快上海国际航运中心建设的目标和任务。国家政府部门的支持:交通运输部于 2010 年 3 月,颁布了《船舶交易管理规定》,落实了上海“两个中心”建设部际协调机制,同年交通运输部与上海市人民政府签署了《加快推进国际航运中心建设合作备忘录》。

(4)初具规模的航运服务功能

上海航运交易所的集装箱航运指数已成为国内唯一具有一定国际影响力的航运指数,上海航运金融船舶融资开始破冰。2010 年 6 月,上海综合保税区融资租赁项目正式启动,来自交银金融和招银金融等 6 家项目公司获颁营业执照,上海成为全国第一个同步开展飞机、船舶单机单船租赁业务的综合性 SPV 项目运作平台。2009 年,上海船舶登记中心正式挂牌成立。另外,航运保险等其他航运服务业正在逐步发展。

(二)天津推动北方国际航运中心建设

2006 年 3 月,国务院通过的《天津市城市总体规划(2005—2020 年)》指出,将把滨海新区的发展作为重点,努力把天津建设成为国际港口城市、北方经济中心和生态城市。其中对滨海新区的定位是:依托京津冀、服务环渤海、辐射“三北”、面向东北亚,努力建设成为我国北方对外开放的门户、高水平的现代制造业和研发转化基地、北方国际航运中心和国际物流中心,逐步成为经济繁荣、社会和谐、环境优美的宜居生态新城区。为落实好国家对天津市的相关定位要求,天津市紧紧抓住滨海新区开发开放的有利形势,抓紧推动北方航运中心建设。其具有的主要优势:

(1)世界一流大港基本建成

天津港是中国北方最大的综合性港口。现有水陆域面积近 260 平方公里,陆域面积 107 平方公里。目前,天津港主航道长 35 公里,水深 19.5 米,25 万吨级船舶可自由进出港,30 万吨级船舶可乘潮进出港。天津港共拥有各类泊位 151 个,岸线总长 3.2 万米,其中万吨级以上泊位 96 个。

2010 年,天津港货物吞吐量突破 4 亿吨,位居世界第五位,集装箱吞吐量突破 1000 万标准箱,名列第十一位,世界一流大港基本建成,作为国际航运中心和国际物流中心的核心载体作用更加明显。

(2)辽阔的腹地

天津港位于海河入海口,处于京津城市带和环渤海经济圈的交汇点上,是首都北京和天津市的海上门户、我国北方重要的对外贸易口岸,是连接东北亚与中西亚的纽带。天津港经济腹地广阔，包括天津、北京、河北、山西、内蒙古、陕西、甘肃、青海、新疆、宁夏及辽宁、河南、山东、四川的一部分地区，面积近500万平方公里，占全国面积的52%。天津港对区域经济的辐射力强，目前全港70%左右的货物吞吐量和50%以上的口岸进出口货值来自天津以外的各省区。

(3)完善的功能优势

天津港是我国沿海港口功能最齐全的港口之一，拥有集装箱码头、铁矿石码头、煤炭码头等完善的基础设施。已经建成的天津国际贸易与航运服务中心，是集通关、通验、港口服务、结算、信息服务、咨询服务等多项综合服务项目为一体的目前全国最大的"一站式"航运服务中心和电子口岸。正在建设中的东疆港区规划面积30平方公里，其中10平方公里将建成中国规模最大、开放度最高的保税港区。规划建设中的临港经济区将成为以发展重装备制造为主的天津港的另一个功能区。

(4)国家明确的定位和政策支持

天津是国家明确定位要建设的三大航运中心之一(另两个为大连和上海)。尤其是2011年5月，国务院正式批复了《关于天津北方国际航运中心核心功能区建设方案》，提出用5~10年的时间，基本完善国际中转、国际配送、国际采购、国际贸易、航运融资、航运交易、航运租赁、离岸金融服务等功能，把天津东疆保税港区建设成为各类航运要素聚集、服务辐射效应显著、参与全球资源配置的北方国际航运中心、国际物流中心核心功能区和综合功能完善的国际航运融资中心。截至2011年5月，东疆保税港区累计已有注册企业500余家，已注册90家租赁公司，逐渐形成以飞机、船舶为载体的融资租赁平台，已注册和正办理注册的航运公司达28家，形成了航运产业聚集效应。

参考文献

[1] 于汝民. 现代集装箱码头经营管理[M]. 北京：人民交通出版社，2007.

[2] 庞瑞芝，薛伟. 港口管理与经营[M]. 天津：天津人民出版社，2006.

[3] 师启娟，于天一. 基于RFID的EPC新技术引领供应链发展[J]. 物流工程与管理，2009.02.

[4] 姜春明，佟家栋. 世界经济概论[M]. 天津：天津人民出版社，2009.

[5] 茅伯科. 关于国际航运中心定义的思考. http://hkq.sh.gov.cn/

[6] 全球国际航运中心竞争力指数发布. 上海浦东国际金融航运双中心研究中心编制,2010.

[7] 罗萍. 国际航运中心的形成与发展及我国国际航运中心的建设[J]. 综合运输,2003.

[8] 水运管理. 2011.3.

第三章　世界港口排名反映出来的经济变迁路线图

周海云　李秋堂

“二战”以后，随着世界经济的发展和科技水平的不断提高，全球各国在政治、经济和文化上的联系日益紧密，全球化成为世界发展的主要动力，世界因为全球化而进入了一个崭新的发展时期。

作为连接国内外的重要纽带，港口不仅仅只是贸易中的一个环节，更是一个国家经济发展的重要推手。

每一次世界经济重心的转移，都少不了港口的推动作用。纵观世界经贸和航运发展历史，从 19 世纪末到 20 世纪 70 年代，世界经济中心经历了三次大的转移：从地中海到大西洋东岸，从大西洋东岸到西岸，再到太平洋，并由此形成了世界三大贸易中心：西欧、北美和东亚地区。

与此同时，世界性大港的布局也经历了伦敦、纽约、东京三个区位的承接。而自 20 世纪 80 年代以来，随着东亚、东南亚许多国家经济的快速发展，环太平洋地区又有一系列世界性大港正在崛起，中国的港口正是在这一时期发展起来的。

细观这些港口的发展历程，我们可以发现港口的发展紧随着国际产业结构调整和产业转移的步伐，与一个国家经济发展水平和发展阶段有着千丝万缕的联系，可以说，港口是一个国家、地区经济的晴雨表，港口排名变化勾勒出了世界经济变迁的路线图。

与此同时，依托港口和海上运输所发挥的优势，这些国家和地区实现了经济发展和国家强大。许多国家已经意识到港口对于经济发展的重要作用，支撑港口发展可谓不遗余力。

本章将以时间为序，以崭新的视角，从 20 世纪五六十年代的美国到六七十年代的欧洲，再到七八十年代的日本和当前的中国，探访世界大港的发展轨迹，探究港口与经济发展密不可分的联系。

第一节　五六十年代美国港口引领世界

第二次世界大战以后，世界经济秩序进行了重新洗牌，当欧洲资本主义老牌强国在战场上厮杀的时候，美国赶上工业革命的快车，凭借优越的地理位置，以及在“二战”中获取的巨大利益，成为战后资本主义世界的霸主，世界经济中心从大西洋转移到了太平洋地区。

美国经济在“二战”时期便进入了后工业化时代，产业中心向高新技术产业转移。为了提升产业结构升级空间，美国对企业组织进行创新，催生了产业的跨国转移，跨国公司出现并在极短的时间内发展壮大，对外贸易比以往更加活跃。高新科技产品的出口以及大量原材料的进口使美国港口超过欧洲传统大港，在“二战”后很长一段时间内占据世界港口领军地位，引领世界港口迈向新的发展时期。

美国众多港口中最具代表性的是纽约港。

纽约是美国的经济中心，也是世界资本最密集的城市。纽约的华尔街集中了世界大部分垄断组织总部，如埃克森石油公司、国际电话电报公司(ITT)、德士古石油公司[1]。

20 世纪 50 年代，纽约港超过了当时世界第一大港鹿特丹港，坐上世界港口排名的头把交椅(见图 3.1 和图 3.2)。

图 3.1　纽约港对面的自由女神像

纽约港自 18 世纪中叶起就一直在世界海运业占据着强有力的位置。

纽约处在大西洋东北岸，是美国人口最密集、工商业最发达的区域，邻近全球最繁忙的大西洋航线，与欧洲接近。

纽约港口地理位置条件优越，通过伊利运河连接五大湖区，使得纽约港成为美国最重要的产品集散地。

图 3.2　正在作业的拖轮(1949 年 11 月)

纽约的工业发达，机器制造、石油加工、电气、金属制品、食品加工、军火、皮革及重型化工位居美国首位。强大的经济腹地和优越的地理位置奠定了纽约港全球重要航运交通枢纽和欧美交通中心的地位。

纽约港真正的辉煌是在 20 世纪 50 年代(图 3.3)。

图 3.3　码头上等待装船的汽车(1949 年 11 月)

由于“二战”影响,欧洲和日本经济遭受严重破坏,美国成为获得战争红利最大的国家,雄厚的经济基础使美国登上了世界资本主义霸主地位。

在技术革命推动下,美国进行了产业结构调整和升级,科学的现代管理模式使美国经济在极短时间里进入到后工业化发展时期,并于60年代初进入了发达经济阶段的高级阶段。

美国凭借科技和产业发展水平的全球领先地位,成为第一次国际性产业调整和转移浪潮中的主角。

纽约港抓住机遇,在大量出口计算机、汽车等高科技产品的同时,从欧洲等国家大量进口原材料。纽约港吞吐量在这段时间内快速增长,当时的纽约港不仅是美国最大的港口,也是整个西半球最大的港口。

贸易量的增长促使美国港口进入黄金发展时期,港口吞吐量增长的同时,也促进了美国国际贸易总量的提升。

素有“西海岸门户”之称的旧金山港是美国与太平洋地区贸易的另一个主要海港。旧金山港是北美大陆桥的桥头堡之一,是横贯美国东西的联合太平洋铁路终点站,与东部的起点站纽约相连。

“二战”时期美国的资本积累为旧金山港的发展提供了充足的物质条件和经济基础。

在第一次国际性产业调整和转移的浪潮中,旧金山乘势调整了制造业内部结构,重点发展机械制造、造船、电子仪器、石油加工、火箭部件、食品、化工及印刷等高科技新型产业,出口量的增加加速了旧金山港的繁荣。

随着美元体系的建立,旧金山成为美国西部最大的金融中心,为旧金山港的发展提供了充足的资金保证。

位于美国西海岸加利福尼亚州南部的洛杉矶港同样在这一时期迅猛发展成为一座世界性综合性大港。

洛杉矶是美国西海岸的最大工业城市,工业以飞机制造业和石油工业为主。美国两大飞机制造公司之一的洛克希德公司位丁市区北部,加利福尼亚油田就在洛杉矶附近。此外,汽车制造、电子仪器、化学、钢铁等产业也占主要地位。

洛杉矶港濒临太平洋的圣佩德罗湾,当时拥有27个装卸汽车、集装箱、散杂货、油料和液化气等货物的码头,年货物吞吐量最高时曾达1.1亿吨,是那个时期美国港口取得辉煌成绩的重要象征(见图3.4)。

图 3.4　洛杉矶港全景

在此之前的世界港口业中，虽然美国的港口一直处于重要地位，但与鹿特丹港等欧洲传统大港相比还差距甚远。

对 20 世纪五六十年代美国港口大发展的原因进行分析，我们发现，美国港口的发展很大程度上得益于美国经济的发展和对外贸易的增长，美国强大的经济使美国港口拥有了世界上任何港口所难以匹敌的发展条件。

美国的国民生产总值从 1939 年的 880.6 亿美元，增至 1945 年的 1350 亿美元。战争期间美国工业企业的规模扩大近 50%，产量提高 50% 以上。1940—1945 年期间，美国工业发展极为迅速，年增长率为 15%。1945 年，美国占世界制造业总产量的 1/2 以上[2]。

而从 1949 年到 1959 年的 10 年中，美国港口的进口贸易总额从 66.7 亿美元增长到 154.8 亿美元，增长率高达 132.1%，出口贸易总额从 1949 年的 119.6 亿美元上升到 1959 年的 174.7 亿美元，增长了 46.1%。

为了增加外汇收入，战后初期，美国政府将经济发展的重点更多地投在了贸易出口上，加强其对出口的控制。美国一方面在“援外”项目下通过国家购买进行出口，另一方面对某些美国产品的出口实行补贴。“援外”项目下的出口比重 1949 年占 46%，50 年代占 30% 左右，60 年代占 20% 左右。

跨国公司的出现，成为推动港口发展的另一种力量。

随着美国战后经济优势地位的确立，商品输出和资本输出的增加，为进一步利用国外的廉价资源，跨国公司在此时兴起。

此后的世界经济发展历史证明，跨国公司的出现对美国乃至世界经济的发展起到了举足轻重的影响。

从50年代中期至70年代，跨国公司的特点表现为混合合并，即在产品的生产和销售上互不联系的企业进行合并和吞并，从而形成混合联合公司。这样的混合联合公司从一开始就不是仅以争夺美国国内市场为主要目标，而是以世界市场为导向，为世界市场设计商品，根据全球物质资源和人力资源的不同分布情况，同时在几个国家生产，并把自己的金融和销售战略瞄准世界市场。由此，通过战后混合兼并的美国大公司纷纷成为现代跨国公司，它们拥有巨额的资本、广泛的经营范围，并且其业务经营强调“全球战略”，获取了庞大的利润。

例如美国通用汽车公司原先的主业是汽车制造，但是二次世界大战后除了制造汽车，还制造飞机发动机、洲际导弹、潜艇、宇宙飞船和家用电器等，并且在全球范围内设立了众多子公司，形成全球性的生产和销售网络。

美国国际电话电报公司在60年代合并了120个不同行业企业，将业务扩展至全球，在海外57个国家中建立了150余家子公司，经营范围扩大到食品、人造纤维、纺织、建筑、旅游、金融和保险等行业。

为了制造出消费者所需要的产品，就必须保证生产的连续和以最快的速度对市场做出响应，跨国公司往往要求涉及多个国家的生产链上的各个环节尽量集中、尽量连续，也就是所谓的“无缝”连接。

港口作为国际货物运输的节点，既在运输的航线上，又能够在港区及其所在城市进行平面扩展，就近进行货物的转运、配送或流通加工，使得生产与运输有机地糅合在一起，最有条件满足跨国公司对无缝生产的要求，港口为跨国公司在全球范围内的扩展提供了运输保证，促进了全球经济的发展，并进一步推动了全球化进程。

第二节　六七十年代欧洲港口续写辉煌

早在19世纪末20世纪初，欧洲就已经成为世界的经济和贸易中心，并产生了一些世界著名港口。但两次世界大战，尤其是第二次世界大战给欧洲的经济带来了巨大打击，德、意、英、法等国家的经济均遭到极大地破坏和削弱，这些国家的港口由此而衰落。

战后六七十年代，经过近20年的大发展，欧洲经济迅速恢复，灰色的欧洲又重新披上绿装，精神抖擞，势不可挡。对外贸易随着经济发展而迅速扩大，这个时期欧洲的港口快速发展，“世界性大港”的桂冠重新被欧洲港口获取。鹿特丹港、汉堡港、安特卫普港等传统大港在激烈的竞争中重新焕发光彩。

鹿特丹港的辉煌，从某种程度上而言，得益于荷兰悠久的手工业传统。早期的荷兰是被当作异教徒从西班牙赶出的阿拉伯人、犹太人以及被赶出法国的胡格诺派教徒的避难场所。然而幸运地是，这些人或是手工业的高手，或是善于经商的人，他们在荷兰建立起了发达的毛纺织工厂，开始了同世界的贸易，这促使了荷兰港口业的成长。

鹿特丹港几经兴衰。

13 世纪下半叶到 14 世纪上半叶鹿特丹从小渔村发展成为渔业港镇。1570 年后随着西欧海上运输和对外贸易的开辟，鹿特丹港成为英、法和德国之间的过境运输港，以及西欧到北海、北冰洋渔船的备航和起航站。1600—1620 年之间建设了第一个港口，1794—1815 年法国占领期间，偶遇河口淤积，通航能力下降，鹿特丹港一度衰落。19 世纪至 20 世纪，随着资本主义经济迅速发展及苏伊士运河通航而复兴，特别是德国的鲁尔区成为欧洲最大工业区以后，鹿特丹港腹地规模空前扩大，运输条件大大改善，至 20 世纪初一跃而成为荷兰第一大港，成为欧洲与亚、非、北美间繁忙的过境运输港口(图 3.5)[3]。

图 3.5　鹿特丹港

第二次世界大战期间，鹿特丹港遭到极大破坏，但是战后的重建工作进展很快。

到1953年,港口的货物吞吐量已超过战前的4200万吨。1958年,西欧共同市场成立后,联邦德国、法国、荷兰、比利时、卢森堡等国家的商品,大部分都通过内河运到鹿特丹,然后再转运到世界各地。

鹿特丹港的集装箱码头是当时世界最大的集装箱码头之一,1967年吞吐能力达2.5万只集装箱,到了1978年已达到130万只集装箱,11年内增加了50多倍。它的矿石运输码头也是欧洲最大的矿石码头,可以靠泊28万吨的矿石船。

鹿特丹港的发展与荷兰本国和附近地区工业的迅速崛起关系密切。化工和机械制造是荷兰的支柱产业,荷兰皇家壳牌、阿克苏·诺贝尔和帝斯曼三大化学企业是世界著名的跨国化工公司。飞利浦、达夫等电子和制造企业也享誉全球。荷兰的这些工业制成品大约80%供出口。鹿特丹本身也迅速发展成为全国的重工业基地,并成为欧洲最大炼油基地和世界三大炼油中心之一,如今又发展成为西欧的贸易中心和商业金融中心,参见图3.6。

图3.6 鹿特丹港的石化码头

鹿特丹港的发展是战后欧洲整体经济恢复发展的缩影,广阔的经济腹地和整个欧洲的崛起,是成就鹿特丹港飞速发展的根本原因。“二战”后,随着欧洲经济复兴和西欧共同体成立,共同体之间经济贸易往来日益加强,特别是德国的兴起为鹿特丹港提供了天然的经济腹地,使得港口吞吐量显著增加,港区面积不断扩大,并一举进入到集装箱时代。

1961年,鹿特丹港的货物吞吐量超过了纽约港,成为世界第一大港,此后40多年来一直保持世界第一大港地位。

作为中欧重要交通枢纽的汉堡港是伴随欧洲经济复兴发展起来的又一重要港口。

汉堡港始建于13世纪,直到1937年才将各个独立的港口,如阿尔通纳港、哈尔堡港、威廉斯堡港等统一起来,成为目前的汉堡港。

汉堡地处欧洲中心,北、东、南三面连陆,西面临海,交通便利。在海上对外与300多个港口相连,并通过易北河以及运河与欧洲内陆航运相连接。港区地下建有易北河隧道,全长426米,连接汉堡市和自由港区,隧道不仅缩短了市中心和港区之间的距离,而且成为连接西欧和北欧的公路并缩短了距离[4]。

在第二次世界大战以前,汉堡以港口贸易为主,承担着德国绝大部分海外贸易及转口贸易。第二次世界大战中德国经济受到严重破坏,汉堡港没能幸免于难,由于港口被破坏,失去了大部分的转口贸易。

战后,联邦德国经济高速发展,在20世纪60年代初,经济发展再次超过英、法,成为西方世界仅次于美国、日本的第三工业大国。联邦德国的年进口量从1960年的215.2亿美元迅速增长到1970年的640亿美元,仅次于美国,排在世界第二位,出口量也在1960年到1970年间增长了199.4%[5]。

汉堡加工工业的快速发展,为汉堡港对外贸易的恢复和发展创造了有利条件。作为德国最重要的外贸中心,汉堡以造船、石油炼制、冶金、机械、化工、橡胶而著名,不仅国内的许多公司在这里设立分支机构,各国的贸易公司、航空公司、轮船公司、保险公司、金融机构等也都在这里设有机构。随着汉堡外贸业的兴盛,汉堡港也逐步达到了发展高峰。

六七十年代的汉堡港再次成为世界上最繁忙的港口之一,栖身于世界大港的行列。此时的汉堡港码头线长270公里,海港港池约40多个,河船港池30个,运河及其支流港池60多个。全港有远洋船舶泊位300多个,内河船舶泊位200多个。汉堡港无疑成了六七十年代德国经济复苏的最好证明,见图3.7。

比利时的安特卫普港是欧洲的又一个大港,港口腹地广阔,除比利时全境外,还包括法国的北部、亚尔萨斯、洛林,联邦德国的萨尔州、莱茵—美因河流域、鲁尔河流域以及荷兰的林堡等大工业区。

今天,安特卫普港已经发展成为仅次于鹿特丹港的欧洲第二大港,比利时全国海上贸易的70%经此通过。60年代初,安特卫普港的吞吐量就超过了4000万吨，到1970年，吞吐量达到了7800万吨[6]，短短十年间增长了近一倍，见图3.8。

图3.7　汉堡港正在作业的码头

图3.8　安特卫普港

安特卫普港同样几经兴衰变迁。

早在1460年，安特卫普就成为欧洲第一个商业城市，并成为欧洲北部的商业和交通中心。到了16世纪中期更发展成为欧洲最繁荣的商业城市和第一大贸易港。后因斯海尔德河口关闭，航运停顿，港口发展受到影响。

两次世界大战中安特卫普被德国占领、遭受严重破坏。但六七十年代，随着欧洲经济的快速恢复和欧洲产业结构调整，安特卫普逐渐发展成为比利时的第二大工业中心，造船、有色金属、炼油、机械、化工工业发达。安特卫普港的重要性再次凸显出来，重现出往日的辉煌（图3.9）。

图3.9 安特卫普港后方的炼油工业基地

20世纪六七十年代欧洲港口的振兴与欧洲经济的发展有着必然的联系。

作为世界上最早进入工业文明时代的地区，欧洲社会经济发展水平长期远远高于其他国家和地区。然而，相继爆发的两次世界大战，均以欧洲为主战场，使得欧洲经济遭到严重的破坏，1946年，西欧的工业生产还不足1938年的70%。

西欧国家毕竟是具有悠久历史的经济强国，虽然战争造成极大的经济损失，但物质技术基础和高素质的技术人员、管理人员及产业工人依然存在。“二战”后较长时间和平与稳定的世界局势为经济发展创造了有利的外部环境，加上战后初期美国利用“马歇尔计划”对欧洲进行扶植，欧洲的经济很快就开始复苏。1950年，英、法、意三国与联邦德国的工业生产已恢复到战前1937年的水平。1951年，整个西欧的经济达到了战前水平。经济的恢复及国内外环境的稳定为欧洲港口发展奠定了基础。

从战后50年代到70年代初，西欧经济有了20年的大发展。欧洲生产每年以平均复利式增长率5.5%扩大，其增长速度之快，持续时间之长，为历史所罕见，人们称之为西欧经济发展的“黄金时代”。整个西欧的国民生产总值从1950年的2745亿美元增加到1973年的12250亿美元,增长了346%,同期工业生产增长了251%;多数国家国内生产总值的年平均增长率超过了美国,1951—1965年,美国、联邦德国、法国、意大利分别为3.7%、6.9%、4.9%、5.5%[2]。到60年代末,欧洲工业总产量超过美国。工业产量的增长促进各国贸易总量的扩大,对于以海上贸易积累资本的欧洲来说,其对贸易的重视程度超出任何一个大洲。所以在20世纪六七十年代欧洲经济的快速发展时期,欧洲各国贸易增长比生产更快,而欧洲贸易又比世界贸易增长得快。从1955年起到1969年,欧洲的贸易额每年增长8.4%,而整个世界每年增长7.6%。

此外,战后初期五六十年代美国向欧洲的产业转移,以及战后以原子能、电子计算机、空间技术为主要标志的第三次科技革命兴起,也为欧洲经济带来了动力。西欧凭借原有的雄厚基础抓住机遇,广泛运用科技成果,改变了传统的工业结构和工业部门的布局,建立了一系列新兴工业部门,集中力量发展钢铁、化工、汽车和机械等出口导向型资本密集工业,同时注重发展电子、航天等部分高附加值技术、资本密集型进口替代工业,大大提高了生产的技术密集程度和劳动生产率,有力地促进了国民经济的发展。

区域经济集团化这一当今世界经济发展的一大趋势,也早在20世纪50年代就被欧洲各国用来抵御激烈的贸易竞争。50年代末组成的欧洲共同体对推动欧洲经济的发展起到了重要作用。到70年代末,欧共体的出口总额高达9000多亿美元,占世界出口总额的40%。团结起来的欧洲增加了各国港口的综合实力,这于庞杂而又势单力薄的欧洲各小国而言,无疑是一个好的选择,也使欧洲港口在世界港口排行中重新占据着重要的位置。

六七十年代的欧洲港口再次登上了国际性大港的舞台,与美国港口一起名列世界港口前列。在全球化的舞台上,欧洲各国不遗余力地促进港口建设,比任何事实都更能说明港口对于一国经济发展的重要性。"二战"并没有让欧洲的港口沉寂太久,在战后短短的20余年的时间里,欧洲大港重新树立起新的"航标",为欧洲的经济发展起到助推作用。

在世界经济重心向太平洋地区转移的大趋势下,欧洲港口的吞吐量受到了一定的影响而有所下降。但我们应该看到,随着欧洲国家经济结构调整,港口功能已经开始发生变化,20世纪80年代开始,欧洲港口的功能逐渐呈现出多元化发展的特点,除了装卸运输功能外,大力发展物流功能、工业功能、商贸功能和信息功能,赋予了港口更多的内涵。

坐拥辉煌历史却不抱残守缺，在蓬勃兴盛之时却能居安思危，遭遇困难逆境仍旧保持平和心态，正是对欧洲经济发展特点的最好总结，而正是经济的发展使欧洲的港口业重现辉煌。

第三节 七八十年代日本港口尽显殊荣

1868 年的明治维新使日本走上了资本主义发展道路，赶超西方强国、推进经济增长成为国家目标。但日本又是一个自然资源极度匮乏的岛国，大部分物资都需要海上运输，港口担负着日本 50% 的国内贸易和 99% 的国外贸易的运输任务。

第二次世界大战的战败，使日本的社会生产力受到严重破坏。然而，经过战后的恢复重建，日本经济又奇迹般地获得了重生。

20 世纪 50 年代，美国把纺织业等传统产业通过直接投资向正处于经济恢复期的国家进行转移，当时，经济不景气的日本承接了美国转移出的大部分轻纺业，成为了全球劳动密集型产品的主要供应者，“日本制造”开始畅销全球。

到了 70 年代，在世界资本主义处于停滞膨胀时期，日本采取了一系列经济政策，调整了经济结构，产品进一步打入世界市场，使自己的经济不仅没有停滞，反而有了进一步的发展。

日本经济的发展催生了港口业的快速发展，20 世纪七八十年代，日本港口进入大规模建设时期，港口纷纷进行深水化建设来适应吞吐量增长和船舶大型化趋势，日本港口在世界港口中的排名直线上升。

“二战”后初期，随着美国对日本经济的大力扶植，日本很快从战争的重创中恢复。日本紧紧抓住始于美国的第一次国际产业大转移，大量承接美国的加工贸易来刺激经济。1956 年发表的《经济白皮书》宣称：“现在已不是战后了”[7]，这句话一时成为流行语，甚至被认为是日本进入经济高速增长时代的“宣言”。

在紧接着的第二次国际产业转移浪潮中，业已恢复元气的日本作为主动参与者，借新科技革命契机，加快产业升级步伐，集中力量发展钢铁、化工和汽车等资本密集型产业以及电子、航空航天和生物医疗等技术密集型产业，劳动密集型产业尤其是轻纺工业已大量向外转移。

对于资源匮乏的日本来说，其生产所需的原材料、工业材料、燃料等都要依赖进口。而日本国内市场狭窄，工业产品只能出口，为此，日本政府提出“贸易立国”的口号，采取了港口和工业相结合的政策，形成了“工业港”。

1960—1970年间，日本的出口贸易增长很快，工业生产平均每年增长13.6%，而出口贸易平均每年增长16.9%，出口比率一直保持着高水平和稳定状态。

从1955年到1973年将近20年期间，尽管增长率年年都有变动，但日本平均年增长率持续保持在10%以上，甚至比复兴时期的平均增长率还要高一些。在1973年，即经济高速增长时期的“终点”年份，日本的实际GNP达到1946年的11倍，达到战前水平（1934—1936年）的7.7倍。日本的人均GNP从50年代不及美国的1/10，增长到相当于美国的60%[8]。这样的增长速度在日本的历史上是空前的，在世界的历史上也是少有的。

经济的发展促进了港口吞吐量的迅速增长，包括东京湾、大阪湾、伊势湾、濑户内海的三湾一海地区的众多港口纷纷崛起，在日本太平洋沿岸形成世界上最密集的港口群。

东京港位于日本本州东南部沿海，与川崎港、横滨港、横须港、千叶港和木更港共处东京湾内。在狭小的东京湾内云集了多个世界级的大型港口，这些港口首尾相连，绵延百里，成为世界上最密集的港口群。在这些港口当中，虽然东京港的发展较晚，但凭借得天独厚的政治、经济和地缘上的战略优势，发展成为日本最大的集装箱港口（图3.10）。

图3.10　东京港的集装箱码头

东京港最初成立于1941年，经过60余年的持续发展，尤其是在20世纪60年代以来大规模资金和技术投入集装箱码头的建设，迄今已经成为日本国际贸易的主要口岸和门户。

借助日本经济在六七十年代的腾飞，东京港得到了长足的发展。1967年，东京港第一座岸线长度为574米的集装箱码头在品川港区建成并投入运行，可以停靠1.5万吨的集装箱船。1971年到1975年间，东京港又相继在大井港区建成了总面积达92万平方米、码头岸线长2354米、拥有7个泊位的集装箱码头，泊位水深15米，拥有岸边装卸桥17台。至1984年底，全国66%的国际集装箱货物由东京港装卸，其中96%的集装箱属于国际航运公司，东京港已经发展成为日本第一大集装箱港。

现在，作为日本第一大集装箱港的东京港，拥有国际先进的集装箱码头。包括栈桥在内的港口码头岸线总长23783米，泊位总数181个，其中集装箱泊位14个，集装箱码头岸线长4278米。如今的东京港就像是东京湾内的一弯明月，放射出耀眼的光辉。

素有“东京外港”之称的横滨港在七八十年代的发展也同样迅速。

相较于欧洲那些具有悠久历史的港口而言，日本的港口大都很年轻。早在140多年前，横滨还是一个仅有十多户居民的小渔村，1859年，被辟为自由贸易港(图3.11)。进入20世纪后，横滨港多次进行筑港和填海造陆工程。但是，第二次世界大战使横滨港遭到很大程度上的破坏。随着战后日本经济的恢复，横滨港先后多次制订了港湾整治规划，对码头进行了改造和扩建，使之成为当时日本最大的港口并成为发展京滨工业区的有力支柱。

图3.11　早期的横滨港

横滨港的地理位置比较优越,位于日本本州中部,东京湾西岸,距东京仅25千米,位于日本全国著名的四大工业区之一的京滨(东京—横滨)工业区的核心。横滨以钢铁、造船、炼油、化工等为主,仅次于东京、大阪,是日本的第三大城市。横滨港不仅输出本地生产的工业品,而且输出整个京滨工业带生产的工业品。

经过六七十年代的飞速发展,横滨港已与美国、中国、东南亚以及中东60多个国家和地区有贸易往来。横滨港以出口业务为主,出口额占贸易额的三分之二以上,出口商品主要是工业制成品,包括机器、汽车、钢铁、化工品、日用品等;进口货物主要有原油、重油、铁矿石等工业原料和粮食。

1963年,横滨港的吞吐量达到了4156万吨,1971年超过了1亿1千万吨,不到10年间,增长了近两倍,港口排名在世界范围内有了很大提升。虽然横滨港货物吞吐量低于神户和千叶港,但是港口贸易额却居全国首位,成为日本最大的国际贸易港,并由此获得了“东京外港”的美誉,见图3.12。

图3.12　横滨港

在日本本州岛西南部,大阪湾北岸的神户港以人工港岛而著称。

神户港于1906年开始建设近代港湾设施,30年代开展了扩建工程,使神户港成为日本当时最大的贸易港。战后,外贸码头因为被美国控制,国外贸易锐减,第一贸易大港的地位被横滨港取代。1959年,美国解除了对神户港湾控制,到了80年代,恰逢日本港口建设开发的高峰期,港口建设得到进一步发展。这个时期，新建了新港第七、第八码头，兵库第三码头和东部内贸码头。1980 年 8 月神户港与我国天津港结为姊妹港，并派遣工程专家到天津港指导建设工作，现在，天津港已经是世界最大的人工港。

神户位于日本著名四大工业区之一的阪神工业地带的中心，日本有名的川崎重工、三菱重工、神户制钢、三菱电子等大企业均分布在距码头几千米的地带。这些大企业大都是以港口为依托发展起来的，发展起来之后又以大量产品为神户港提供了丰富的货运量。

神户港的输入货物主要是矿石、燃料、天然橡胶、粮食、化学药品；输出货物主要是机械、纤维纺织品、金属制品、车船、日用品。1963 年，神户港的吞吐量还不到 3000 万吨，到 1971 年也超过了 1 亿 1 千万吨，并超过了横滨港（参见图 3.13）。

图 3.13　神户港

纵览日本这个国家的发展历程，在经过了长期的闭关锁国以后，于 1854 年开始对外敞开大门。在以后的 150 年中，日本由一个国土面积十分狭小的海上岛国，发展成为世界经济强国，成功跻身于发达资本主义国家行列，港口所起的作用无可替代。

作为日本经济发展的重要推动力量，港口见证了日本经济的发展历程。港口的兴衰对于日本来说不仅仅是经济发展的一个方面，更是意味着国家命运的浮沉。伴随着国家经济的恢复和国际贸易的发展，日本港口在七八十年代称雄世界港口之林就不足为奇了。

当时间的车轮进入到21世纪,全球化的进程不断加快,港口的功能也逐渐发生了变化,港口由装卸和服务中心逐渐发展为贸易中心,港口作为贸易组织者的作用日益增强,我们已经不能简单地用吞吐量来衡量港口的实力,而关键是看港口对区域经济和国家经济的发展所起到的作用。

第四节　二十一世纪中国港口开创新时代

中国的改革开放恰逢全球化浪潮风起云涌之时,参与全球经济一体化成为必然选择。中国利用劳动力成本低的优势在全球第四次产业大转移中承接了来自亚洲四小龙和美日发达国家的劳动密集型和一部分低技术含量产业,促进了经济的发展和腾飞。

中国港口成为中国全球化进程中一支重要推动力量,参与其中并获得了发展。

中国港口,随着中国经济的快速发展,港口吞吐量迅猛增长,争相踏上世界港口舞台。

在2011年的世界港口集装箱排名前十位中,中国占有6个席位。上海港更是超过了新加坡港,跃居世界第一。

中国港口已经成为世界上最繁忙的港口,承担了中国外贸进出口90%以上的货物运输量,港口总吞吐量几乎每年以12%以上的速度增长,进而带来了中国港口在世界港口排名的大幅提升。

中国已成为世界港口大国。

2011年的最后一天,人们还沉浸在圣诞的气氛中,上海外高桥港区却依旧是一片繁忙的景象。工人们在码头上忙碌着,随着最后一箱货物的起吊,上海港完成了3213万标箱的集装箱吞吐量,再次稳居世界第一。

上海港是中国港口发展的代表,其成长历程体现了中国经济近几十年来的发展变化,研究中国港口崛起,必然要从上海港着手。

回顾上海港的历史变迁,从最初开埠时的"特滨海一小县耳"的小渔港到今天"互市巨埠,筦枢南北,转输江海,交通贯于全球"的世界大港[9],漫漫数百年,上海港在发展的道路上经历了诸多风雨,几度沉浮。

上海港最早的前身——青龙镇港,远在唐宋时期就成为四周"海商辐辏之所",见证了远洋而来的"珍货远物毕集于吴市"的繁茂景象。而后青龙镇逐渐衰落,长江口附近主要港口的位置又历经两次变动,先后经历了上海镇、浏河镇的繁华，直至清初，才在黄浦江两岸建港，成为今天的上海港。

1840年，西方列强用坚船利炮叩开了清朝的大门，上海港被迫开埠。

第一次世界大战后，上海港逐步跻身于国际贸易大港的行列。但上海港的主权也在逐步丧失，没有强大的国家支持，上海港只能任西方列强剥削，最终沦为外国殖民者掠夺中国财富的前沿阵地。

建国后，上海港主权回归，但却因为冷战开始，港口发展速度仍然不尽如人意。直到改革开放，上海港才在历尽磨砺之后迎来了渴望已久的辉煌。

时值全球化大潮到来的前夕，全球性的第四次大规模国际产业转移为中国的发展带来了前所未有的契机。以亚洲四小龙为代表的新兴工业化国家和地区一方面大量接纳日、美高科技产业转移，一方面将劳动密集型产业和一部分资本技术密集型产业转移到东盟和中国。美国、日本等发达国家也不断调整对外经济重心，纷纷看好中国的劳动力和资源优势，把部分产业向中国转移。中国抓住契机，充分发挥劳动力资源丰富和成本低廉的优势，大量承接了劳动密集型产业和资本、技术密集产业中的劳动密集部分的生产环节，成为国际产业转移中的最大承接国[10]。

1992年以来，浦东，乃至整个上海地区迅速形成全方位开放态势。世界一流的陆家嘴金融贸易区、规模宏大的金桥出口加工区、充满活力的外高桥保税区、发展潜力巨大的张江高科技开发区，皆奠定了浦东高起点、现代化的市场经济基础。富有创意的土地批租则使一直沉寂的整个上海一下子变为全球最大的建设工地，进而是资金高强度的流入。浦东创造了长三角的一种新发展模式——“浦东开放开发模式”。

上海所在的长三角地区在20世纪90年代发展速度全面超过珠三角地区，长三角已经成为世界级的制造基地，标有“中国制造”的商品源源不断地从这里走向世界。1991—2001年的10年间，上海、江苏、浙江三地年均GDP增长率为12.48%、14.25%和14.21%。义乌的小商品、柯桥的轻纺城、柳市的低压电器、桥头的纽扣、温州的鞋城、海宁的皮衣、海盐的羊毛衫、嵊州的领带市场等等都是名噪全国[11]。

上海港凭借着长江黄金水道和濒临太平洋的优越地理位置以及长三角腹地经济的大发展，取得了突飞猛进的发展。

2002年，上海港货物吞吐量达到2.64亿吨，超过高雄港，居世界第4位。

2005 年,上海港货物吞吐量首次超过新加坡港,成为世界第一大港。

上海港国际集装箱的吞吐量同样快速增长。

20 世纪 80 年代初期,上海港国际集装箱的吞吐量仅为 3 万多标准箱。

2010 年,上海港集装箱吞吐量超过新加坡港,跃居世界第一。

如此巨大的货物吞吐量和集装箱吞吐量与长三角地区和长江干流地区的制造能力的大幅提高互为因果。

现在,上海洋山深水港区已经成为世界上设施一流、管理一流的现代化集装箱港区(见图 3.14 和图 3.15)。

图 3.14　上海港洋山深水港北港区

图 3.15　“地中海伊凡娜”轮停靠洋山港

2009年,上海出台了“两中心”建设方案,方案计划到2020年,上海将基本建成与我国经济实力和人民币国际地位相适应的国际金融中心、具有全球航运资源配置能力的国际航运中心。

依托“两中心”建设,上海港将不再局限于单靠集装箱和吞吐量增长的线性发展,而逐步走向发展航运服务业,确立东北亚枢纽港的发展道路。

历数上海港的发展历史,沿江而下,由江入海,每一次迁移都犹如破茧重生,走向辉煌。

当我们站在21世纪第二个十年回首历史,我们不禁发现,一个港口的发展,是何其牢固地与一个城市、一个区域,乃至一个国家的发展息息相关。上海港的辉煌体现的不仅仅是我国港口的发展,更反映了我国经济实力的不断壮大。

依靠国家强大的经济实力,上海港释放出生生不息的能量,在激烈的国际港口竞争中勇往直前。

如果说上海港体现了中国港口的发展实力,那么深圳港则是完全代表了中国港口的发展速度。能在短短30年间从一个小渔港一跃成为世界性贸易大港,绝对称得上是一个“奇迹”。

上世纪80年代初,深圳与珠海、汕头、厦门一起,被确立为经济特区,着重发展外向型经济。

深圳特区率先从旧体制中“杀出一条血路”,成为探索中国特色社会主义道路的开路先锋,走在中国对外开放的最前沿。

在市场化改革和全方位开放的推动下,深圳利用劳动力资源优势,大力发展劳动密集型的“三来一补”产业。

近些年来,深圳加快与国际大型企业合作,着重发展高新技术产业,获得了长足进步。2000年,深圳高新技术产值已经达到1064.45亿元,占工业总产值的42.3%,比重居全国之首。

同时期,我国在“珠三角经济区”的更大范围内实施改革开放。发展到现在,珠三角已经成为全球重要的制造业基地。珠三角的工业,由“自行车、手表、缝纫机”的老三件发展到“电视、洗衣机、电冰箱”的新三件,再到现在的电子通信设备、电气机械及器材等[11]。

珠三角的GDP,从1980年不足120亿人民币的规模,增长到2010年的3.6万亿人民币以上,平均年增长率达到10%,占全国GDP的比重也由2.6%上升到11.4%,而出口则由占全国出口的3.4%上升到26.4%,

增长了8倍。

当深圳和珠三角的经济充当中国经济发展排头兵的时候，深圳港也在发生着翻天覆地的变化。

深圳港从改革开放前只有几个百吨级、海上运输几乎是空白的内河土坡码头一跃成为稳居世界主要集装箱港口第四位的国际性超级大港。

深圳港已经形成了以欧洲、美洲航线为核心，以东南亚和中国沿海为基础的集装箱班轮航线网络。

一个默默无闻的南方小镇，紧紧抓住建立经济特区的机遇，凭借超凡的勇气和超前的意识，成功地成为中国改革开放后最先富裕起来的地区。

一个贫穷的小渔港，用最短的时间成为中国港口业的领军者。

30年的时间，对于一个港口的发展历史来说，何其短暂，然而，深圳港却续写出一个又一个的辉煌(图3.16)。

图3.16　深圳盐田港集装箱码头

当历史再次步入新的征程的时候，深圳港正在向国际集装箱枢纽港发展。

当我们沿着中国的海岸线，由南向北，去探究中国港口崛起的时候，实际上，我们也正在追随中国经济发展的脚步。

作为天津滨海新区开发开放核心功能载体的天津港，依托天津滨海新区和腹地经济的带动，吞吐量以年均千万吨级的速度递增。

改革开放前的1974年，天津港货物吞吐量仅仅为1000万吨，到了1988年全港货物吞吐量突破2000万吨。自1993年以来的近十年，天津港加快了增长速度,到2001年,已经成为中国北方第一个亿吨国际大港,2004年达到2亿吨,2008年超过3亿吨,2010年完成4亿吨,2011年完成4.5亿吨,天津港的排名快速攀升到世界第四位,已经实现了世界一流大港的目标,正在向着世界一流企业的更宏伟目标迈进(见图3.17)。

图3.17 天津港全景图

与此同时,天津滨海新区的经济发展速度同样令人侧目,成为继珠三角、长三角之后,中国经济增长的第三极。

2006年,滨海新区被纳入了国家"十一五"总体发展规划中,国家批准其成为继上海浦东新区之后的又一个综合改革配套试验区。

天津滨海新区自1994年成立之日起就成为区域经济最大的增长点,生产总值从1993年的112.4亿元增长到2011年的6206.9亿元,增长了54倍之多。

滨海新区在产业结构上重工业和高新技术产业发展并举,建设成为了高水平的现代制造业和研发转化基地,汽车制造、现代冶金、机械制造、生物医药加工、新材料、新能源和环保产业快速发展,其产值已经占滨海新区工业产值的90%多。像百万吨乙烯炼化一体化、空客A320系列飞机、35万吨氯乙烯等一批重大项目投产。

当世界各国在解读中国经济飞速发展的时候,"港口"为我们提供了独特的视角。在改革开放后,中国港口快速发展起来,"中国因素"已成为世界海洋的焦点,中国已经成为航运大国、港口大国。

改革开放以来,中国经济和对外贸易全面增长,1991—2004年我国外贸进出口平均增速为18.38%,步入了良性循环的轨道,各方面积极因素所产生的综合增势效应日益明显,并以需求为突破口逐步释放出来。

经济总量的快速增长为港口经济的快速发展提供了基础保证，首先是对原材料、能源、产成品等物资的巨大需求，伴随的便是对公路、铁路、港口等交通设施的扩大需求。由于海洋在全球贸易运输中的特殊作用，港口吞吐量的快速增长就不足为奇了。

整个“十五”期间，中国相继建成投产集装箱、原油、矿石、煤炭等专业化码头泊位920个，其中万吨级以上泊位188个，港口建设突飞猛进，生产用码头长度、泊位个数、万吨级以上泊位个数等指标均呈现稳步增长。

从世界和中国港口的发展历程中，我们不难发现，港口发展特点与一个国家经济发展的阶段性存在着必然联系。

按照西方经济学家的观点，经济发展的三个阶段：准工业化阶段、工业化实现阶段（包括工业化初级、中级和高级阶段）、发达经济阶段（包括初级和高级阶段）[12]，在不同的经济发展阶段，都有与之相应的产业结构，产业结构决定了社会生产方向，因此也决定了港口呈现出不同的发展特点。

无论是20世纪五六十年代美国的港口，还是六七十年代和七八十年代欧洲和日本的港口，以及现在中国的港口，都是在工业化实现阶段，而且往往是重工业化时期，取得了快速的发展。

在重工业化时期，轻工业比重下降，而钢铁、化工、机械制造等重工业比重上升，重工业化建设必然需要大量的能源和原材料从国外进口，经过制造业加工后的产品大量出口，进而导致出口贸易的快速增长，经济通常都能保持8%左右的增长速度。

美国在四五十年代、欧美在50～70年代就曾保持了较高的增长速度，而我国到目前也保持了近30年不低于8%的高速增长。在这种环境下，港口保持高速增长就理所当然了。

改革开放后，中国不断调整国内产业结构，成功完成了由农业大国向工业大国的转变，顺利完成了由准工业化阶段向工业化实现阶段的过渡。现在，正处于重工业加速发展的工业化中期阶段。汽车、钢铁、机械等制造业和房地产、煤炭、电力等制造业前向和后向产业高速发展，国际产业特别是制造业开始较大规模地向中国转移，中国正日益发展成为世界制造业基地，成为世界工厂。

自2003年开始的制造业高速增长的趋势，可以看作是这一进程的发端。全方位开放下的制造业扩张和世界制造业基地形成的过程，对海运和港口业产生了巨大的需求。制造业的扩张使我国的出口产品结构发生了变化，工业制成品越来越多，促进了外贸的大发展，而大发展的外贸对海运和港口的依赖很强，所以海运和港口业的发展，获得了更大机遇。

我国近年制成品进出口的高速增长已经带动了集装箱吞吐量的高速增长，使港口泊位超负荷运作，新的工业化进程又将拉动港口经济高速扩张，区域性临港工业的扩张也将促进港口经济发展。历史上的三个世界工厂，英、美、日都曾有过辉煌的港口发展时期。因此，在这个环境下中国港口经济进入一个大发展的时期，港口总吞吐量有了井喷式的增长。

对一个全球化趋势愈演愈烈，世界逐渐变平的时代来说，港口已经成为联系世界的纽带，作用越来越被人们所关注。作为传统的农业大国，中国人的海洋情结也因中国经济的发展而愈发炽热。伴随着中国港口的发展，“Made in China”传遍世界各地。

从世界港口的兴衰过程中，我们发现港口与经济之间是相辅相成的，一个国家或地区的经济对港口发展起着至关重要的作用，国家经济为港口提供了货源，成为港口存在的基础。而港口的发展对于一国经济发展也同样重要。

在全球经济一体化的今天，国家之间的往来越来越密切，国际间的贸易往来进入史无前例的鼎盛时期。港口在一个国家经济发展中扮演着越来越重要的角色。

港口除了本身创造价值，作为社会物流系统的重要节点，还为社会经济活动提供支持，一个国家或地区依靠港口进行资源全球化配置，使国家经济融入全球经济，促进了国家经济发展。

虽然人们对港口的功能在各个历史时期有不同的表述，但是港口作为区域性经济发展的强大推动力和国家经济的对外通道功能是永恒的。

港口作为陆域、海域两个扇面的结合点，成为国际贸易主要通道的作用越来越强，目前，90%以上的外贸货物运输通过海上运输的方式来实现。港口的大进大出，对地区经济和产业发展产生了极大的带动作用。许多国家为了保持在国际经济发展中的主导地位，越来越重视沿海港口建设和与港口相关的交通基础设施建设。

现代港口已经成为一个国家经济能否有效地参与经济全球化并在国际竞争中保持主导地位的重要依托。港口的发展状况成为一个国家或地区核心竞争力的具体体现。

港口的功能和作用随科学技术的发展也在经历着不断的发展。特别是随着信息技术的发展,全球贸易方式和运输模式有了新发展,原来各自独立、相互分隔的传统运输方式通过高效的信息处理达到了集散整合、综合平衡,形成了一条运输链,港口在这条运输链中的作用愈发重要,港口的作用在许多情况下从原先不过是仅仅提供货物装卸、存储服务的有形的实体场所变成了一个以信息资源为基础的涉及全球范围的虚拟市场,根据经济信息引导着各种货物和资源按照效益最大化原则进行着有序的流动,起着资源配置的作用。所以也有一些学者把21世纪的港口称为"国际贸易的总后勤站",是建立在以现代经济信息基础上的"资源配置中心"。

港口发展到今天,已经不能仅仅通过吞吐量来衡量港口的实力,而更应关注其综合实力和背后的发展潜力。

美国、日本和欧洲西方发达国家和地区的港口在经历快速增长后,增长的速度逐渐降下来,甚至,有的港口吞吐量还产生了萎缩,逐渐地被新兴国家港口赶超。

通过分析这些表象背后的深层次原因,我们也不难发现,欧美日国家已经进入到发达经济阶段,随着生产技术的提高和产品的升级,产品向高附加值、低能耗、体积小、重量轻的高科技产品方向发展,单位国民生产总值所产生的港口货物吞吐量越来越小,港口货物吞吐量下降就不足为奇了。

现在,这些国家的港口正在寻求功能上的突破,在运输枢纽、工业活动基本功能的基础上,向提供各种信息服务,全球商品储备、集散、物流配送等高价值服务功能发展,港口与城市和商贸之间联系更加紧密,已经成为城市功能的一部分。

目前,我国在国际分工中还处于产业价值链的较低端,随着经济发展,我国在国际分工中的地位必然会提升,外贸产品结构进一步优化,将会从目前的劳动密集型、低端的产业分工地位,上升为以生产高附加值的活动为主的地位,从最终产品的组装向上游研发、下游服务业延伸,使我们从"中国制造" 向"中国创造"转变,因此,港口的功能也需要寻求积极的转变。

港口就像一支温度计,在一定程度上反映着一个国家经济和对外贸易的发展"热度"。港口也像是一张晴雨表,港口排名的变化,暗含着对这个国家经济发展状况的表述,勾勒出了世界经济变迁路线图。

一座港口的兴衰往往与这个国家休戚相关,当我们走近这些港口的时候发现,“重振”、“复兴”和“发展”仍是最受关注的话题。

每一个国家、每一个民族都需要梦想,当我们向梦想走近的时候,港口为我们打开了梦想的大门。

参考文献

[1] 叶进.世界港口游记[M].北京:海洋出版社,1980.

[2] 程极明.论世界经济中心的转移[D].日本学刊.1990.

[3] 叶进.世界港口游记[M].北京:海洋出版社,1980.

[4] 刘哲明.世界著名海港[M].吉林:吉林教育出版社,1997.

[5] 世界银行.世界数据表.1989/1990 和 1995.

[6] 国外经济统计资料 1949-1972.

[7] 林直道著.翁庆宗译.怎样看日本经济[M].北京:中国商务出版社,2003.

[8] 世界银行.世界数据表.1989/1990 和 1995.

[9]《上海港史话》编写组.上海港史话[M].上海:上海人民出版社,1979.

[10] 李欣广.国际产业转移与中国工业化新路[M].北京:中国时代经济出版社,2007.

[11] 朱文晖.走向竞合-珠三角与长三角经济发展比较[M].北京:清华大学出版社,2003.

[12] 李尚伟.港口与国民经济的关系探讨[D].硕士学位论文.武汉理工大学,2005.

第四章　中国港口城市的发展不断推动着中国经济的车轮

封　云　李秋堂

随着2008年金融危机影响的消退，全球已经处于剧烈变革的后危机时代。经济全球化和国际分工作用的深度推进、全球经济结构的不断调整和产业技术革命的不断升级是这个时代变革的三大潮流。随着港口在全球贸易网络和物流结点功能的不断深化，未来这三大潮流中，港口这个全球经济推手的作用将会日益突出，港口的发展将进入新的历史时代。港口时代的到来将会标志着经济全球化高潮的来临。

在全球化背景下，世界经济的发展、国家间的竞争，更多地体现在国家的下一个层面——区域竞争上，国家影响经济社会发展的权威性越来越受到众多因素的挑战，仅以国家为基本单位来考察经济和产业的发展是不够的，区域聚集条件正在成为国际资本流动考虑的首要因素和政府策略性思考的主要指向，而区域集聚条件中的首要因素就是港口功能的布局选择。由此，从经济发展和产业发展角度出发，以国家为基本单位的传统立场正在向以区域港口环境和港口功能布局为出发点的立场转变。从宏观的国家层面、到地方的区域经济层面、再到微观的港口功能层面，对经济发展和增长极研究的重视程度与日俱增，从港口角度研究经济增长问题的意义逐渐凸显出来。

从经济发展和对外贸易来看，中国的改革开放使自身巨大的劳动力市场和生产资源配置不断融入了经济全球化的调整之中，逐步确立起中国在全球经济和国际分工中的重要位置。紧随经济全球化的浪潮和中国经济的快速腾飞，珠江三角洲、长江三角洲和环渤海经济圈迅速崛起，成为中国经济发展依次更替的重要增长极。三大增长极的发展，勾勒出21世纪中国经济版图的基本轮廓，也勾画出中国经济融入全球经济的基本轨迹。

随着中国加入WTO后对外经济交往的日趋频繁，港口作为全球贸易网络和物流结点功能的辐射带动作用更加突出。港口作为区域经济发展的核心资源,将会使城市更深层次地参与国际分工,利用国际资源发展区域经济。同时港口具有的强大资源集聚和整合能力,能够带动港口城市及其周边地区临港产业的快速发展,进而为银行、保险、贸易、中介服务等生产性服务业,以及旅游、餐饮、商业、会展等消费性服务业的快速发展提供巨大的发展空间,使区域与港口、港口城市与港口以及周边城市群之间形成“港兴城兴、港城联动”的良性互动,实现共同繁荣和发展。

正因为港口具有强大的区域资源配置能力,所以在中国三大经济圈中的重要作用不可忽视。珠三角的深圳港、广州港;长三角的上海港、宁波—舟山港;环渤海的天津港、青岛港;辽东地区的大连港和营口港;乃至未来中国第四增长极猜想中的北部湾的防城港、钦州港、北海港等。这些港口在区域经济增长中所起的不单单是物流节点和贸易流通功能,更多的则是推动区域经济增长方式转变、构建资源节约和环境友好型社会的重要动力和发展途径。

第一节　港口与经济发展

港口的发展永远伴随着经济发展的步伐。中国港口功能的快速提升伴随着中国经济发展的脚步。从新中国建立到改革开放,从计划经济到向市场经济转变,从中国加入世贸组织开始到中国参与经济全球化、国际大分工程度的深入,每一步的迈进,都能看到中国港口时代化的身影。

一、新中国成立后,中国港口先后经历了5个不同的发展时期

中国港口建设的第1个发展时期[1]是建国初期的20世纪50年代~70年代。由于帝国主义的海上封锁,加上当时中国经济发展以内地为主,交通运输主要依靠铁路,所以经济发展和海运事业发展比较缓慢。这一阶段港口的发展主要是以技术改造、恢复利用为主,大多港口都是小型泊位改造而成,根本谈不上什么功能。

中国港口建设的第2个发展时期是20世纪70年代。随着中国对外关系的发展,对外贸易迅速扩大,外贸海运量猛增,沿海港口货物通过能力不足,船压港、压货、压车情况日趋严重。周恩来总理于1973年初发出了“三年改变港口面貌”的号召,开始了第一次建港高潮。从1973年至

1982 年全国共建成深水泊位 51 个,新增吞吐能力 1.2 亿吨。这一时期港口建设的探索,锻炼和造就了中国港口建设队伍,为以后港口发展奠定了很好的基础。

中国港口建设的第 3 个发展时期是 20 世纪 70 年代末 ~80 年代。随着经济发展进入一个新的历史时期,中国在"六五"(1981—1985 年)计划中将港口列为国民经济建设的战略重点,港口进入第二次建设高潮,稳步进入高速发展阶段。

中国港口建设的第 4 个发展时期是 20 世纪 80 年代末 ~90 年代。随着改革开放的推行以及国际航运市场的发展变化,中国开始注重港口深水化、专业化的建设。特别是"八五"期间,明确了交通运输是基础产业,出现了第三次建港高潮。重点是处于中国海上主通道的枢纽港及煤炭、集装箱、客货滚装等 3 大运输系统的码头。基本形成了以大连、秦皇岛、天津、青岛、上海、深圳等 20 个主枢纽港为骨干,以地区性重要港口为补充,中小港适当发展的分层次布局框架。

中国港口建设的第 5 个发展时期是 20 世纪 90 年代末 ~21 世纪初。贸易自由化和国际运输一体化、现代信息技术及网络技术伴随着经济全球化的高速发展,使现代物流业在全球范围内迅速成长为一个充满生机活力并具有无限潜力和发展空间的新兴产业。现代化的港口将不再是一个简单的货物交换场所,而是国际物流链上的一个重要环节。为适应中国加入 WTO 后和现代物流发展的需要,在激烈的竞争中立于不败之地,中国各大港口都在积极开展港口发展战略研究,开发建设港口信息系统,大规模地进行功能结构调整,港口建设不再简单地追求泊位数量,而更注意投入大量资金进行深水化、专业化泊位建设,全面提升港口等级。

经过 5 次大规模的港口建设,在全国初步建成了布局合理、层次分明、功能齐全、河海兼顾、内外开放的港口体系。形成了大陆环渤海、长江三角洲、珠江三角洲及台湾海峡两岸 4 个骨干港口群。重点部署了几个主要货类的合理运输系统,构架了全国港口的煤炭、矿石、原油、粮食、国际集装箱和滚装等 6 大装卸系统,形成了中国特色的水运格局和港口布局。

二、中国港口经济的发展伴随中国改革开放 30 年

经过 5 次大规模的港口建设,中国海运格局基本形成,港口在中国经

济发展中的作用愈发突出，中国港口的发展已经从港口建设转移到港口经济影响阶段。

港口经济作为对内、对外的双向开放型经济，在各国经济的发展中占据着至关重要的地位。“二战”后日本经济的复苏，20世纪亚洲“四小龙”的出现，以及中国环渤海地区、珠江三角洲、长江三角洲“经济增长极”的崛起，都说明了港口经济在经济发展中的战略地位。在新的历史条件下，全球经济一体化，生产要素的跨地区流通和国际贸易的蓬勃发展，对港口经济在“量”和“质”上的发展也提出了新的要求和更高的标准。在中国，作为对外开放的主要口岸和综合交通运输体系中的枢纽，港口在资源流通中发挥着日益重要的作用，而港口经济地位随着港口的发展日益提升。

尤其在中国改革开放30年以来，港口经济取得了显著的成果，极大地促进了中国经济的快速腾飞。刚刚过去的20世纪，人类社会发生了重大而深刻的变化，特别是经济领域的全球化趋势更是来势汹涌，在很大程度上改变着企业生存状态和发展模式。中国作为一个新兴的市场化国家，30年的改革开放让古老的中国从来没有像今天这样和全球经济融为一体，而中国港口经济建设已取得了不俗的成绩，其航线、吞吐量、港口专业服务，均给了世界各国满意的答复。

经过改革开放30年的洗礼，中国港口已经站在世界港口的前列[2]：“十一五”期间，全国规模以上港口完成货物吞吐量80.2亿吨，集装箱吞吐量1.45亿TEU，同比增长15%、18.8%。其中公路货运量、货物周转量、客运量、旅客周转量分别为36.4亿吨、43005亿吨公里、2.2亿人、71.5亿人公里，同比增长14%、15.6%、10.2%、10.4%。水路货运量、货物周转量、客运量、旅客周转量分别为36.4亿吨、64305亿吨公里、2.2亿人、71.5亿人公里，同比增长14%、11.7%、-0.7%、3.1%。

2010年，上海港吞吐量成为世界第一。在集装箱运输中，中国港口继续保持着20%左右的增幅，上海和深圳两座千万TEU级大港，分别以2907万TEU和2251万TEU继续坐稳全球国际集装箱第1、第4大港的席位。宁波—舟山港在连续多年超高速发展的基础上，在2010年突破1314万TEU、超越广州港、青岛港，跃居为全球集装箱第6大港。在世界前十大集装箱港口吞吐量中，中国的港口占据六个席位，这在一定程度上表明了中国港口经济在世界港口经济中非常重要的地位，而这都是中国港口业全面大幅度发展的结果，参见表4.1。

2010 年世界集装箱港口排名　　表 4.1

2010 年排名	港　口	2010 年吞吐量(万 TEU)
1	上海	2907
2	新加坡	2843
3	香港	2363
4	深圳	2251
5	釜山	1428
6	宁波—舟山	1314
7	广州	1212
8	青岛	1201
9	迪拜	1150
10	鹿特丹	1150

三、中国港口经济快速发展的原因

改革开放 30 年,中国港口发展如此迅速,在全球航运体系中的作用如此重要,背后的寓意值得深层次探索。一方面,中国港口的快速发展得益于中国经济实力的快速提升。改革开放 30 年来,中国对外开放程度不断加强,参与全球化产业转移的程度不断加深,中国经济愈来愈融入到全球经济一体化的格局中,经济发展结构的合理化必将带动港口经济的快速提升;另一方面,出于世界经济发展与分布的战略性预测,中国早在改革开放之初,就把沿海拥有港口的 14 个城市设立为“沿海开放城市”。港口经济是中国沿海地区可持续发展的重要动力源,加快港口经济发展,对于沿海地区先进制造业基地,优化产业结构,加速新型工业化,有效增加经济总量,率先实现规模化有着重要意义。据统计,中国约有 40% 的能源物资和 85% 的外贸货物通过港口从海上运输,港口强大的集疏运功能在沿海经济发展中地位特殊且重要。

第二节　港口与经济增长极

一、经济增长极理论

增长极(Growth pole)概念最早是由法国经济学家费朗索瓦 · 佩鲁

（Fransois Perroux）于20世纪50年代提出的，针对古典经济学家的均衡观点，指出现实世界中经济要素的作用完全是在一种非均衡的条件下发生的。其基本思想非常简明，即“增长并非出现在所有地方；它以不同的渠道向外扩散，并对整个经济产生不同的最终影响”[3]。

增长极的形成，需要具有以下三个方面的条件[4]：历史、技术经济和资源优势。从历史条件看，由于历史发展的结果，经济、人口已形成了各种呈集聚状态的城市要素。在这些不同形式的集聚范围内，基础设施、劳动力素质、社会文化环境等如果具有了某些优势，就有利于增长极的形成。从技术经济条件看，经济发展水平较高，在技术和制度方面具有较强创新和发展能力的区域，更适合于增长极的产生和发展。在城市的初始形成阶段，从资源条件看，在原料、能源以及水源等资源优势的区域，新的增长极更有利于形成。

佩鲁提出的这一理论是西方工业经济时代产生的实用性很强的经济理论。尽管它的出现已经过去半个世纪，但对今天研究港口与区域经济发展的相关关系，仍具有积极的指导意义。

二、改革开放以来中国经济增长极的更迭推动着中国经济的增长

改革开放以来，我国经济的发展实际上是按照由点及线（带）、由线（带）及面的“点-线（带）-面”的轨迹展开的。深圳特区、浦东新区作为中国改革开放先后建立起来的具有代表性的经济特区和开发区，对我国经济的发展起到了不可抹杀的作用。1980年作为中国区域改革拓荒者而建立的深圳特区，首先引领了中国经济的发展；1990年国家正式批准开发开放浦东，作为我国市场经济体制改革的攻坚者，浦东新区一跃发展为中国改革开放的龙头地区。在新世纪的今天，天津的滨海新区又将扮演着中国经济发展转型、区域经济辐射等中国经济“第三增长极”的角色[5]。

但是从对中国经济的总体贡献来看，珠三角、长三角和环渤海所起到的促进作用和对区域经济的影响贡献在特定的经济环境中各不相同：珠三角经济的腾飞处于中国改革开放的历史初期，是推动中国经济发展由计划经济体制向市场经济体制探索的重要阶段，起到的是对外开放的试验田和示范带动作用，珠三角“三来一补”加工贸易模式的探索为区域经济一体化的发展奠定了良好的基础；长三角的经济发展更多的是完成计划经济体制向市场经济体制的彻底转变，浦东新区高端制造业和服务业

的发展进一步提升了中国经济的整体发展水平，是对外经济发展空间和层次进一步扩大；环渤海经济圈的发展却显著区别于珠三角和长三角的发展模式，它是伴随着中国经济和世界经济的腾飞，在 2001 年加入 WTO 后，中国经济发展全面融入世界经济体系和国际化大分工而快速发展起来的，其发展后劲值得人们的期待。

三、港口经济与经济增长极的作用机理

从增长极发展要素来看，港口经济具有促进经济增长极形成的所有资源禀赋。港口的发展具有历史沿革。纵观国内外港口的发展史，都是由最初的小泊位码头慢慢发展为物流集散的小港，伴随着所处区位城市要素的聚集，逐渐成为物流节点、贸易节点、航运节点，最终发展成为综合性港口。港区周边有着经济技术要素积累的过程和资源优势。从概念来看，港口属于生产性服务业，通过运输、储存、装卸、搬运、包装、流通加工、配送、信息处理等一系列流程，为其他各行业提供基础性服务，支撑着区位经济的发展。同时，港口聚集了货代、船代、物流、加工、服务、贸易、产业等多方面的资源优势，涉及经济发展的多方面，具有极强的产业联动和经济带动效应，发挥着“增长极”的作用。所以在经济增长极的研究中，港口经济扮演者非常重要的积极因素。

港口经济对经济增长极的直接作用体现在现代港口物流功能上，其作用机理分为以下 3 个方面[6]：

(1)现代港口物流的支撑效应和乘数效应

港口物流的发展水平能直接或间接地影响生产部门的成本和效率，影响其供应的数量和质量，并且对物流基础设施建设的投入会产生“乘数效应”，即对港口物流建设的投资所引起的一系列连锁反应带来国民收入的数倍增加。港口基础设施建设和物流系统的构建会拉动钢铁、水泥、煤炭和制造业等生产要素的需求，从而使这些要素生产部门的就业和收入增加，随后进一步带动与这些生产要素相关行业的产品和服务需求。此外，港口物流建设对新技术、新原料、新能源、新装备等会产生诱导作用，刺激相关行业的技术进步，转变经济增长方式，推动了国民经济的发展。

(2)现代港口物流的集聚效应和扩散效应

现代港口物流的集聚效应产生的原因是生产力因素的“趋优分布规律”，即生产力诸因素总是客观地和必然地向着在自然、技术、经济、社会等方面有某种优势的地域空间集聚。港口城市依托其优势环境和条件，

例如区位、交通和基础设施、服务功能等，通过吸引众多企业和机构到城市集聚，产生港口物流集聚效应，从而对各种资源和生产要素产生吸引力，增强其集聚的功能，使之成为物流、资金流、信息流和人才汇聚的经济中心。港口通过港口物流集聚效应成为“增长极”之后，又将凭借其特殊的职能和突出的有利条件，通过便利的港口物流发挥扩散效应，促进生产要素和商品自由顺畅的流动，提高和带动周边地区的经济发展水平，从而从整体上提高所在城市的区域竞争力。

(3)现代港口物流的出口竞争效应

现代港口物流的发展不仅能提高商品运输效率，降低运输费用，节约交易成本，还能发挥出口竞争效应，从交易效率方面改进我国出口商品的竞争力，培养商品的交易效率比较优势。作为进出口商品运输的主要渠道，港口效率的高低直接影响着国际贸易活动的开展。国际贸易的理论基础——比较优势理论就是建立在交易费用和运输成本为零的假设上，港口物流的发展所带来的效果就在于交易费用和运输成本的节约。物流的分工演进过程正是国际贸易交易费用和运输成本不断降低的过程，实现国际贸易的增长，进而通过贸易发展拉动经济增长。

港口经济就是这样推动了经济增长极的发展，从区域到整体，从珠三角、长三角到环渤海，中国经济的每一次腾飞都与港口有着密切的关系。

第三节　珠三角经济的发展带动了中国经济的起步

21 世纪的珠江三角洲，最令人瞩目的就是 20 世纪 80 年代以来发生的巨大变化。仅仅用了 20 多年的时间，这个中国版图最南端的区域从一个封闭的农业社会全面转变成了工业社会，成为世界制造业的基地。这一奇迹至今令许多西方人百思不得其解，更令众多学者为之着迷。

其实珠三角的巨大变化都是历史演变、社会进步和经济发展的结果。珠三角发生过很多改变中国历史的重大变化的许多次巨大转折，从清廷腐败到“鸦片战争”，从闭关锁国到改革开放，无不为珠江三角洲跨世纪的巨变埋下了伏笔。一个个骨干城市，广州、澳门、香港、深圳，便是在不同发展环境下成长起来的。一个个世界级的港口，深圳港、盐田港、广州港，便是伴随着区域经济的腾飞而快速发展起来。在众多专家学者眼中，一个共识已经达成：珠三角的经济的发展带动了改革开放后中国经济的起步。

一、改革开放以来，珠三角地区的示范带动作用

一直以来，人们在谈论珠三角时，都会用“改革开放的试验田”来总结珠三角的成就，也就是珠三角为中国经济的发展提供了试点、提供了样板、提供了示范带动作用[7]。首先，珠三角区域经济快速发展是区域经济理论与实践的重大突破。新中国成立以来，中国区域经济发展经历了从均衡发展到不均衡发展再到均衡发展的三个阶段，对区域经济发展的认识也不断深化。其次，珠三角区域经济发展是促进中西部地区经济发展的纽带，有助于推动后发地区的经济增长。改革开放以来，中国整体经济的快速增长主要表现为东部沿海地带几个发展较快经济区的推动。珠江三角洲经济区作为沿海地带发展最快的地区之一，拓展其发展的空间，直接把中西部若干省区纳入其辐射腹地进行发展，实施珠三角区域经济发展战略，对于中西部若干省区的经济发展将起到直接的推动作用。最后，珠三角区域经济快速形成了中国经济走向东盟的西南通道。珠三角区域中，粤港澳地区是中国经济最活跃、成长性最好的地区之一，广西和云南是中国连接东盟各国和印度、巴基斯坦及孟加拉等国的东南亚和南亚的陆路通道，是沟通太平洋和印度洋两大洋、连接东盟和印巴两大市场的重要区域。如果把珠三角合作区域比作一条正在腾飞的巨龙，粤港澳地区是“龙头”，云南则是“龙尾”。通过云南这个“龙尾”的作用，可以把珠三角区域合作与对东南亚、南亚地区的开放紧密联系起来，建设从陆路沟通太平洋与印度洋的国际大通道，构建连接东南亚、南亚的经济、贸易、科技文化和友好交流的大平台。

二、珠三角地区主要的经济增长方式

珠三角地区是中国区域经济发展中最具发展潜力的重要增长极之一，涵盖了包括广州、深圳、东莞等重要经济都市，是中国最早发展起来的国际化都市圈。由于珠三角地区具有临近香港、澳门，处于国际主航运结点中的独特区位优势，同时在中国改革开放后国家赋予的特殊优惠的政策环境，使其成为国际资本、技术、人才与产业转移的首选区域。在改革开放初期，香港、澳门资本连同劳动密集型产业、技术、人才、管理等大规模地向珠三角地区的转移，又吸引了数以百万计的内地农村剩余劳动力向广东转移。两者在珠三角地区的结合开始以“三来一补”企业，后是“三资企业”为载体，使珠三角由原来的农业区变成了工业区，实现了珠

三角工业化的原始积累，并形成珠三角以国际市场为导向，带动国内市场发展的外向型经济格局。

回顾珠三角经济发展过程[8]，大致有3个重要阶段：

第1阶段是创办经济特区的起步阶段。1979年，中央批准广东对外经济活动实行特殊政策和灵活措施，在深圳、珠海、汕头设立“出口特区”，开创了我国兴办经济特区，以经济特区形式吸引外资、技术和管理，加快产业转移的速度。

第2阶段是全方位对外开放格局形成阶段。20世纪80年代中期起，珠三角采取“以外经促进外贸发展，以外贸增强对外经济”的发展策略，为内资企业和外资企业提供了极好的平台和重要的发展方向。

第3阶段是“外向带动”加速发展阶段。20世纪90年代初，珠三角全面实施外向带动战略，积极发展开放型经济。特别在“十五”期间，珠三角适应国内外经济发展新形势，按照统筹国内发展和对外开放的要求，做大做强外源型经济，积极营造开放型、低成本、高效率、安全文明的投资环境，取得较好效果。

三、建设港口推动深圳更加快速地发展

1979年，中央政府宣布在深圳、珠海、汕头和厦门成立经济特区，实行特殊优惠政策。经济特区的优惠政策包括：15%的公司所得税、最长达五年的税收减免、公司利润返还政策、合同期后基本建设投资返还政策、出口加工用的原料和中间投入进口免税和免出口税等。这些优惠政策吸引了一大批来自港澳台等地的企业进入这片生机勃勃的土地，其中以深圳特区的发展最为迅速。

深圳经济特区包括紧靠香港北部的327. 5平方公里的地区，成为了改革开放后中国经济发展最早的“试验田”。深圳特区建立以来，发扬“敢闯敢试”的精神，敲响了新中国土地拍卖“第一槌”，发行了新中国第一张股票，提出了“时间就是金钱、效率就是生命”的新观念，为建立社会主义市场经济体制“杀出一条血路”，成为中国改革开放的风向标。随着深圳改革开放的深度推进，“深圳模式”、“深圳速度”成为沿海等地纷纷效仿的经济发展方式，不断地推动着珠三角、乃至中国其他区域融入到改革开放的浪潮中来。

后来众多学者在研究经济特区发展特点时，不约而同地用一句话来总结深圳特区的经验：来自香港的“产业转移”。70年代初，香港推行经

济多元化方针，金融、房地产、贸易、旅游业迅速发展，实现了从制造业转向服务业的第二次经济转型。由于香港政府采取了一系列积极的金融自由化政策，使得外资银行及跨国金融机构大举涌入香港，香港金融业得到快速提升，使得传统制造业有了向外转移的趋势，正是这种趋势，为招商局在深圳蛇口的试点埋下了伏笔。

招商局的管理层把目光投向了毗邻香港的深圳蛇口，决定在此选择投资开发工业区，以便充分利用内地丰富而且廉价的土地和劳动力资源，同时又能适当地利用香港的资金和技术，使两地的优势得以相互结合，很好发挥，“既为招商局开辟一个办厂之地，又为引进外资发展地方经济进行试验”[9]。1979 年 7 月 8 日，蛇口响起改革开放的第一声炮响，吹响了蛇口工业区建设的号角。这开山填海的炮声，催生了新中国第一家由企业投资建设的公共型、综合性港口蛇口港，也催生了中国第一个对外开放的工业区，招商局蛇口工业区，这意味着走出政治运动阴影的中国开始了第一次伟大的社会试验，见图 4.1。

图 4.1　1979 年，招商局蛇口工业区
轰然响起填海建港的开山炮，后人称为“中国改革开放第一炮”

四、珠三角经济的发展带动了珠三角港口群的快速腾飞

改革开放 30 年来，珠三角经济的快速提升带动了珠三角港口的快速发展。伴随着经济的发展，一个个大型港口如广州港、深圳港、盐田港、赤湾港等港口拔地而起，见证着珠三角经济的腾飞。

（一）一个世界级的集装箱港口成就了深圳的辉煌

改革开放以来，深圳港货物吞吐量快速攀升，集装箱吞吐量逐年递增，创造了港口行业的“深圳速度”。深圳港用了30年的时间使自己从一个默默无闻的小港变成了如今闻名世界的大港，它已经成为国内外其他港口纷纷效仿的典范。同时，依托于深圳港的发展而兴盛起来的港口经济，期间更是取得许多令人羡慕的成绩。无论是从中国经济社会发展的角度看，还是从国际分工等多方面考虑，深圳港口经济在中国经济贸易中的地位都是举足轻重的。

深圳港位于珠江三角洲经济区的中心地带，毗邻港澳，具有良好的港湾资源。东西两大港区分别位于东西两段海岸线上，具有天然的深水航道，可建深水码头，是中国少有的深水河口港湾，经珠江水系可与珠江三角洲其他内河港口相连，可到达国内沿海及世界各地港口，是华南地区大宗物资中转的理想港址。近年来，深圳港依托香港产业转移的区位优势，大力发展集装箱码头泊位建设，拥有国际先进水平的集装箱码头中央调度系统，可以操作目前世界最大的集装箱船舶、外伸距长达65米的岸吊和堆高8层的堆场等先进机械设备，已经成为一个世界级的集装箱港口。随着泛珠江三角洲经济圈的形成，区域经济合作的逐步完善，深圳港将开拓更为广阔的国际、国内市场。海铁联运、江海联运将促进深圳港腹地进一步向纵深拓展，与世界强港之间的差距会不断缩小，2010年深圳港已经跻身世界强港之列。

（二）盐田港、赤湾港的崛起完善了珠三角物流网络体系的建设

盐田港是中国华南地区最大的深水港，位于深圳东部，水域纵伸20公里，已经成为中国四大国际中转深水港之一，其良好的通关环境和丰富的货源支持，吸引了世界著名的大型船公司纷纷来此开辟新航线，境内外仓储物流业竞相“抢滩”盐田港区，进而带动整个港区集装箱吞吐量的迅猛发展。

盐田港发展港口物流的优势就是港区联动。通过保税区和港区在形态、资源上的整合、集成，促进货物在境内外，快速集拼、快速流动、快速集运，带动资讯流、资金流和商品流的集聚和辐射，实现了集装箱综合处理与货物分拨、分销、配送等业务的联动，使保税物流园区成为支线箱源和国际中转箱源的集散地。同时，内地沿海港口出口的货物经过实行区港联动机制的盐田港则视为出口，从根本上改变中国内地沿海港口的货物要经过香港港口、韩国釜山港、台湾高雄港中转的局面，促进了内地枢纽

港口向区域中转港口的转变。

赤湾港主要以多功能散杂货码头和集装箱码头为主，其物流方式以大宗外贸进口的海河联运、海铁联运和港口加工为主。是中国最早利用国外劳动力、土地成本昂贵的劣势引进港口化肥包装加工的化肥运输中转基地之一。同时，赤湾港利用港口功能和辐射作用，开展港口粮油食品的深加工，成为了华南地区最大的粮油食品加工、植物油精炼和销售配送的集散地。在集装箱方面，赤湾港区集装箱码头的班轮干线和班轮支线构成互补互动，把赤湾的大码头与在珠江三角洲分散的小码头、货站点之间联成海河水陆物流服务网络框架。同样作为深圳港的西部港区，赤湾港区与蛇口港区基本上占据了西部港区的半壁江山。它们在盐田港的繁荣下不甘寂寞，除了各自努力寻求新的发展之外，二者还在开辟华南驳船快线以及物流园区方面促成了多项合作。虽然没有像盐田港一样获得"区港联动"的政策优势，但是西部港区的陆域优势要大于东部港区。相信在未来几年的时间里，赤湾等西部港区的物流业会步入一个快速发展的新阶段。

第四节　长三角的崛起带动了中国经济的二次发力

改革开放以后，中国经济发展模式已经从过去单纯计划经济体制向市场经济体制过渡。随着改革开放步伐的加快，长三角地区也逐渐地成为我国经济发展水平最高的区域之一。

一、长三角经济增长方式的转变

在对经济发展方式的不断摸索过程中，长三角地区逐渐形成了具有特点的"新苏南模式"和"温州模式"，使得改革开放之后，江浙两省分别在"新苏南模式"和"温州模式"的带领下迅速崛起。

"新苏南模式"的特点是选择外向型经济作为发展目标，大力引进和利用外资，并对集体经济体制做了彻底的制度改造，使之转变为现代企业制度。这种转变对苏南地区优化企业发展环境具有极其重要的意义，为企业快速发展、规范化发展和全面化发展奠定了制度环境基础。"新苏南模式"使得长三角乡镇集体企业的生存环境被从无到有地创造出来，并在较长时期内推动了长三角经济的快速增长。

"温州模式"可视为浙江经济发展的典型。它重视发展民营经济，并强调市场机制在企业发展过程中的重要作用。“温州模式”的重要特征在于其代表的浙江人的创业精神和小中见大的“草根经济”发展模式，以及由此形成的全民创业文化。改革开放以来，浙江一直强调发展个体私营经济，所以其经济主体结构中，民营经济比重相当高。浙江个体私营经济的快速发展，得益于良好的企业发展环境。传统的温州模式鼓励和倡导创业，逐步形成较好的创业文化，使得浙江人具有较好的创业与经营意识。在20多年的发展过程中，浙江地方政府的职能也经历了一场变革，由原来强调无为而治，逐步发展到强化服务功能和经济引导功能，企业发展环境进一步获得优化。

在这两种发展模式之外，上海经济的增长也是令人瞩目。上海一直以来都是长江三角洲地区发展的龙头，但是没有明显的经济增长模式，在20多年的发展过程中，经济增长的重心却在不断转变。这首先表现在产业结构转变上，主导产业由商业、轻纺工业转变为汽车工业、钢铁工业、石油化工产业、信息产业、现代物流业和现代服务业。上海的增长模式兼具江苏和浙江两省的特征，一方面外资企业是上海经济增长的重要引擎，另一方面上海也立足于培养地方私营经济，内资企业与外资企业都得以充分发展。

二、长三角区域经济发展方式的拓展

回顾长三角经济发展过程大致可以分为2个阶段：

第1阶段是从改革开放初到20世纪80年代末。在这一段时期，长三角的经济发展以改革为引领、面向国内市场为主。这一点与珠三角地区的情况有很大不同。因为一方面长三角地区人多地少，集体积累较多，早期的农村改革对长三角地区的影响轻微，上海等城市的市场对内地和农村还有相当的吸引力；另一方面，20世纪70年代早已萌芽的乡镇企业和私人企业异军突起，成为长三角地区经济增长的主要推动力，催生了长三角地区县级行政区中的4万多家非国有工业企业和大量的商贸企业的快速发展。

在20世纪80年代，中国经济短缺明显，存在着广阔的国内市场需求，而且长三角地区本身高度密集的人口形成了巨大的本地购买力，再加上国内的消费结构与长三角地区生产结构的一致性等因素，造成了国内市场对长三角地区的市场化发展起着至关重要的作用。这一时期，长三角地区七成以上的GDP是通过国内市场实现的。从建立农贸市场和小商品市场到一系列具有相当规模的专业市场，长三角地区的有形市场比如江苏盛泽的“东方丝绸城”、浙江绍兴的“中国轻纺城”和义乌的“中小商品城”等始终位于全国前列。

第2阶段是从20世纪90年代至今。

20世纪90年代初，随着改革从过去的分散探索进入全面推进的阶段，特别是开发浦东战略的决策实施，使整个上海地区迅速形成以浦东为核心的全面开放态势。陆家嘴金融贸易区、金桥出口加工区、外高桥保税区、张江高科技开发区等高度开发区域的形成和发展，不但奠定了浦东和上海高起点、现代化的市场经济基础，而且也创造了长三角地区经济发展的新模式，即开放与开发相结合，区域内外联合，相互促进的区域经济发展新模式，并着重发展以金融贸易为核心的第三产业，以吸引跨国公司投资为主体的重化工业和高技术产业，进而塑造金融贸易为核心的国际化经济增长中心。

随着上海的重新崛起和江浙两省的新发展，长三角地区区域经济迅速向外向型转变，对外开放程度大幅提高。跨国公司得以用各国在价值链上各环节要素禀赋的差异，将价值链拆分，把各个环节配置到能够满足其全球战略需要的最佳区位，而长三角地区则以丰富的人力资源，完善的配套产业和基础设施，广阔的国内市场，很快成为承接跨国公司进行国际产业转移的理想区域。

三、上海浦东的开发开放开启了中国经济发展的强大引擎

在近代史上江浙就是中国最富庶的地方，特别是在“鸦片战争”之后，上海逐渐发展成西方冒险家登陆中国的桥头堡，成为中国的工业、商业、金融业中心城市，对中国经济的发展具有举足轻重的作用。

20世纪90年代，中国的改革开放进入新的历史阶段，由80年代的分散探索阶段转入90年代的全面推进阶段。1989年以后，邓小平连续数年在上海过春节，并做出了重大的战略决策，以开发开放浦东来推动中国的开放，而1992年邓小平的“南巡讲话”也率先在上海得到了积极响应。以这两个事件为开端，中国经济发展在浦东开发开放的带动下，进入到一个崭新的历史时期，以浦东开发开放为契机的上海和长三角的崛起，是整个中国经济开放和发展的第二波，也是中国市场经济体制建设新阶段。

可以说，浦东的开发开放是上海重新崛起的关键，浦东也创造了长三角的一种新的区域经济发展模式“浦东开发开放模式”。浦东的开发开

放使上海像一个世纪以前那样再度崛起，并迅速确立了上海在长三角、长江流域、全国乃至东亚（远东、太平洋西岸、亚太）地区的中心城市地位。这种“中心优势”不仅与珠三角的“边界优势”形成鲜明对比，其锋芒甚至直逼香港。上海经济发展从长期低于全国平均增长水平一跃而成为中国经济新的“增长极”地区。不仅如此，浦东开发还强有力地推进了以上海为中心的长三角地区在经济上的一体化。在浦东作为新的经济增长点、新的体制创新点和新的国际连接点的辐射和影响下，长三角地区在改革、开放和发展方面都进入了新的历史阶段。

四、上海的经济腾飞带动了上海港、长江沿线港的快速发展

改革开放30年来，上海经济的腾飞带动了上海港的快速发展。上海已经成为中国重要的国际航运中心，其标志主要体现在上海港已经成为名列世界前茅的集装箱港口、已经有大量的船公司总部或地区总部落户上海、上海的航运服务业已很发达、上海港的长江战略衔接了中国东西区域的经济发展等几个方面。

上海港的自然条件优越，内联长江，外靠大海，岸线总长240公里，港区总面积3619平方公里，航政管辖范围包括长江口、黄浦江水域和杭州湾北岸水域，承担着上海进出口物资总量的60%和上海口岸90%以上外贸进出口物资的装卸任务。上海港的经济腹地——长江流域经济发达，资源丰富，集、疏、运畅通。它所处的长江三角洲及其广阔的长江流域占全国面积的1/4，人口占全国的2/5，国民生产总值占全国的4/5，是中国经济最发达的地区。2010年，上海港货物吞吐量继续保持全球第一。

尽管上海港的成绩令人瞩目，但作为长江流域的重要出海通道，长江流域其他港口的发展对中国区域经济协调发展的作用更为突出。如果把中国6800公里漫长的海岸线比喻成一张拉满的弓，1600公里蜿蜒曲折的长江像一支待发的箭。那么，上海港就在这张弓和这支箭上的支点上，长江流域中的大小港口将是这支箭力量的关键所在。上海港的建设和运营，在同步推进上海国际航运中心建设和开发利用长江“黄金水道”两项国家战略方面，将发挥出越来越重要的作用[10]。

（一）伸向长江下游江海联接港——南通港

上海港打出的长江战略牌，向长江腹地拓展实力，首先看中了长江下游的南通港。南通港最大的优势是江海联接。它是我国联接内河运输和海洋运输的最佳港口，多品种的物流在这里形成内联外接的交汇点。

2011年,南通市发布《南通国民经济和社会发展第十二个五年发展规划》中提出,南通港在"十二五"期间,要全面形成"一港两翼,江海组合"的总体发展格局。在南通江海港口群中,对"沿江翼"规划发展要求是,长江沿江9大港区通过岸线资源整合,功能布局调整,码头扩能改造,实现效能和质态的飞越提升。对"沿海翼"的发展定位规划要求是,沿海三大港区通过加快建设,强势推进,充分发挥"区位优越,航道极深"和"码头大,滩涂多,腹地广"的综合优势,实现规模化、高起点的跨越式发展。

其中洋口港区要以建设服务我国东部沿海地区和长江中下游流域兼顾中西部地区的多功能、现代化、综合性大型深水港区为目标。依托蓝沙洋北水道,合理布局码头作业区,加快港区建设速度。积极推进北水道进港航道工程,建成乘潮15万吨级进港航道,分步加快推进乘潮30万吨级航道建设。

吕四港区要以打造我国沿海地区能源储备、中转的主要港区和重要的临海工业港为目标,充分利用小庙洪水道,在建成5万吨级进港航道的基础上,加快推进10万吨级进港航道工程。

通州湾港区要在充分论证的基础上,加快建设5~30万吨级深水泊位。到"十二五"期末,南通港沿江港区吞吐量要实现突破2亿吨,南通港江海港区吞吐总量要突破2.5亿吨以上。南通要加快实现成为"江海交汇的现代化国际港口城市和长江三角洲北翼经济中心"的发展定位。

(二)伸向长江中游"九省通衢"港——武汉港

武汉港地处长江中游,居中部省份中心,具有"得中独厚、得水独优"的地理优势,是交通部定点的水铁联运主枢纽港,在国家中部崛起战略、黄金水道和武汉航运中心建设中地位极为重要。2003年9月底,以上海港集装箱股份有限公司、武汉港口集团有限责任公司为主,另有5家股东共同投资创建的武汉港集装箱有限公司正式成立。这标志着上海港与武汉港的合作进入了实质性阶段。它既是上海港实施长江战略的又一次重大举措,也是武汉港借势腾飞的又一次重大机遇。

武汉港是长江航运华中地区的主枢纽港,拥有汉口、汉阳、江岸、青山、阳逻和沌口6大港区,主要从事集装箱和干散货运输、货物代理及物业开发等业务。由于长期受长江航运萎缩的影响,多年来经济效益不佳。现在与上海港合作对于多年低迷的武汉港无疑是打了一针"强心剂"。尽管双方合作刚刚起步,但已经成为船公司开辟内河集装箱航线的信心支撑。目前,已经有很多国内外著名的船公司到武汉设办事处,并增开了到武汉港的航线，它们纷纷看好上海港的长江战略。与此同时，九江、安庆、扬州、泸州、重庆等长江流域港口也纷纷表示出较强的合作愿望，真正做到了“中部地区的集装箱运到武汉，就等于运到了上海，从而促进长江流域经济的发展。”

(三)伸向长江上游大西南门户港——重庆港

重庆作为直辖市和西部大型工业基地，集装箱和散件物流有着巨大的市场潜力。重庆港作为长江上游的第一大港，有着得天独厚的水上运输优势，它以云、贵、川作为自身的广阔腹地，成为大西南通江达海的重要门户，实现着与中、东部及境外的物资交流和商贸往来。地处沿海经济带和长江经济带的上海港，十分看好这一山地良港，把它纳入到了长江战略中最西端的又一个重要支撑点。

三峡蓄水通航后，万吨级船队可从上海直达重庆，川江通航能力已由1000万吨提高到5000万吨，航运成本也降低35%以上。随着航道条件的改善，长江集装箱船正向着专业化、高速化和载箱量大的方向发展，竞争优势更加突出，为长江东、西两港的合作提供了广阔的空间和契机。

在上海港的蓝图中，长江战略的合作模式多种多样，或经营码头，或经营航运，但最终目的是形成一个完善、便捷的长江流域物流网，即借助于与长江沿线各港在资本、业务等方面的合作，将上海港的腹地从长三角伸向整个长江经济流域，并形成合力，全面提升长江港口集装箱吞吐能力，培养自身的“喂给港”体系，为上海国际航运中心培育出一个潜在的集装箱箱源体系的“大后方”。同时，依托港口间的合作，进一步拓展上海港为长江航运服务的空间，以谋求形成中国“黄金水域”和最大经济腹地各方共赢的新局面。

第五节 环渤海地区是中国经济发展的第三极

进入21世纪，中国经济在珠三角和长三角增长极的带领下，走向了快速发展的道路，国家经济增长连续多年保持在15%左右。但是从区域经济协调发展来看，珠三角地处中国大陆东部的南端，长三角地处中国大陆东部的终端，扩散效应和辐射能力不足以涉及东北和华北地区，要促进中国经济向更深层次发展，应该在中国北部地区构建辐射能力更强的新增长极，身处环渤海深处的天津滨海新区正是承载着这样的历史使命。

一、环渤海地区承担着新时期中国经济发展的重担

环渤海地区包括辽宁、河北、北京、天津、山东等省市,面积占全国国土的5.43%,人口占全国人口的17.48%,经济腹地涵盖华北、东北、西北地区以及华中的内陆地区河南。这些区域如果经济发展长期缓慢,将严重制约中国总体经济的快速提升。从战略决策角度看,天津滨海新区开发的一个重要主旨,就是通过"激活"中国大陆东部的北端增长极环渤海地区,辐射和驱动中国北部地区、东北地区的经济发展,解决中国南北经济发展的差距问题。

从国内视角看,为改变国内发展"南快北慢"的局面,天津滨海新区开发具有相当急迫性。改革开放30年,以深圳特区建设为突破口的珠三角地区,以浦东开发为龙头的长三角地区,先后实现了快速发展,推动了整个国家波澜壮阔的发展大潮。相比较而言,环渤海地区的发展却有些沉寂,环渤海区域内经济合作自20世纪90年代提出后一直处于构想和酝酿阶段,多年来一直没有形成稳定的区域发展新模式。作为环渤海中心区域的滨海新区虽然取得了令人瞩目的发展成就,走出了一条独特的发展道路,但发挥中国重要经济增长极的作用仍然任重道远。

2007年10月15日,中国共产党第十七次全国代表大会上,滨海新区历史性地写入大会报告,标志着滨海新区的开发正式纳入国家总体发展战略布局。十七大报告指出"要更好发挥经济特区、上海浦东新区、天津滨海新区在改革开放和自主创新中的重要作用。"这是滨海新区被列入国家"十一五"发展规划和国务院下发《关于推进天津滨海新区开发开放有关问题的意见》之后,中央对滨海新区提出了更高的要求,赋予了新的使命。2011年5月,国务院正式批复天津北方国际航运中心核心功能区建设方案(国函〔2011〕51号),进一步明确:"东疆保税港区是北方国际航运中心的核心功能区,是综合配套改革的创新平台,要以建设东疆保税港区为重点,加快推进国际化市场体系建设,条件成熟时进行建立自由贸易港区的改革探索"。东疆保税港区向自由贸易港区发展方向的确定,进一步提升了滨海新区先行先试的政策前沿优势和"两个中心"建设的功能优势,标志着滨海新区和天津港区域开发开放进入新的历史阶段。

二、环渤海经济圈的发展优势

环渤海经济圈广义上包括北京、天津、河北、辽宁、山东、山西和内蒙

古中部共五省(区)两市组成的行政区域,构成中国范围最大最具发展潜力的经济圈。环渤海经济圈是沿太平洋西岸北部延伸的经济带,是由石家庄、太原、沈阳、济南、呼和浩特等省会城市为区域支点,共有157个城市所构成的经济战略城市群,在中国对外开放的沿海发展战略中,地位尤为重要,其经济拉动的比较优势明显。狭义上包括北京、天津、河北、辽宁和山东共三省两市组成的行政区域,构成了C形的环渤海海岸线,也形成了独特的环渤海经济圈结构,参见表4.2。

环渤海经济圈概况　　　表4.2

环渤海经济圈				
区域板块	京津冀都市圈		山东半岛	辽东半岛
概况	在30多个大中小城市中,主要城市包括北京、天津、河北的石家庄、唐山、保定、秦皇岛、廊坊、沧州、承德、张家口、邢台、邯郸等10个城市,通常称为"8+2"		中国第一大半岛,总面积15.78万平方千米(占国土面积的1.6%),水域面积约2100平方千米	中国第二大半岛,重要的城市有大连、营口、丹东等。集中辽宁省90%的大中型骨干企业,近70%的城市人口和固定资产,创造辽宁省85%的经济总量
中心城市	北京	天津	青岛	大连
重点开发区域	中关村软件园、上地信息产业基地、永丰基地、能源环保基地、电子城科技园、丰田园、顺义临空经济区等	天津经济技术开发区、保税区、空港物流加工区、临港产业区、临港工业区、东疆保税港区等	青岛国家级经济技术开发区、青岛高新金属产业开发区、烟台经济技术开发区	大连经济技术开发区、大连保税区、大连高新技术产业园区、长兴岛临港工业区、花园口经济区
海港情况	无	天津港 北方第一大综合性港口	青岛港 仅次于上海、深圳的中国第三大集装箱运输港口	大连港 东北地区最重要的综合性外贸口岸
重点产业	电子信息产业、文化创意产业、新材料、新能源、光机电一体化、生物工程和新医药产业	石油化工、海洋化工、海港物流、临空临港产业、重装备制造、电子信息、现代医药、汽车	石油化工、电子家电、交通运输装备、新材料、海港物流	装备制造、石油化工、船舶机械、电子信息、海港物流

环渤海经济圈具有良好的地缘条件、丰裕的资源禀赋和雄厚的经济基础,但由于历史、经济等原因以及政策上的差异,环渤海经济圈尽管自身经济也有较大发展,却与在充分的制度供给条件下先后成长起来的中国第一增长极珠三角和第二增长极长三角相比,则明显地相对落后,作为增长极的功能大大下降。在当前的国际国内环境下,国家如能给予环渤海经济圈以强力的制度供给,则该地区将迅速成长为中国第三大经济增长极,这既有利于解决中国经济发展的"南重北轻"问题,也有利于更好地缓解中国经济发展的"东西失衡"问题。

与全国其他经济区相比,环渤海经济圈具有三大比较优势[11]:

(1)地缘优势

环渤海经济圈是由环绕着渤海的全部及黄海的部分沿岸地区所组成的C形区域。环渤海海岸线绵延5800公里,约占全国的1/3。30多个大中小城市渐次相连,全区陆地总面积51.41万平方公里,人口2~2.2亿,分别占全国的5.36%和17.86%。60多个大小港口星罗棋布。这是中国乃至世界上城市群、工业区、港口区最为密集的区域之一。环渤海经济圈处于东北亚经济圈的中心地带,向南联系着长江三角洲、珠江三角洲、港澳台地区和东南亚各国;向东沟通韩国和日本;向北联结着蒙古国和俄罗斯远东地区。这种独特的地缘优势,为环渤海区域经济的发展、开展国内外多领域的经济合作,提供了有利的环境和条件,成为海内外客商新的投资热点地区。

(2)"双核驱动"优势

诸如北京的人才、科技、教育等资源丰富,对周边城市产业发展有所辐射,还有北京所拥有的区域服务、国际交往、对外开放以及技术外移、技术扩散等许多要素,都是引致滨海新区成为增长极的力量。通过"滨海新区+北京"的"双核驱动"优势模式,即天津的地理优势、服务功能优势、产业和科技优势、土地和资源优势、生态环境优势,还有口岸、改革示范、工业基础等优势,加之北京的绝对优势,滨海新区才能成为环渤海经济增长极的坐标。

(3)政策引致优势

加快滨海新区开发开放,是着眼于全国经济发展大局而作出的重大战略部署。2005年6月26日,温家宝总理强调了滨海新区在开发开放带动环渤海经济振兴的任务和作用,同年10月1日,胡锦涛总书记更强调了天津滨海新区将成为继深圳经济特区、上海浦东新区以后一个重要的经济增长极。由此将滨海新区上升到一个视同于珠三角、长三角“区域增长极”的战略新高度。

环渤海经济圈蕴藏着巨大的发展潜力和优势，无论在扩大对外开放、加快第三产业发展等方面已有长足的发展，而且综合实力都取得了较快的发展。环渤海经济圈如今已成为中国北方经济发展的新“引擎”。

三、天津港对环渤海地区经济发展的贡献

作为中国最大的人工港和中国北方重要的对外贸易口岸，天津具有悠久的历史。天津港的历史最早可上溯到汉代，唐代以来逐渐形成海港，自古就有“地处九河津要，路通七省舟车”之说。新中国建立以后，经过20世纪50年代初期、1957年、1973年3次大型建港工程，尤其是改革开放以来的开发建设，天津港已经成为北方最大的综合性港口。

随着国家将天津滨海新区的开发开放纳入国家整体战略发展这一历史背景下，作为滨海新区重要组成部分、建设北方航运中心和物流中心核心载体地位的天津港更面临着历史性的发展机遇。天津港应利用在北方航运中心和物流中心建设中具有的先发优势最大限度满足客户需求，进一步强化枢纽港地位；创造有利于发展天津港口整体发展的宏观环境，在未来环渤海区域经济发展中，发挥更加突出的重要作用。

天津港对环渤海地区经济发展的贡献主要体现在[12]：

(1)港口运营服务业对区域发展的贡献

港口运营服务业中，直接为货物海运服务的业务，如装卸、拖驳、堆存、分拨等活动，由于是港口的核心业务，而且其空间范围也均是以所在港口为主要基地，其增加值全部表现为港口对区域经济发展的贡献值。另外以所在港口为基地的引水、代理、航运服务等活动，以及带有政府性质、驻在港口的海关、边检、商检、消防等部门所创造的增加值也应该全部计入港口贡献之中。对天津港而言，需要计算其经济贡献的港口服务产业企业有：运输企业、仓储单位、为港口船舶服务的单位和港口、船舶管理等单位。

(2)港口建筑业对区域发展的贡献

对于港口建筑业，由于其业务范围、空间范围均在港口，因而其创造的增加值应该全额计入港口贡献。由于港口建筑业的业务相对固定，施工地点比较集中，因而这类企业的增加值及相关指标就容易取得。港口投资大，建设周期长，港口建设过程中使用了大量的人力和物力，因而产

生了相当数量的增加值，加之港口建筑（包括新建、扩建、改建和维护工程）本身就是依附港口而存在的，所以港口建设过程中所产生的增加值应该全部计入港口的直接贡献之中。

(3)港口用户对区域城市发展的贡献

对于港口用户而言，一般包括港口运营服务业及相关行业组成的产业群，但又不能简单地将所有行业的增加值都看成是港口的贡献，应该根据港口用户所处的地理位置，以及对港口的依存程度来确定将其增加值总额中的多少计入港口贡献之中。对于那些对港口依存度较高，离开港口就不能生存的企业，其增加值的全部应该全部计入港口的贡献；对于那些对港口有一定的依存度，但是尚未达到完全依存的企业，其增加值中只有一部分应计入港口贡献之中。这时应该根据该企业对港口的关系来确定究竟多少增加值应该计入港口贡献之中。港口用户直接贡献，可以用港口用户企业因进行货物进出港口而产生的增加值衡量。具体到港航产业中核心部分，即港口服务业对经济增长的拉动作用，根据天津港多年的经验数据，港口每吞吐 1 吨货物，可为全社会创造国民生产总值 132.97 元，利润 49.62 元，税金（含海关税费）147.12 元，（不含海关税费）14.19 元，其中为天津市创造国民生产总值 89.53 元，利润 24.06 元，税金 11.84 元。90 年代初期，天津市统计局的投入产出调查结果表明，在天津市工业、农业、运输、邮电、建筑、商业、外贸等 7 大产业、198 个行业中，利用天津港进出物资的行业高达 186 个，占全部行业的 93.94%。

第六节　中国经济新增长极的猜想

增长极理论学者认为：一个国家要实现平衡发展只是一种理想，在现实中是不可能的，经济增长通常是从一个或数个“增长中心”逐渐向其他部门或地区传导。因此，应选择特定的地理空间作为增长极，以带动整体经济发展。中国自实行改革开放之后，形成了珠三角、长三角、环渤海三个带动中国经济增长的重要增长极，尽管三个增长极的发展模式和增长方式各不相同，但是他们在中国经济发展中各自扮演的角色却都一样重要。

2009 年以后，世界进入后危机时代，随着全球经济结构的调整，国际产业的重新布局，中国必将面临更加复杂的外部发展环境，中国经济发展重心也会逐渐从珠三角、长三角和环渤海转移到新的地区，中国经济增长

"第四极"呼之欲出。

一、经济增长极的发展港口模式

如果从经济发展的角度出发,判断中国经济新增长极的依据应该是局部经济发展环境和全球经济发展趋势相一致的区域。紧随世界经济和产业分工的潮流,在中国整体经济形势向好发展的背景下,新增长极依托地域环境、政策环境和产业环境的有力支持,快速提升区域经济实力,成为带动整个地区的新的增长优势,从而引领国家经济的发展。

但是从港口发展角度出发,纵观珠三角地区、长三角地区和环渤海地区,新经济增长极的判定无一例外均需要港口功能的重要支撑。珠三角经济增长极有广州港、深圳港的支持,长三角经济增长极有上海港、宁波—舟山港的支撑,而环渤海经济增长极的发展则有天津港的有力推动。所以新经济增长极的港口发展模式应该是:依托于国家整体经济发展趋势,区域经济发展带动港口功能和能力的提升,港口所在的港口城市由于港口能力的快速提升从而得到快速发展,大量的资源、资本、技术、资金、人才得以汇集,临港区域出现密集的临港产业分布,临港产业的快速聚集、反哺港口功能的完善,出现以核心港区为中心的航运中心和物流中心,港口区域功能的提升和临港产业的聚集带动新增长极周边港口群落的发展,港口群落的兴起带动周边区域经济的发展,继而起到引领国家整体经济发展的核心作用。所以,从港口发展模式的角度出发,新经济增长极的"核心"是港口,经济增长极的"极"必定是指港口所在的城市,新经济增长极的出现必定是以区域港口为特征,以港口所在的港口城市为核心区域,从而辐射带动周边区域和整体经济发展。按照如此思路考虑,最有可能成为中国新经济增长极的区域就是依托大连—营口港口群的东北老工业基地和依托北海—防城港港口群的北部湾地区。

二、第四极猜想——振兴东北老工业基地中港口的希望

2007 年 8 月,《东北地区振兴规划》发布,规划范围包括辽宁省、吉林省、黑龙江省和内蒙古自治区呼伦贝尔市、兴安盟、通辽市、赤峰市和锡林郭勒盟(蒙东地区),土地面积 145 万平方公里,总人口 1.2 亿,是我国东北边疆地区自然地理单元完整、自然资源丰富、多民族深度融合、开发历史近似、经济联系密切、经济实力雄厚的大经济区域,在全国经济发展中占有重要地位。2009 年 9 月 11 日,国务院发布《国务院关于进一步实施

东北地区等老工业基地振兴战略的若干意见》。意见指出,“实施东北地区等老工业基地振兴战略五年多来,以国有企业改革为重点的体制机制创新取得重大突破,经济结构进一步优化,自主创新能力显著提升,对外开放水平明显提高。但也要清醒看到,东北地区等老工业基地体制性、结构性等深层次矛盾有待进一步解决,已经取得的成果有待进一步巩固,加快发展的巨大潜力有待进一步发挥”。

在东北振兴规划中,以大连、营口为代表的港口群的发展加快了东北老工业基地的振兴步伐。东北地区在环渤海地带拥有包括大连、营口、锦州等众多港口,加快建设这些港口群,不仅是东北地区扩大改革开放、发展外向型经济的需要,同时借助于港口经济的强大辐射力和带动作用,可以对整个东北地区内陆经济的发展提供强有力的支撑。

大连港是中国北方地区最好的深水不冻港,年吞吐量超过 3 亿吨,有万吨级深水泊位 86 个,集装箱泊位 12 个。大连港是中国最大的石油液体化学品集散地,中国北方重要的对外贸易良港和东北地区最大的货物转运枢纽港,与世界 160 多个国家和地区的 300 多个港口有着贸易往来,承担了东北地区 70% 以上的海运货物和 90% 以上的外贸集装箱运输。就营口港来说,凭借着它优越的地理位置,对其周边的几个城市如鞍山、辽阳、本溪、铁岭、抚顺等地经济拉动作用明显。有关统计资料表明,营口港 65% 的货运量均来自辽阳、鞍山、本溪等周边地区。加快发展港口经济对东北内陆地区发展经济的辐射作用明显显现。

三、第四极猜想——北部湾的后发优势

从地理区域来讲,北部湾经济区包括中国华南经济圈内的广西沿海、广东雷州半岛、海南省的西部和越南北部,广西北部湾经济区是由北海、钦州、防城港及南宁为主组成的地区。早在两千年前,一艘艘大型帆船从北部湾合浦出发,将丝绸、瓷器、茶叶等运往欧洲,换回欧洲的毛织品、玻璃器皿、象牙等奢侈品,这便是有名的“海上丝绸之路”。胡锦涛总书记曾表示:“广西发展应成为新的一极”。专家们指出,北部湾经济如能腾飞,将大大减轻我国东北和西北的压力。广西国民经济和社会发展十二五规划纲要中明确指出:北部湾经济区沿海沿边,是中国与东盟的结合部,是泛珠三角经济区与东盟经济区、东亚与东南亚的连接点,是西南地区加强与东盟和世界市场联系的重要门户。加快北部湾经济区的开发建设,有利于把我国与东盟国家的互利合作推向新水平,有利于深入实施国

家西部大开发战略，也有利于推动广西本地区的开放发展。

北部湾经济区成为新的增长极具有很好的条件基础。随着中国改革开放不断深入，经济发展迅速，经济规模和市场容量不断扩大。世界许多国家都希望从中国的发展中获得机会。东南亚国家更是如此。尤其是中南半岛国家，它们耳闻目睹中国的开放和发展，均希望从中有所获益。随着中国—东盟自由贸易区的建成，中国与东南亚之间交通网络的完善和对接，中国与东南亚之间经由广西集散的商品和人员将会更多，其中重点是华南、华东与中南半岛国家之间的陆路往来及西南与东南亚岛国之间的海路往来。由于经济发展水平的差异和相互的互补性，人员和货物运输量最大的还是华南、华东和西南地区，它们的工业消费品、设备、器材主要将经广西进入中南半岛各国。邻近广西、有“世界工厂”之称的珠江三角洲，近年制造业著名品牌不断诞生，不仅把广西作为其经济辐射地带，更把中南半岛也囊括其中，这样广西就成为珠三角与中南半岛往来的必经之路。

参考文献

[1] 于汝民．港口规划与建设[M]．北京：人民交通出版社．2003，4．

[2] 交通运输部李盛霖部长在2011年全国交通运输工作会议上的讲话摘要．

[3] Michael E，Porter. Competitive strategy-Techniques for analyzing industries and competitors. The free press. 1998.

[4] City and port，change and restructuring，The fifth international conference of cities and ports.

[5] 刘畅．从深圳特区、浦东新区到滨海新区：中国经济增长极的变化发展[J]．今日中国论坛．2009．

[6] 黎谧．中国沿海港口物流发展对经济增长的作用研究[D]．湖南大学硕士论文．2009，4．

[7] 2009年中国区域经济发展报告．

[8] 杨少锋．广东外向型经济发展研究[D]．广东统计局．2007，5．

[9] 王玉德，杨磊．再造招商局[M]．北京：中信出版社．2008．

[10] 光中．上海港的长江战略打出3张王牌[N]．中国交通报．

[11] 韩忠亮，朱敏．环渤海经济圈发展研究报告[N]．新经济导刊．2009．

[12] 滨海新区管委会．天津港口经济发展研究．2002．

第五章　中国沿海港口与区域经济

张凤展　龙　磊

中国是一个地域广袤、人口众多、区域经济发展很不平衡的发展中大国。改革开放后，中国原先实行的计划经济体制下的中央高度集权，让位于适度的地方分权，使地方释放出巨大的发展活力。特别是中国的东部沿海地区，凭借优越的区位、特殊的政策以及业已形成的先发优势，经济实现快速增长，其中珠三角、长三角、京津冀等地区的部分行业和领域已具有竞争优势，具备与国际市场竞争高低的实力和话语权。但是，在改革开放以来相当长的一段时期内，与东部地区经济快速增长对应的是中西部地区经济增长的相对滞后，中国区域经济发展差距特别是东西差距在进一步扩大。

从 20 世纪 90 年代末起，中国陆续出台了西部大开发、促进中部崛起和东北老工业基地振兴等区域发展战略。但中国地域范围广大、地理差别明显，为了使这些战略更好地落到实处，产生更大的成效，自 2009 年以来，国家发改委先后推出长江三角洲、珠江三角洲、宁夏、重庆市、横琴、江苏、辽宁、黄河三角洲、图们江、海南国际旅游岛、广西经济社会发展等多个区域发展规划，获批的区域发展规划数量几乎是过去几年的总和，区域发展战略从沿海到内地、由东向西、从南到北，布局呈现"全面开花"的特点。2011 年获批的国家"十二五"规划表明，中国今后将更加注重区域经济协调发展。改革开放以来，在东部经济发展中成为亮点的沿海港口及其依托的港口城市已经也必将继续在中国区域经济协调发展中继续发挥其独特的作用。

第一节　从"小珠三角"走向"泛珠三角"的珠三角港口群

作为一个区域的概念，珠江三角洲（简称"珠三角"）的地理边界有许多不同版本的解读。最初意义上的珠三角包括珠江东岸的广州、东莞、深圳，以及珠江西岸的佛山、中山、珠海等六个城市，如果再加上香港和澳门则形成了“小珠三角”，这已成为全中国乃至世界经济最发达的核心区域之一。随着《珠江三角洲地区改革发展规划纲要(2008—2020年)》的出台，“泛珠三角”的概念逐渐走入人们的视野，“泛珠三角”是除广东外，再加上周边相邻的福建、江西、湖南、广西、海南5省区，以及深受这些省区影响的云南、贵州、四川3个省份，当加入香港和澳门以后，也称为“9+2”地区。我们仅凭常识也可以感受到无论从“小珠三角”，还是到“泛珠三角”，其中所蕴含的经济、政治作用的影响极其深远。但无论是“小珠三角”还是“泛珠三角”，都依托着一个巨大的港口群——珠三角港口群，特别是作为其核心的香港港、深圳港和广州港这三大港口更是对区域经济的发展起到巨大的作用。

一、珠三角都市群发展的动力源泉

在中国，比较公认的三大都市聚集地区为：珠三角都市群，长三角都市群、京津冀都市群，三大都市群的GDP占全国比例高达42%，如果计算其所在省市的GDP，则占全国几乎一半[1]。大都市群对中国经济的影响如此巨大，那其发展的动力源泉何在呢？有人认为是制度创新的原因，有人认为是第二产业大量聚集的原因，也有人认为是人文科技资源高度集中的原因，研究角度不同，得到的结论也不相同。与其他两大都市群相比，珠三角都市群拥有自身独特的比较优势和定位。从地理的角度来看，珠三角都市群是围绕珠江入海口形成的城市聚集区域。珠江充沛的水量、密集的河网为该城市群提供了良好的航运条件；珠江入海口呈现爪状特征，是布局港口的优良之地；珠三角又扼东亚经济区与中东、欧洲贸易运输线的咽喉，区位优势极其明显。这种航运优势、地理优势与区位优势结合在一起，必然让人们想到，这里是发展港口经济的绝佳之地。因此，仔细探究珠三角都市群，我们认为拥有极佳的区位优势的港口是珠三角都市群发展的重要前提和区位基础。港口经济及其腹地经济发展得越好，都市群的发展就越拥有不竭的动力。

有了地利之便，还需要能够顺应天时。尽管珠三角都市群的水资源和土地资源比较丰富，但是在工业生产所需的原材料和能源方面该地区在我国各省区中不占优势。但为什么是珠三角，而不是别的区域成为我国最重要的制造基地之一，这与其有着珠三角港口群，与香港港、广州港、深圳港这三大港口有着密切的关系。以港口为枢纽的密集的运输网络可以将商品快捷地送往需要的地方,对资源进行重新优化配置。在经济全球化、市场全球化、全球供需网络的重组、全球产业链的分工细化向纵深发展的今天,港口经济的发展直接影响到经济区域参与其中的程度。港口经济在珠三角都市群经济的发展中发挥着重要的枢纽作用,已经成为该区域参与全球经济活动和全球产业链分工的润滑剂。港口经济的迅速发展,导致商品交换与贸易活动的市场范围越来越广,同时对区域之间的分工与协作发挥着重要的协调作用,从而促进了市场全球化和经济化的进程。珠三角都市群经过近30年的发展,已形成了良好的制造基础和优势产业,全球制造战略的推进给珠三角经济的发展带来巨大机遇。国际产业转移促进了珠三角市场需求量的增加,随着国际跨国公司的全球战略的推进,珠三角都市群正在成为国际跨国公司的“全球分销中心”、“国际配送心”、“国际采购中心”和“全球制造中心”,港口群有力地促进了“世界工厂”的形成[2]。

通过港口经济的带动作用,珠三角的都市群已成为了国际化的前沿地带,其东岸形成了以轻型制造业为基础的制造业基地和以微电子技术为核心的高新技术开发、生产、应用基地和能源重化工业基地,西岸形成了以能源重化工业为依托,以资金技术密集的家电、机械加工等为主导的港口经济发达的大都市群。我们可以以一些数据来看港口经济在珠三角大都市中占有的重要地位。香港2007年的数据显示,包含贸易、金融、保险、海事等关联产业及依存产业在内的港口经济收入,为香港创造了25.8%的GDP和25.0%的就业。同期港口经济也为深圳市贡献了超过10%的GDP。广州港由于在2005年前集装箱港口设施落后,以处理内贸集装箱和大宗干散货为主,其港口经济的带动作用弱一点,但2007年也贡献了5%的GDP,正是由于看到了港口经济对地方经济强劲的带动作用,珠三角各地政府纷纷将港口经济列为支柱产业或重要扶持产业,都在加大对港口建设的投入。

香港港、广州港和深圳港是珠江三角洲最重要的三大港口,在这三个港口的竞争、合作与互补的过程中,珠三角都市群的产业结构在不断优化升级,其经济正逐渐走上又好又快发展的道路。从1972年香港在葵涌区建设第一个集装箱专用码头算起,珠三角港口发展集装箱运输已经有近40个年头了。葵涌集装箱专用码头的建成,为香港当时的制造业提供了有效和强大的海运平台。由于集装箱专用码头的出现,促使香港的制造业在20世纪80年代前五年进入了鼎盛时期。1986年以后，中国内地的改革开放如火如荼，以深圳为代表的特区经济逐步成熟，香港的制造业开始北移，许多制造业厂家在珠江三角洲建厂，因此直到20世纪90年代中期，葵涌的港口在继续为香港的工业、贸易、物流服务提供平台的同时，又为逐步北移并扩大的珠江三角洲制造业提供了巨大的进出口通道，成为全世界最繁忙的集装箱枢纽港（见图5.1）。

图5.1　香港葵涌货柜码头

几乎是与香港港快速发展的同时，深圳政府与香港的和记黄埔国际码头公司合作，开始了盐田港的建设；招商局集团和香港现代货柜码头公司也与深圳政府下属集团合资，在蛇口建设了以赤湾港为主的西部港区，这两个港区一起构成了今天的深圳港。从1994年深圳港服务第一条国际集装箱航线开始，到2004年时，深圳港的集装箱吞吐量就已经达到当时香港的50%[3]，统计表明整个珠三角大约三分之一的国际海运贸易是由后起之秀深圳港完成的。深圳港的诞生并以前所未有的速度迅速崛起，进一步加速了出口加工业北移至深圳、东莞，并扩大发展至整个珠江东岸地区，改变了珠江三角洲的产业结构，也彻底改变了香港港的垄断枢纽地位。这种改变迫使香港开始了新一轮的产业结构优化调整，香港港已从原来以大宗实物运输为本的港口经济结构，正在逐步升级为凭借航线稠密的集装箱枢纽港、深水航道、集疏运网络等硬件设施，以金融为核心，为航运业提供金融、贸易、信息等软件服务的国际航运中心。

2010年深圳港的集装箱吞吐量已经达到2251万标准箱。集装箱吞吐量的迅猛增长使深圳港自身的性质和功能发生了根本变化。深圳港已不再是局限于传统运输方式的转换场所，而是贸易、加工、金融、信息、运输等多种行业协同运作的平台，它使得深圳原本分散的产业体系变成彼此之间相互联系的整体，成为国际物流的组织者。根据2008年的统计，深圳共有港口企业30多家、驻深圳港开展国际班轮运输业务的航运企业40多家，围绕港口开展业务的物流、报关、拖车等相关企业上千家，从业人员约11万人。深圳市的几乎全部建设物资、90%的一次性能源、70%的生活物资、60%的外贸物资运输都是由港航业完成的[4]。由深圳市盐田区政府有关部门组成的联合调查组，通过对各行业税收、产值、占生产总值比重、外贸等统计数字的分析，揭示了各产业和行业对辖区的经济贡献。调查结果显示：以盐田港区港口业务为龙头的物流产业，作为区域经济的支柱地位逐年显著提高。以盐田港为依托形成的“物流园区+保税园区+港区”三位一体的“区港联动”保税物流园区，发挥着港口及外贸进出口的集散、转运、加工以及相关代理、信息等延伸的服务功能，并与港口及其他专业化物流服务设施衔接，共同构成集运输、装卸、中转、仓储、拆拼加工、海关查验等为一体的综合物流园区型国际货运枢纽（见图5.2）。2007年，深圳市以港口为主的现代物流业增加值超过500亿元，占全市生产总值的10%左右，比全国平均水平高出了3个百分点，成为深圳产业体系的强有力的支撑。在某种程度上，深圳港已成为深圳社会经济发展的重要载体。包括港口在内的深圳港航业每年不仅为深圳贡献了

图5.2　深圳盐田集装箱码头

巨大的直接经济效益,其对经济的间接贡献大约 3 ~4 倍于港口的直接经济效益,港口经济已成为深圳社会经济的支柱之一。深圳的港口经济已经覆盖了社会生产、商品流通以及为它们服务的各个领域,深圳港与深圳已逐步融为一体。

与香港港、深圳港专注于集装箱运输不同,广州港一直是以综合性大港的面貌展现在世人面前的。如果把香港港、深圳港比作珠三角都市群的外贸门户,那么广州港就是其内贸中心。广州港是我国历史最为悠久的港口,《史记·货殖列传》记载了秦汉时期 23 个大都邑,只有一个是港口城市,就是番禺,也就是今天的广州。可以说,从 2000 多年前开始,广州港就是"海上丝绸之路"的始发港,商贾巨富纷至沓来,云集至此。广州能够保持长盛不衰,一个重要原因就是拥有得天独厚的港口优势。自新中国建立以来,广州港始终是中国华南地区最重要的枢纽港,其承担的角色从来都是中国南部最重要的物流中心,珠江三角洲主要内贸供应物资都是从广州港配送。但是广州港的优势主要集中在大宗散货与内贸货物方面,外贸货物运输量占比一直比较小。由于广州的商业成本高,在 20 世纪八九十年代香港的劳动密集型产业转移时,大多数集中于深圳、东莞等地,进入广州的比较少,这使得广州一度落后于珠三角其他城市的发展。

进入 21 世纪以来,广州港开始开发南沙港区,使广州可以利用天然深水良港的优势,大力发展临港工业、重化工业,提升广州的工业化水平,带动产业升级,实现广州从轻工业向重化工业的发展。以广州港南沙港区为依托,南沙开发区吸引了一大批临港工业进驻,已经形成了以汽车、机械装备、造船、港口物流、钢铁、石油化工、高新技术、现代服务业等八大现代产业为核心的临港经济圈。2002 年以来,南沙累计引进工业项目超过 300 多个,包括中船集团南沙龙穴岛造船基地、广州 JFE40 万吨热镀锌板、东方电气重型机器等一批龙头企业纷纷落户,并带动相关的产业集群,推动了广州临港经济的飞速发展。坐落于广州港南沙港区的南沙汽车产业基地已初具规模,特别广州丰田整车落户广州港的南沙港区后,产业的集聚效应迅速显现,2008 年已有电装、三五、樱泰、中精等 23 家丰田一级零部件配套企业落户南沙汽配园,当时已投产的企业就有 13 家。同时,一批围绕丰田整车的二级、三级零部件配套企业落户园区。现在,汽车产业已发展成为广州的第一大支柱产业。2007 年上半年,广州汽车制造业完成工业总产值 509.7 亿元,同比增长 35.8%,对广州市规模以上工业增长的贡献率达 26.5%[5]。与此同时,随着高附加值的现代服务业项目的落户，以现代物流业为代表的现代服务业体系也已在南沙港区初现雏形，例如以小虎岛为基地的油品仓储交易中心、以万顷沙为基地的粮食加工仓储交易中心、以龙穴岛保税物流功能为基地的外贸进出口交易中心等。广州港作为华南地区最大的主枢纽港和主要对外贸易口岸，正有力地带动广州经济的蓬勃发展(图 5.3)。

图 5.3　广州港件杂货码头

二、“泛珠三角”发展的助推器

2009 年 1 月 8 日，《珠江三角洲地区改革发展规划纲要(2008—2020 年)》正式对外公布，首次提出将泛珠江三角洲区域合作纳入全国区域协调发展总体战略。实际上，泛珠三角区域的合作自 2004 年 6 月就已经正式实施了，当时的合作是在《内地与香港关于建立更紧密经贸关系的安排》和《内地与澳门关于建立更紧密经贸关系的安排》(简称 CEPA)框架内进行的。如果说珠三角的港口是珠三角都市群发展的动力源泉的话，那么在“泛珠三角”经济的发展中，以香港港、深圳港和广州港为代表的珠三角港口群及其依托的城市就是其发展最重要的助推器。近年来，泛珠三角区域发展取得令人瞩目的成绩，泛珠区域的 GDP 总量从 2003 年的 6300 亿美元左右，增长为 2009 年约 18000 亿美元，翻了近两番。从单个省区看，泛珠三角区域合作之前，区域内的内地省区中只有广东省 GDP 总量超万亿元，到 2009 年，区域内又增加了四川、福建、湖南三个 GDP 超万亿元的省份，占了全国的近三分之一。

作为“泛珠三角”核心城市之一的香港，是一个高度国际化和市场化的国际大都市，是国际金融中心和国际航运中心，服务业占香港 GDP 的 86.5%，特别在金融、物流、咨询服务、旅游等行业，香港具有最重要的比较优势。香港携香港港作为世界第三大集装箱出口港的优势，正在将服务业的触角不断向“泛珠三角”的内地省份深入。相关研究报告就显示，香港已成为广西最重要的投资来源和出口中转市场，而广西也已成为香港的重要贸易伙伴。香港特别行政区前行政长官曾荫权率香港考察团访问广西期间，广西和香港领导人就如何在广西与香港关于建立更紧密经贸关系的安排和泛珠三角区域合作协议框架下更加密切合作达成了共识，其中与两地港口非常相关的是：促进北部湾港口基础设施建设和现代物流企业管理及人才培训方面的合作；鼓励企业利用 CEPA 的零关税优惠加大双方的进出口，不断扩大桂港双边贸易，帮助广西提升商品流通体系的对外开放水平。这些共识将进一步促进两地港口的合作，并且将香港港的服务能力继续向广西延伸。香港也是贵州最大的外资来源地，贵州与香港的合作不仅给香港企业带来了巨大的商机，同时使贵州企业通过香港港这一“窗口”和“桥梁”进入国际市场发展壮大。

随着香港向内地的大量投资，香港的制造业不断北移，港口结构也在不断改变，不少港航企业为了节约交易费用和靠近生产货物来源地，将码头业务转移至内地，香港的港口功能也转型为以组装贸易及集装箱转口为主。同时香港港充分利用自然深水港口的优势，发展以服务为核心的邮轮经济，形成一个以金融、旅游和文化等结合的港口大都会。良好的邮轮港口可以吸引更多的邮轮聚集，形成邮轮母港，实现港口经济的升级。2008 年，香港政府决定在原来的启德国际机场旧址修建大型邮轮码头，这完全符合香港城市经济转型的需求。香港将需要更多的“软港口”，即为人、为旅游业服务的港口设施。随着中国经济的快速增长，人均收入的提高，可以预计，将来会有更多的内地居民来到香港作为邮轮的乘客，香港港也将以更高端的形式带动“泛珠三角”经济的发展。

与香港港相同，深圳港的辐射作用并不仅仅局限于深圳，深圳港航业的发展还对广东省特别是“泛珠三角”地区经济的发展发挥着重要的作用。深圳港承担了广东省内外贸集装箱生成量 35% 左右的运输份额和珠三角地区内外贸集装箱份额的 45% 以上，IBM、沃尔玛等十多家跨国公司在深圳设立了采购配送中心。除珠三角地区外，粤东地区是深圳港最可拓展的经济腹地。这些地区相对来说发展较早，条件较好，但近年来发展不快，缺资金、缺技术。深圳港离他们最近，而且目前沿海铁路、高铁的建设，为深圳港构建这样一个腹地提供了很好的时机，包括汕头、潮州、汕尾、揭阳、梅州等地，深圳港正在加强与其经济联系，使其能以深圳港为依托，融入到全球经济一体化的进程当中。另一方面，深圳港积极推动海铁联运等低能耗、低污染运输方式，通过便捷的交通网络与“泛珠三角”内陆地区紧密联系在了一起。目前，已开通至长沙、武汉、南昌、贵阳、成都、南宁、昆明等城市的海铁联运集装箱班列，几年来，海铁联运的集装箱运输量每年都在以成倍的速度增长。海铁联运搭建起了一条贯穿东部和中部的运输通道，并将结合深圳的固有优势，实现区域经济联动，为“泛珠三角”地区广大企业提供一条更加快捷和便利的绿色通道。通过实施海铁联运发展战略，深圳港为促进铁路沿线及纵深地区经济的快速发展，进一步吸引外来资金到内陆地区，尤其是铁路沿线地区投资奠定了良好的基础，为内陆地区进出口货物运输、改善投资环境、促进外向型经济发展提供了重要的基础条件，为推动“泛珠三角”区域经济合作和发展区域物流做出了重要贡献。

深圳港还通过建设前海湾保税港区推动“泛珠三角”经济的发展。随着前海湾保税港区各业务类型的不断拓展，国际知名企业争相进驻，保税港区功能优势日益凸显。前海保税港区已建有 3 个 10 万吨级泊位、20 万平方米的仓储设施，多家世界知名企业将其商品集散、配送中心设在该区。先后有 DHL、飞利浦、家乐福、卡西欧、NYK 等 20 多家国际知名企业在保税港区开展业务。货物类型由原来的家电、玩具等产品，向液晶显示屏、IC、拉菲红酒等高价值产品转移。而在深圳特区成立 30 周年之际，《前海深港现代服务业合作区总体发展规划》正式获国务院批复。作为国际资本进入中国的“桥头堡”和高端产业聚集区，包括保税港区在内的前海将被视为“特区中的特区”、大珠三角的“曼哈顿”，将成为深圳乃至整个“泛珠三角”区域新的增长核，这是深圳港作为“泛珠三角”经济发展助推器的又一个突出的体现。

从整个泛珠三角来看，广州的定位有其二重性，一方面，它是“泛珠三角”的服务业中心，即增值中心；另一方面它又是汽车、石化、造船等重工业产业链的中心，它将带动整个华南地区重工业及相关产业的发展，也将进一步为轻工业发展提供保证和促进作用。广州的“两个中心”与广州港有着密切的联系，服务业的中心需要以广州港为核心的物流产业的支持；汽车、石化、造船等重工业又是典型的临港产业。同时，我们看到“泛珠三角”地区的9个省区市拥有众多的内河航道，其中又以我国五大水系之一的珠江水系涵盖最多。为更好地为珠江西岸的腹地服务，广州港实施了“珠江战略”，充分利用珠江水网发达和江海联运便利的优势，加强与珠三角地区小码头的合作，加快以南沙港区为龙头的驳船集疏运网络建设，打通了珠江西部的海上通道，降低珠江西岸货物的物流成本，为珠江沿岸的“泛珠三角”地区经济的发展创造有力的条件。现在，以南沙港区为中心的广州港“穿梭巴士”业务已通达肇庆、东莞、顺德、中山、三水、芳村、广西贵港、广州港黄埔老港和新港等珠三角流域中小码头。

在拓展珠江航运功能的同时，广州港积极拓展多形式联运体系，扩大广州港辐射带动能力。公路方面通过兜龙大桥建设，开辟南沙港新的对外通道，满足货物陆路快速集散的需要；在铁路方面，连接南沙港区的铁路线与规划中的广珠铁路接轨，以后进港铁路将开进南沙港区，届时在南沙建成华南最大的集装箱铁路中转编组站和铁路集装箱调度中心，形成以高、快速路为骨架，以铁路、水路为支撑的综合交通体系。广州港还与铁路部门合作开辟了黄埔至昆明的铁路集装箱专列，为云南省的客户提供中转到世界各地的国际多式联运服务。广州港还与广铁集团共同设立了“黄埔新港站”，提高广州港对内地铁路箱源的吸引力。

广州港正在大力推进南沙物流园区、南沙保税港区、广州保税物流园区建设，完善与现代物流业相匹配的基础设施，积极探索出口加工区和区港联动发展保税物流的新思路，为“泛珠三角”地区的先进制造业、商业贸易等提供全方位的配套服务和物流增值服务。

综上所述，我们可以发现“泛珠三角”地区各个省份之间已经形成了密集的港口物流网络系统，以港口为节点，形成了铁路干线、公路干线、大江大河航道和濒临沿海的陆地带等辐射干线。“泛珠三角”的省区港口众多，航运发达，其海岸线长占中国海岸线的三分之一，这是泛珠三角地区明显的特点。珠三角的港口和港口城市可以非常方便地与其他国家和地区进行广泛的经济交易和文化交流，同时通过密集的港口物流网络系统实现“泛珠三角”内陆省份与世界的交融，推动“泛珠三角”经济的协调和快速发展。

第二节　上海港引领长江航运水道成为黄金水道

谈起中国的区域经济，就不得不提起长江三角洲。以上海为中心的长三角都市群是我国经济、社会最发达的地区,也是市场化发育程度相对较高的地区。沿长江逆流而上,长江航运水道两边分布着以武汉为中心的中部城市群、以重庆、成都为中心的西部城市群,她们与长三角城市群共同构成中国区域经济的重要部分,并形成了以沪、宁、汉、渝四大中心城市和三峡工程为主的沿长江"五大区域经济增长极"。

一、黄金水道与黄金海岸的结合点

进入21世纪,我们再看长江,大江东去,浪淘尽,留下的已不仅仅是千古风流人物,而是一条使中国未来经济保持持续、高速和协调发展的黄金地带,是中国唯一的一条将东部沿海开发开放、中部崛起和西部大开发串联起来的黄金水道。长江航运拉动的是一个巨大的经济地带,聚集了中国40%以上的经济总量。长江三角洲地区又是长江黄金水道中最为核心的区域,拥有近604公里的长江岸线以及近1000公里的沿海岸线,集"黄金水道"与"黄金海岸"于一体,条件得天独厚。

传统概念中的长三角经济区包括上海、江苏的南京、苏州、无锡、常州、扬州、镇江、南通、泰州以及浙江的杭州、宁波、湖州、嘉兴、绍兴、舟山、台州,共计16个城市。这个以上海为龙头,以江苏、浙江经济带为两翼的长三角经济区是中国目前经济发展速度最快、经济总量规模最大、最具有发展潜力的经济板块之一,其经济增长速度高于全国同期增幅3~5个百分点的状态,在长三角地区已连续保持了多年。

上海港就位于繁忙的海运航线和长江内河水运航线的交汇点上,是黄金水道与黄金海岸相结合产生的黄金节点。包括上海港在内,长三角港口群拥有包括宁波—舟山港在内的7个主要海港,以及包括南京港在内的20个内河港口,长三角已经成为中国港口密度最大的地区之一。2011年,上海港以港口吞吐量6.2亿吨和集装箱吞吐量3213万TEU分列世界海港吞吐量排名第二位和集装箱吞吐量排名的第一位。与上海港位列世界海港集装箱吞吐量排名第一一样,上海市2010年实现生产总值(GDP)19195.69亿元,排名中国各城市第一位,这绝不是一种巧合,而是港口作为城市经济增长核的最有力证据。

数据最能说明问题。有学者定量分析了2001年至2007年间,上海港集装箱吞吐量与上海市主要经济指标:GDP、外贸进出口总额、基础设施建设投资、新增就业人口的相关性[6]。通过建立回归模型可以得出如下的结论:如果1代表完全相关,则上海港集装箱的发展与上海市的经济发展存在着很强的关联性，相关性分别达到了0.999（GDP），0.997（贸易进出口总额），0.975（基础建设投资）。具体来看，即上海港集装箱吞吐量每增加2870TEU（其他指标固定不变时），上海市国民生产总值（GDP）增加1亿元人民币；上海港集装箱吞吐量每增加0.287个百分点（其他指标固定不变时），上海市GDP将增加1个百分点；上海港集装箱吞吐量每增加0.875个百分点，上海市外贸进出口将增加1个百分点；上海港集装箱吞吐量每增加0.941个百分点（其他指标固定不变时），上海市基础建设投资将增加1个百分点。

以上数据说明的是上海港作为港口的传统功能对上海经济的带动作用，在转变发展方式，进行产业结构优化升级的今天，上海港对上海经济发展的作用更加突出。上海正在依托上海港的洋山深水港（图5.4）大力发展临港产业，特别是临港产业中的大型装备制造业正在成为上海发展的重点。上海临港产业区正在形成以新能源装备、自主品牌汽车整车及零部件、大型船舶关键件、海洋工程装备、大型工程机械、航空零部件配套等6大装备制造产业基地。在上海临港产业区内产生了多项"国内制造的世界一流"产品，例如全国首套国产化率100%的百万千瓦级核电站堆内构件、世界第一根百万千瓦级超临界汽轮机低压焊接转子、世界上最大的350吨汽轮机转子高速动平衡试验站、全国首台缸径980毫米的大功率柴油机、全国首根与980柴油机配套的船用曲轴、全国最长的58米的风电复合材杆叶片等[7]。

图5.4　海港洋山深水港

根据中央对上海的战略定位，上海将成为国际经济、金融、贸易和航运中心，这“四个中心”都与上海港密切相关。港口与航运中心的关系已无须多言。在经济全球化的今天，对贸易中心和金融中心带动作用明显的航运中心建设十分关键。国际航运中心与国际金融中心互动建设，将成为上海经济发展新的增长点。依托上海港，上海航运服务产业体系正在逐步建立健全，区域性航运交易中心、航运信息中心，船舶管理、船运咨询、融资保险、海事仲裁和公证评估等产业链正加快形成，也正在为上海经济的持续发展带来巨大的发展空间。

随着上海大力建设“四个中心”，上海市自身的产业结构正处于积极调整升级的过程中，劳动密集型的低水平制造业已经逐步向上海周边地区转移出去，从这个方面来看，上海港对外向型经济的带动，更多体现在长三角地区。长三角强劲的经济发展为上海港不断增长的货物吞吐量提供着有力支撑，同时，上海港的发展正成为推动长三角区域经济一体化、区域经济协调发展的重要力量。

仅从上海港的长江战略来看，早在2002年7月，上海港就迈出了伸向长三角的实质性一步，与宁波港合作经营港口码头，与宁波大榭港务公司合资成立宁波大榭开发区物信物流有限公司，并开通宁波至上海集装箱支线。2003年8月，上海港与南通港签订全面战略合作协议，上海港投资5亿元，加快南通狼山集装箱码头的建设。2004年5月，上海港与芜湖港共同投资1500万元，建立了芜湖申芜港联国际物流有限公司，打造出了安徽最大的现代化集装箱物流基地。2005年，上海港开始了与南京港、扬州港、南通港等港口不同层次的合作。此后，上海港更是投资5.5亿元控股了九江港[8]。上海港通过为长三角中的港口引入先进的港口硬件技术，先进的港口管理理念与管理技术，促进了长三角港口经济的发展，也间接促进了长三角区域经济的发展。

上海港也提升了上海作为区域中心城市的综合服务功能，使上海能够大力发挥包括对外服务、无形资产、品牌输出等城市综合服务功能，促进了各种要素在长三角区域内合理流动和优化配置，辐射带动了长三角区域的经济发展。从外贸集装箱吞吐量上来看，上海港集装箱大部分来自外向型经济发达的长三角地区，特别是江苏省占有十分重要的比重，这是上海港使长三角地区融入经济全球化最好的证明。同时，作为枢纽港和中转站，上海港的洋山深水港使长三角地区的河港实现江海联运成为可能，使上海港成为长三角地区货物通往国际贸易的桥头堡。在以上海港为龙头的长三角港口群的带动下，2011 年长三角地区共实现出口总额 6875 亿美元，同比增长 16%；GDP 总量达到 82023 亿元，增速均值为 11.1%，经济总量占全国比重的 17.4%。2010 年 5 月 24 日，国务院正式批准实施的《长江三角洲地区区域规划》明确了长江三角洲地区发展的战略定位，即亚太地区重要的国际门户、全球重要的现代服务业和先进制造业中心、具有较强国际竞争力的世界级城市群；到 2012 年，长三角地区率先实现全面建设小康社会的目标；到 2020 年，力争率先基本实现现代化。在长三角向现代化迈进的征途中，上海港及其他港口组成的长三角港口群必将发挥更大的作用。

二、成渝经济区成为上海港引领的"聚宝盆"

2008 年，上海港布局重庆东港集装箱码头，这项战略部署在"天时"上并不占优，此后不久就发生了席卷全球的金融危机，包括上海、重庆在内的整个长江沿岸地区均无法置身其外。但是上海港并没有因此停滞这一项目，反而于 2009 年 9 月全面开工，东港集装箱码头也于 2010 年开港运营。是什么原因使得上海港在全球港口开发建设都大幅减缓的同时，在重庆却反其道行之呢？或许我们从重庆直辖以来的经济发展中能找出一些背后的原因。

重庆直辖以来，全市经济、社会和文化等各方面的发展已为未来的超常规发展奠定了坚实的基础。下面是重庆直辖以来的几组数据。重庆的经济总量大幅增长：GDP 自 2002 年以来进入两位数增长的快车道，而且增幅逐年提高，2008 年 GDP 绝对数达到 5096 亿元，是直辖前的 4.3 倍，年均增长 11%，人均 GDP1.8 万元，比直辖初翻了两番多。重庆的产业结构明显优化：直辖以来全市二、三产业占比每年提高了一个百分点左右，目前已达到 90% 左右。包括工业在内的第二产业占比达到 47% 以上。重庆的企业效益显著提升：直辖初期，工商企业都比较困难，尤其是工业企业，亏损额最高时达 17 亿元。但从 2000 年开始扭亏为盈后每年不断攀升，近 6 年全市工业利润年均增长 36.3%，2008 年工业利润总额 259 亿元，工业资本回报率近几年均保持在 10% 左右。工业企业亏损面也从当初的 70% 以上降到了 15% 左右[9]。

不同的专家学者对重庆地区经济快速甚至超常规发展的解释也不一而足，但是港口经济，特别是上海港通过长江水道在推动重庆经济又好又快发展中起到了独特作用。

据测算，一个标准集装箱从重庆港到上海港的水运运价约3000元，铁路约5000元，公路约12000元。由于物流成本的优势，产业向沿江地区集聚的趋势十分明显，使临港产业带集中了重庆约90%以上的冶金、机械制造、电力、汽车、摩托车等企业，而重庆90%以上的外贸物资通过水运完成，因此这些企业所生产产品中有很大一部分是通过上海港走向世界的。2009年，重庆市长江水路运输上、下行货运量比例由2004年上行30%、下行70%，发展为目前上下约各占50%，这说明重庆市经济结构逐步由资源输出型向资源输入型发展，重庆与上海港之间的联动正在对资源的配置与流向发挥作用[10]。

由于重庆地区企业的产品通过长江可以直达上海港，中转到世界各地，在集装箱等外贸物资运输中具有明显的价格优势，这有助于提高重庆外销（包括国内贸易）产品的价格竞争力和企业竞争力，有利于提高重庆乃至整个西部地区制造业的竞争力。同时，由于重庆两路寸滩保税港区的成立，与上海洋山保税港区的互动将在未来逐渐显现，将为重庆地区企业的出口提供更为方便的条件，有利于西部地区的产品进入国际市场，也将吸引大量的外商直接投资，接受国内外先进技术和信息的辐射，赋予重庆地区及其周边地区企业以新的优势，而这一优势将转化为引导重庆地区经济外向发展的催化剂之一，逐步实现重庆地区资源的优化配置和高效率利用。如果将我们的视角放大到全国，伴随着人流、物流、知识流、资金流等由上海沿着长江逐渐向重庆会聚，我们甚至可以认为以港口和长江航运为依托的重庆与上海构成的双核结构构成了我国的“国家经济地理横轴”，这不仅是抬起广大中部地区经济的扁担，又是撬动西部经济的杠杆。

在中国的西南地区，提到重庆的同时，不得不提到同在一片区域中闪烁的另一颗明珠——成都。重庆与成都，同属巴蜀文化，同属“四川人”，相隔不过三百公里，确如中国版的双城记一般，针尖对麦芒，水火不相容。但这些只是表象，也是百姓们茶余饭后的谈资，在经济学界，成渝经济区的概念早在20世纪50年代就已提出，而在政府层面，成渝经济区规划在2011年获得国务院正式批复。

成渝经济区，是西部地区经济最发达、经济密度最高的地区，其产业基础雄厚，城镇密集，科教实力较强，是西部最有希望的地区之一，完全具备成为西部大开发的增长极或经济高地的条件与潜力。成渝经济区的经济密度是全国平均水平的3.2倍，是西部地区平均水平的14倍，2008年，实现GDP达14041亿元，占川渝两省市的79.8%、西部的24.1%、全国的4.7%。成渝经济区的自然资源要素富集，水资源、天然气资源、矿产资源、生物资源非常丰富，天然气储量占全国的60%以上，铝土矿与硫铁矿储量分别占全国的1/4以上，铜矿储量占全国的1/3。成渝经济区有高校137所，科研机构达1766所，拥有科技人员20多万人，两院院士68人，居全国第四位[11]。

区域经济的发展，要素聚集至关重要，不通过与其他外部区域进行经济要素的交流，那么该地区经济的发展注定是不可持续的。经济要素的交流需要一定的渠道，而物流网络是其传播最重要的载体，但是成渝经济区交通的不便利是一个难题，所谓"蜀道难难于上青天"。近年来长江航道条件的极大改善，重庆港口建设的突飞猛进，使得成渝经济区能够通过上海港对接海洋经济，实现成渝经济区与长三角地区之间经济要素的有效交流。在经济要素的交流中，产业转移则是其中的一条主线。

从三大产业的比例来看，成渝经济区的第一产业所占比重较大，未来发展面临着产业结构升级和优化的巨大压力。同时，我们也看到长三角地区也面临着传统产业的生产要素价格上涨和经营成本节节上升的压力，一些传统产业、初级加工产业、劳动密集型产业和能源大量消耗型产业已经进入衰退期，竞争优势正在逐步丧失；由于长三角地区人民生活水平大幅提高，消费结构也发生了根本性变化，传统产业的市场空间也趋于缩小；世界范围内的新技术革命浪潮以及发达国家产业结构的调整，使长三角地区面临着发达国家经济、技术上的竞争压力[12]。因此，长三角地区产业结构优化升级势在必行，而原有的传统产业将面临着何去何从的问题。

在所有中西部地区中，由于港口和水运的作用，成渝经济区与长三角经济区的联系最为密切，在人流、物流和信息流方面两地区也保持着高度的通达性。因此，成渝经济区完全可以作为长三角经济区产业转移的承接地。在这次产业转移与升级的过程中，上海港又会起到怎样特殊的作用呢？

从产业和企业规模的角度看，成渝经济区在冶金、化工、机械和能源方面具有一定的优势，完全可以承接长三角的类似产业。而这类产业大都属于临港产业，其原材料和产品的运输大都需要通过港口与水运的支持。因此，此类产业要想从国际上购买原材料，产品要想进入国际市场，只有通过长江航运，利用上海港密集的国际航线才能大幅度降低物流成本，参与到全球竞争当中。长三角一些具有一定科技含量的劳动密集型产业、初级加工工业和资源型产业也可以向成渝进行转移。例如服装业，可以利用成渝地区大量的农村富余劳动力，产品可以在重庆直接装入集装箱中，由重庆港和上海港现已经开通的集装箱内河班轮转运到上海港，再由上海港的国际班轮运往世界各地。成渝经济区的产品通过上海港出现在全国和世界各地的同时，会进一步吸引来长三角乃至国际上的资金和技术，由上海港和长江航运承载的已不仅仅是物流，更是人流、知识流、资金流在长三角和成渝之间的交流，港口与长江航运在经济活动不断从长三角地区向内陆地区辐射，以及成渝地区加大对外开放力度，承接国内外产业转移的进程中发挥了独特作用，促进了中国区域经济的协调发展。

我们在这里给大家讲述了许多上海港通过长江黄金水道辐射到成渝地区，促进成渝经济发展的故事，但这只是上海港通过长江黄金水道，促进长江沿岸区域经济协调发展的一个缩影，还有武汉城市圈、长株潭城市圈，还有江西、安徽等中部地区的借船出海等等众多精彩的故事等着我们去挖掘探索。

第三节　青岛港的中西部视野

山东历史悠久，是中国传统文化发祥与发展之地。现代山东在中国的经济版图中更是具有举足轻重的地位，2011 年 GDP 总量位列全国各省区市第三位，北方第一位。山东半岛伸入黄海，北隔渤海海峡与辽东半岛相对、拱卫京津，海岸线全长 3024 公里，占全国大陆海岸线的 1/6。这样一个经济大省，又有着如此丰富的岸线资源，孕育了山东半岛港口群，而青岛港则是其中最为耀眼的一颗明星。

一、北方经济大省中的大港

古老的山东孕育出的港口——青岛港在中国著名的大型港口中，也是有着悠久历史的。1891 年 6 月 14 日，清政府在胶澳设防，视为青岛建置的开始。而仅仅在第二年，即 1892 年，青岛港始建，距今已经有百年以上的历史了。然而 20 世纪 70 年代，青岛港的吞吐量多年徘徊在 2000 万吨左右，不要说和西方发达国家的先进港口比，就是和国内沿海兄弟港口比，也有很大差距。但是当时间的指针指向 21 世纪时，当年的无名老港仅在 2011 年就完成港口吞吐量 3.5 亿多吨，居世界第七位；完成集装箱 1201 万标准箱，居世界第八位。青岛港的腾飞，与青岛和山东经济的快速发展是无法分开的；而山东成为中国北方第一经济大省，也与青岛港有着千丝万缕的联系。

改革开放30年来，山东省的经济一直保持着持续快速的增长。山东省从20世纪80年代开始着手解决区域间发展不平衡的问题，在允许和鼓励部分地区率先发展的同时，又积极采取措施促进区域经济协调发展。山东的生产总值从1978年的225亿元增长到2011年的超过4万亿元，成为当年继广东和江苏之后的全国第三大经济大省，北方第一经济大省。山东省经济的快速增长是青岛港吞吐量增长，特别是集装箱吞吐量增长的基础。由图5.5可以看出，青岛港吞吐量的增长明显有着随山东省GDP的增长而增长的趋势。

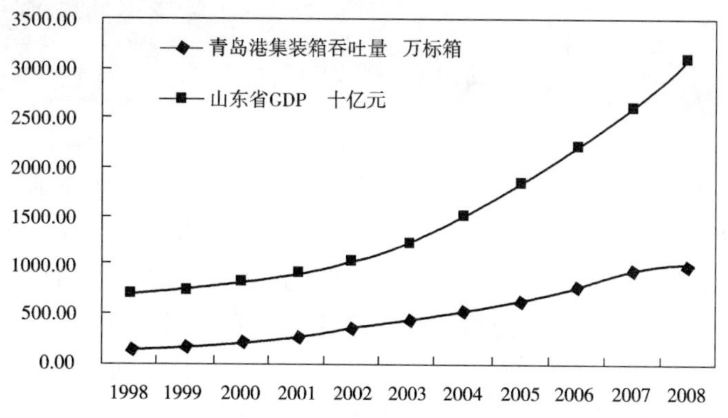

图5.5　青岛港集装箱吞吐量与山东省GDP的关系

青岛市是青岛港最直接的经济腹地，其经济水平在改革开放30年来也一直保持着强劲的增长势头，全市的生产总值从1978年的37.99亿元，增长到2011年的达到6615亿元，将近是1978年的150倍，经济实力在全国城市中位居前列。青岛已经成为山东省开放度最高、经济活力最强、最具竞争力的地区之一。开放的青岛成为青岛港发展最为有力的支撑。

由此可见，青岛港在集装箱吞吐量方面发展迅速，除了有自身的区位和管理等优势外，其背靠迅速发展且总量巨大的山东经济板块的优势已越来越明显。青岛港的发展离不开山东腹地的发展，而山东的振兴也离不开青岛港的超常规发展。可以说，青岛港已同山东半岛城市群及整个山东经济初步形成了协调的可持续发展和相互促进的格局，同时这也为青岛市成为山东半岛城市群的经济龙头城市，为青岛港迈入世界大港的行列创造了良好条件(图5.6)。

图5.6 青岛港

青岛的发展,“轻型”产业一直占据主导地位,这样的产业结构尽管对青岛发展贡献不小,但产业链条短、拉动能力弱却相当突出。由于青岛港在矿石、原油、集装箱等专业化码头方面的大力建设,使得青岛能抓住国际重化工业加速向外转移的难得机遇,以引进培植大型重化工业项目为突破口,带动一大类临港产业集群强势崛起。例如以修造船项目为例,2004年7月青岛与中船重工全面合作协议刚一签订,韩国浦项制铁、新加坡郭氏兄弟、宝钢等相关产业巨头闻风而来,武汉重工铸锻、重庆齿轮厂、陕西柴油机、725研究所等“六厂四所”更是风从影随,一个以造船业为龙头的产业集群在青岛已具雏形[13]。2010年2月,青岛港集团与青钢集团强强联手,双方签署长期战略合作协议,在矿石、钢铁等物资的装卸、仓储、运输业务上进行全方位合作。双方战略合作关系确立之后,青钢集团将在青岛港享受到更加优质、便捷的港口物流服务,大大降低企业物流营运成本。同时青钢矿石全部安排在青岛港接卸,进一步增加了港口吞吐量和收入。这是港口与钢铁企业的合作,再联系青岛董家口港区40万吨级矿石码头的建设,这必然会带动钢铁产业链上下游在青岛的聚集。由于青岛港的作用,使青岛的产业结构逐渐“重”了起来,在优化了自身产业结构的同时,也增强了对周边区域的辐射带动作用。此外,青岛港也在地处青岛的海尔、海信、浪潮等企业建设跨国公司的过程中起到了通联世界的作用。

随着青岛海关和山东省12个内陆海关已经全面实施“属地报关、口岸验放”的通关新模式，一个一体化、大物流的通关新格局已见雏形。该模式在山东西部与青岛港之间架起一条畅通无阻的通关高速路，使青岛港对区域经济的带动作用更加有效地辐射到山东西部地区。目前已确定实施这一通关模式的有临沂、枣庄、菏泽、济宁、泰安、聊城、德州、滨州、济南、淄博、东营、潍坊12个内陆海关，青岛港新港区所在地——黄岛的海关为口岸海关。该模式实施后，享受最大实惠的是广大的山东内陆地区进出口企业。“属地报关、口岸验放”的通关模式营造了山东口岸“一体化、大通关、大物流”新格局，使青岛港和山东腹地更紧密地联系起来，也使青岛港能进一步促进山东地区经济的持续均衡发展。

二、向中西部市场的延伸

青岛港传统意义上的腹地只有山东与河南、河北的部分区域，与珠三角地区相比山东经济的整体外向度并不高，特别是外资企业大批量的加工贸易远远小于广东等省，不利于港口发挥其出海通道和进行全球化资源配置的作用。但就是这种形势使青岛港确立了“960万平方公里都是青岛港的腹地”的大腹地观念，使青岛港对区域经济的辐射作用向中西部地区不断延伸。

在20世纪的90年代，青岛港就曾经开拓过西部腹地。在1999年国家提出开发西部战略后的短时间内，青岛港便分别在西部主要城市召开了青岛港推介会，并随即开通了定点、定时、定价、定线、定车次的“五定班列”。1999年12月22日，在兰州刚刚成为国家一级陆路口岸开发的第三天，青岛港便来到了这座西北名城，与青岛海关、兰州海关、铁道部、甘肃外经贸委等相关部门一起，开通了中国西部内陆第一个集装箱海铁联运线路，创造了内陆口岸与青岛港直通式运输的货物监控办法，首次把青岛港“搬到”了内地，为西部大开发架起了通向国际市场的桥梁。此后，青岛港又先后在西安、成都、新疆、重庆等十几个城市召开了推介会，通过海铁联运将码头搬到了这些西部重镇[14]。

进入新世纪以来，青岛港在全国开行了至内地郑州、西安、成都、太原等地的五定班列。从一开始的每周一班，到每周两班，到每周三班，发展到今天的每天一班或每天至少1.5班。2002年，由于集装箱不断增加，青岛港老港区已不能满足货物吞吐的需要，因此青岛港不断扩大港区规模，开发黄岛港码头作为海铁联运集装箱专用码头。2007年下半年，面对蜂拥而至大量积压的货物,青岛港开通了至内地的双层集装箱班列,这是铁道部在青岛港进行双层集装箱班列的试点,效果良好,取得了很大的成效。为了适应业务发展的需要,满足不断增加的货物进出港的需求,2007 年青岛港集团投资购买了两组自备车,每组 50 节车皮,铁道部也于 2006 年下半年投入了两组车皮,共四组车皮专行青岛港至西安的五定班列,但仍然满足不了市场需求,于是,青岛港驻西安的办事处向当地的铁道部门申请增加车皮,保证货物运输畅通。仅 2007 年 12 月西安从青岛港进出口的箱量就达 4400 箱,按一列专列一次装载 100 个集装箱算,西安到青岛港的专列每天多达一列多[15]。青岛港与西部之间的海铁联运从表面上看,是缩短了东西部地域上的距离和货物流通的速度,但从其内涵上看,在这个"时间就是财富"的全球经济一体化环境里,则最终缩短了东西部财富的差距。

青岛港在西部实施海铁联运的同时,也将在山东试点成功的通关模式带入了西部。2008 年,青岛港与口岸查验单位、铁路和航运、物流企业"走出去"联合推介,与中西部口岸签订口岸跨区域合作协议,扩大口岸合作范围;在进行市场调研的基础上,充分发挥青岛港口优势和铁路集装箱班列运输优势,合理设计运输方案,为青岛口岸开辟新的货源腹地。黄岛海关已经先后与兰州、西安、银川、合肥等 12 个海关开展了区域通关合作。青岛港和海关创造的这一先进通关模式进入西部,为西部地区外向型经济的快速发展再一次扫清了障碍。

现在青岛港在中西部地区已逐渐形成气候,并占有相当的市场地位。伴随着青岛港的"中西部开发",是山东先进生产力向西部的进军,特别是"轻型"产业和资源性产业向中西部的转移。山东的名牌企业,如海尔、青岛啤酒、海信、双星、红星化工等大型企业集团和汉河电缆、中能信投资有限公司等民营企业纷纷沿着青岛港进入中西部市场的路线,在贵州、陕西、四川、新疆等省区投资设厂,这在极大地促进了当地经济发展的同时,企业自身也取得了良好的经济效益,同时也为青岛港货源的增加奠定了基础。

几乎是与青岛港进入陕西市场的同时,青岛啤酒集团也是从上个世纪 90 年代开始,通过投资、控股、兼并收购等形式,投资 8000 万元将西安汉斯啤酒厂、陕西渭南啤酒厂、汉中啤酒厂、宝鸡啤酒厂纳入青岛啤酒集团管理,进行资源整合,使青岛啤酒西安公司在陕西省形成了 50 万吨/年的生产能力。2004 年 6 月更是投资 6048 万元增资扩股掌控了甘肃农垦啤酒厂50%的股份,极大提高了青啤集团产品在西部地区的市场占有率。随着青岛港与西安开通的五定班列,青啤集团先进的生产技术、管理手段等开始向西部延伸,而西部地区的啤酒企业也可以方便的以青岛港作为其走向全国乃至世界的出海口[16]。

自1994年以来,已有3000多家山东企业投资新疆,涉及纺织、建材、机械、食品加工、矿产勘探和煤电、煤化工等多个领域,开发了近千个优势资源项目。其中,矿业开发项目达110余个,投入资金140亿元。伴随着山东企业向西部地区大量投资建厂,进行产业转移的同时,是青岛港快速增长的吞吐量,更是青岛港对中西部地区区域经济发展辐射带动作用的不断增强。随着青岛港在中西部开拓的进一步加深,青岛港在东西部经济交流和向西部开发开放的过程中将处于更加重要的传递和转换位置上,将成为连接作为北方第一经济大省的山东与大西北的重要节点。

第四节　中国经济增长"第三极"中的天津港

天津,天子渡口,这座城市从她诞生的那天起就和港口有着密不可分的联系。天津在近代中国的经济版图中曾是唯一堪与上海比肩的北方都市,而现代的天津港在中国的港口布局中也是具有极为重要的地位。天津港位于海河入海口,但海河现在已不适合作为运输通道,远不如上海港通过长江黄金水道那样能够便利地辐射到腹地。天津港所依托的滨海新区和环渤海经济圈的经济实力与浦东新区和长三角经济圈相比,还稍显逊色。那么天津港是如何成为北方第一大港,如何为中西部提供便捷的出海通道,带动区域经济协调发展的呢?下面让我们来一窥端倪。

一、天津港不仅仅是天津的出海口

天津港是天津的出海口,天津市已多次明确天津港是全市最大的比较优势及核心战略资源,是天津及滨海新区经济发展和对外开放的重要依托;天津港又不仅仅是天津的出海口,她是首都北京的海上门户,是环渤海港口中与华北、西北等内陆地区距离最短的港口,是北京、华北和西北的重要水路交通枢纽和对外贸易的重要口岸。天津港紧靠日、韩,其辐射范围远至蒙古、俄罗斯远东地区和中亚各国,也是蒙古、俄罗斯远东地区和中亚各国的重要出海口。

天津港对天津社会经济发展的促进作用是有目共睹的。2011年,权威交通运输研究机构完成的研究报告中，就天津港航经济对天津经济发展的贡献有如下的一系列结论：

——2010 年天津港口经济活动创造增加值约为 852.6 亿元，占天津市地区生产总值的 9.4%，港口直接经济贡献占滨海新区地区生产总值的 17%；

——天津港口经济活动创造就业为 48.5 万人，约占全市从业人员人数的 6.7%，其中直接就业约占滨海新区就业人数的 19.3%；

——2010 年天津港每吨吞吐量创造全部增加值为 206.3 元，每万吨吞吐量创造就业 12 人，相对于 2006 年，每吨货物吞吐量增加值增长了 6% 左右；

——直接、间接经济活动人均创造增加值 26.1 万元，比 2006 年增长了 32%；

——与集装箱相关的天津港口经济活动创造增加值为 379.3 亿元，占全部经济贡献的 44.5%；共创造就业 21.2 万人，占全部就业的43.9%，与 2006 相比，增加值增长 1.7 倍，就业增长 1.1 倍；每万 TEU 集装箱吞吐量创造就业 211 人，每 TEU 集装箱吞吐量创造增加值 3760 元；

——天津港口直接经济活动产生税收 63.5 亿元，间接经济活动产生税收 42.5 亿元，共计产生税收收入 106 亿元，占天津市 2010 年财政收入的 5.2%；

——2010 年滨海新区利用外资密度为天津市平均水平的 3.5 倍左右，从侧面反映了港口活动对外资的吸引作用。

——2010 年天津港对腹地的地区生产总值的贡献大约为：内贸拉动 2760 亿元，外贸拉动 1308 亿元，内外贸合计 4068 亿元，占内陆主要省份地区生产总值的 3.7% 左右。

统计天津港近年来货物吞吐量的来源构成可以发现一个有趣的现象，即天津港 70% 以上的货物吞吐量和 55% 的口岸进出口货值来自天津市以外的其他省市。根据 2006 年海关进出口金额比例，经由天津海关进出口货值处于第一位的省份包括：河北省、山西省、内蒙古自治区、河南省和宁夏回族自治区；扣除位于省会城市海关通关额度后，外贸货物主要通过天津口岸的省份包括：北京市、陕西省、青海省、甘肃省和新疆维吾尔族自治区。以海关数据为基准，通过相应的计算，有研究报告认为 2006 年，天津港航业对腹地地区生产总值的影响约为 9700 亿元，约占有关省份地区生产总值的 18.4%。

这些事实数据足以说明天津港不仅仅是天津的出海口，也是华北乃至中西部地区的出海口，更重要的是，天津港是华北乃至中西部地区最便捷的出海口。

从地理和交通条件上看，天津港具有突出的区位优势。第一，天津港是连接我国新亚欧大陆桥和西伯利亚大陆桥的最佳汇合点。天津港既可通过京包、包兰线沟通新亚欧大陆桥，也可通过集二线至二连口岸出境，经蒙古铁路与西伯利亚大陆桥沟通，还可经满洲里口岸出境接西伯利亚大陆桥；第二，天津港位于渤海地区的中心位置，是东北亚和亚太地区与我国"三北"地区、蒙古和中亚地区、俄罗斯远东地区两个扇面的最佳结合部；第三，天津港亚欧大陆桥的整体位置与新亚欧大陆桥相比，整体位置北移，是新亚欧大陆桥与西伯利亚大陆桥"两桥合一"的陆桥通道，其覆盖的省、市、自治区范围更大，对推动"三北"地区经济发展和区域经济协调发展战略的实施也会发挥更大的作用。

目前天津港通往阿拉山口、二连与满洲里的运距分别为3966公里、976公里和2165公里，其中除去大连离满洲里较近外，天津港与青岛港、连云港港相比至三个口岸的运距全部为最短，详见表5.1。

天津港与大连、青岛、连云港港至各口岸运距比较(单位:公里)

表5.1

港口	阿拉山口口岸		二连口岸		满洲里口岸	
	里程	与三港比较	里程	与三港比较	里程	与三港比较
天津港	3966		976		2165	
大连港	4735	-769	1745	-769	1894	+271
青岛港	4635	-669	1689	-713	2958	-793
连云港港	4156	-190	2090	-1114	3105	-940

天津港通往阿拉山口、二连与满洲里每标箱的运费分别为6762元、2106元和3442元(2006年数据)，与其他三港相比也最低，见表5.2。

天津港与大连、青岛、连云港港至各口岸运费比较(单位:元/标箱)

表5.2

港口	阿拉山口口岸		二连口岸		满洲里口岸	
	运费	与三港比较	运费	与三港比较	运费	与三港比较
天津港	6762		2106		3442	
大连港	8198	-1436	3431	-1325	3246	+196
青岛港	7449	-687	3129	-1023	4668	-1226
连云港港	7045	-283	3431	-1325	4969	-1527

为了充分利用优越的陆上区位优势，天津港大力开展了集装箱班列运输。天津港是中国内地最早开展集装箱班列运输的港口之一，早在1995年即正式开行西安班列。天津港集装箱海铁联运近年来取得了快速的发展。目前已开行成都、西安、乌鲁木齐、包头、二连、阿拉山口班列，其中二连、阿拉山口班列为国际过境集装箱班列。内陆集装箱班列已基本覆盖了天津港的主要内陆腹地，服务和配合船公司在内陆地区的揽货工作。2008年，天津港成功开通满洲里过境集装箱班列，使天津港同时拥有二连浩特、阿拉山口、满洲里三条亚欧大陆桥国际过境通道，已成为我国大陆桥国际通道运输量最大的港口。目前，天津港至二连浩特的班列已达到每天一班，至阿拉山口的班列已达到两天一班，至满洲里的班列已达到两天一班，这促进了东西部经贸往来，成为欧亚贸易的重要连接，并且为陆桥沿线的区域经济合作搭建了桥梁，天津港对区域经济发展乃至东北亚及中西亚国家的服务辐射带动作用正在不断增强。

天津港成为中西部地区最便捷的出海口，也不仅仅是因为拥有地理和交通条件等“硬”的优势，在“软件环境”方面天津港也具有相当的优势。天津口岸与我国中西部地区合作有着良好的传统和坚实的基础。本世纪之初，天津口岸分别与西安、成都以及兰州签订了快速转关协议。实施大通关以后，又与郑州、乌鲁木齐、呼和浩特、包头、石家庄和北京市合作实施快速转关和口岸直通。2005年4月，天津与腹地12省市自治区共同签订《跨区域口岸合作天津议定书》，建立起口岸合作长效机制。为积极落实《区域通关改革合作备忘录》，开通天津与内陆海关间的“属地申报、口岸验放”业务，天津港邀请石家庄、郑州、太原、乌鲁木齐、呼和浩特、西安、西宁、银川和兰州九个海关派员进驻天津国际贸易与航运服务中心设立“异地企业通关窗口”，对外办理天津口岸与各内陆海关之间的区域通关业务。2005年，天津国际贸易与航运服务中心建成投入使用，电子通关、“一站式”办公、“一条龙”服务等综合通关业务办理，使通关时间由过去的60小时缩短到现在的2～3个小时，每年可为企业直接节省经济成本上千万元。截至2007年底，共有北京、石家庄、太原、呼和浩特、兰州、西安、郑州、银川、西宁、乌鲁木齐、合肥、重庆、成都、青岛、拉萨等15个口岸与天津口岸开展了区域通关业务，基本上覆盖了整个中西部地区的重要口岸，为中西部地区利用天津港作为其出海口提供了更为便利的条件。

中西部的很多省份也确实以天津港作为其主要的出海口，从图5.7

和图5.8中可以看出，相对于其他沿海港口在新疆、甘肃的货物市场份额而言，天津港的优势是极为明显的。根据2010年的统计，新疆和甘肃的海运出口货物中，天津港所占比重分别为78%和79%左右，市场份额进一步提升。

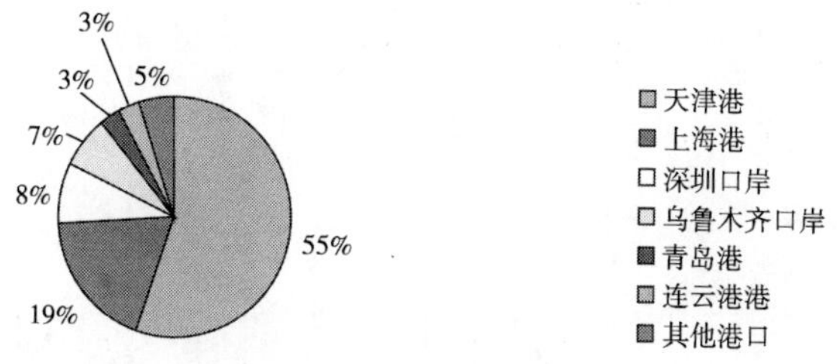

图5.7　全国主要港口在新疆进出口总额的所占比例(2006)

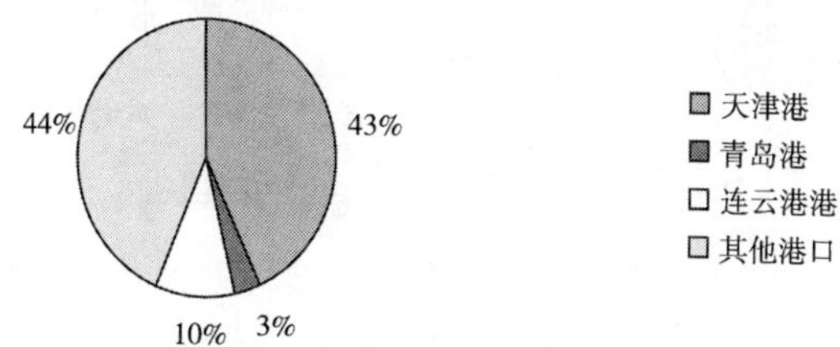

图5.8　全国主要港口在甘肃进出口总额中所占的比例(2006)

新疆、甘肃在以天津港作为其主要的出海口的同时，天津港也带动了其外贸的发展。图5.9是2005—2009年新疆进出口总额和增长速度，图5.10是2002—2009年甘肃进出口总额和增长速度[17]。

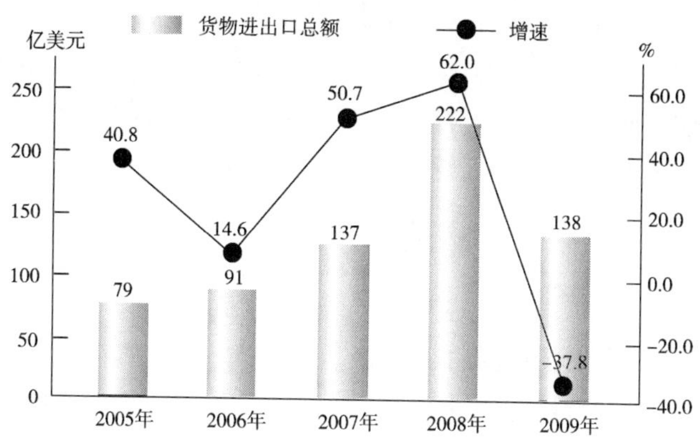

图5.9　2005—2009年新疆进出口总额和增长速度

除了2009年由于全球金融危机的影响外，两省的货物进口总额均保持了较高的增长率。结合天津港在两省出口总额中的比例，完全可以认为天津港便捷的出海口拉动了两省区外向型经济的发展，是对两个中国最西部的省份经济发展的有力支持。

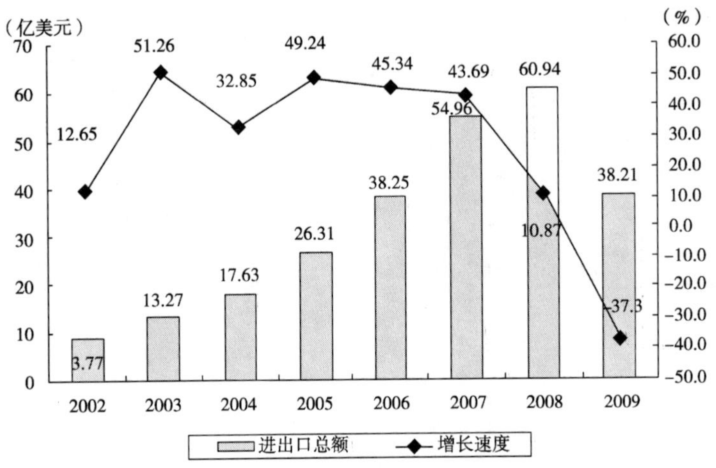

图 5.10 2002—2009 年甘肃进出口总额和增长速度

但是天津港仅仅就是中西部地区便捷的出海口而已吗，它对中西部地区的发展也仅仅是停留在对进出口贸易和外向型经济的促进作用方面吗，它对中西部地区还带来了什么呢？

二、天津港拉近了中西部与海洋的距离

以天津港为东端的起点，一路向西，在中国大陆上，天津港可辐射到的最西边的省份是新疆维吾尔族自治区。新疆，总面积 166.49 万平方公里，占全国陆地总面积的六分之一，是中国面积最大省区。新疆的首府乌鲁木齐，是亚洲的地理中心，更是世界上离海洋最远的城市。

古语道，春风不度玉门关，但是，天津港却让海洋上的暖风吹到了乌鲁木齐。2004 年底，天津港集团与乌鲁木齐铁路北站、乌鲁木齐新跨越工贸公司合资合作，成立了天新国际物流公司，开始经营集装箱运输业务[18]。乌鲁木齐集装箱场站于 2004 年底建成并投入运行，2006 年场站完成货运量 6000 标准箱。随着天津港建设乌鲁木齐集装箱场站，将这个城市与海洋联系得更为紧密，随之而来的是大批的东部企业。无独有偶，2006 年以来，仅乌鲁木齐开发区就引进了红云红河、可口可乐、康师傅等重大项目 358 个，招商引资累计近 400 亿元，是“十五”期间的 5 倍多。其

中康师傅、可口可乐等也是天津的重点企业，如今，同样的企业在不同的地点共享了天津港这同一处出海口。

由乌鲁木齐继续往西，与中亚大国哈萨克斯坦交界的地方，是伊犁河谷，是中国西部最富饶的地区之一。2008 年 12 月 18 日 13 时 40 分，伴随着阵阵礼炮声，伊宁火车站首趟货运列车拉着长长的汽笛声，缓缓驶出车站开往精河。这趟货运列车的正式开通运营打破了伊犁没有火车的历史。在铁路刚刚延伸到伊犁不久，海洋的风也顺着铁路而来。天津港集团、都拉塔口岸发展有限公司以及天津海关和乌鲁木齐海关在天津共同签订《天津港、都拉塔口岸陆港便捷通关合作备忘录》，今后通过天津港进口的第三国商品可直接在都拉塔口岸落地，从而大大降低进出口企业从事转口贸易的成本。而都拉塔口岸距伊宁市约 63 公里，距哈萨克斯坦阿拉木图市约 250 公里，比霍尔果斯口岸到阿拉木图少 100 多公里的路程。同时，由天津港集团旗下的天津港陆海物流有限公司与新疆都拉塔口岸发展有限公司共同投资建立新疆天伊国际物流有限公司，天津港最西部的一个“无水港”——都拉塔无水港诞生了。

无水港不同于传统意义上的内陆货运站，它是设立在内陆地区的具有报关、报检、仓储、运输等服务功能的物流中心，无水港设置海关、检验检疫等监管机构，聚集船代、货代、银行、保险等航运要素，通过陆路运输通道与港口实现无缝对接，是港口功能向内陆腹地的延伸。简言之，内陆无水港具备除船舶装卸功能之外的港口全部功能。

与上海港的长江战略类似，天津港也有自己的无水港战略。自上世纪 90 年代中期开始，天津港从服务内陆腹地经济发展需要出发，开始致力于腹地服务网点的建设，先后在西安、成都、乌鲁木齐等内陆地区建立了办事处，开展市场营销活动。从 2002 年起，天津港率先在内陆地区启动了无水港建设，先后建设了北京朝阳口岸、河南郑州、河北石家庄、山西侯马、宁夏银川及石嘴山、内蒙古包头、二连浩特、山东德州、北京平谷、巴彦淖尔、都拉塔等 21 个无水港，初步形成了覆盖天津港所辐射区域的无水港网络。2010 年，天津港集团公司银川区域营销中心挂牌运营，这是无水港建设的进一步升级，这将极大地增强天津港服务宁夏物流市场的能力。2010 年无水港操作量为 6.5 万 TEU，同比增长 56%；2011 年为 9.4 万 TEU，同比增长 44.6%。无水港运行数据表明：无水港物流运行时间，中部地区缩短了 1 ~ 2 天，西部地区缩短了 3 ~ 4 天，综合物流成本下降 20% 以上。

无水港对区域经济的发展有多方面的促进功能。一是国际港口服务功能。内陆无水港设有海关、检验检疫以及结汇银行、保险公司、船务公司及船运代理等外运服务机构,为进出口企业提供存储、运输、报关、查验、托运、交单、结汇等完备齐全的国际港口服务,实现内陆港口与国际航运和国际市场的直接对接。二是货物集散功能。内陆无水港接受各种运输方式到达的货物,可以将货物进行分拣、储存并配送到区域用户;可以将发出的零散货物集中编组、直接换装批量运出。三是货物中转功能。内陆无水港可连接各种运输方式,实现多式联运。比如,海铁联运、铁路和公路联运,为进出口货物提供方便、快捷的中转运输服务;同时,内陆无水港也是衔接干线运输与支线分拨运输的核心枢纽。四是物流配送功能。内陆无水港可以向相关专业配送中心、配载中心和区域物流节点实施日常配送,直接对工商企事业单位提供货物配送服务。五是加工增值功能。内陆无水港可以衍生物流商品加工服务。比如,对商品的包装进行整理、加固、换装、改装、条形码印制等,通过物流加工提高物流对象的附加价值。六是商贸流通功能。内陆无水港可以设置专业化的流通市场,为商品贸易流通提供一个高效的平台。七是物流信息服务功能。内陆无水港内可建设物流信息网络,提供物流信息查询服务,进一步提高报关、结汇、退税等工作的运作效率和方便、简化的物流工作手续。八是商品展示交流功能。内陆无水港可设立商品展示平台,为企业提供商品展示、贸易交流服务。

无水港是天津港带动内陆区域经济发展的“根据地”。通过建设无水港,天津港与内陆地区可以实现双赢,内陆地区拥有了自己的出海通道,能够形成多行业、多功能的综合经济体系以及高新技术产业开发、商业金融等第三产业高度发达的口岸经济区域。无水港的建设,可以促进国家的双向开放战略的实施,即以天津港为龙头、以物流通道为轴线,以无水港为物流枢纽,结合东北亚、亚欧大陆桥区域跨国产业结构的转移,按梯度转移原则,重组地区内部上下游产业之间、竞争性产业之间和开放性产业之间新型的分工关系:资源、人力和物资东出,资金、技术和市场西进,在优势互补中促进生产要素双向合理流动,实现全方位、多层次、开放型、基地式的发展战略。

由此可以看出,天津港大力建设的无水港,对于改善中西部地区的投资环境,拉动区域经济增长,提高对外开放水平,实现与国际港口的直接通关,促进东部地区的产业转移和中西部地区的产业升级,都有深远的意义。无水港战略使天津港拉近了内陆与海洋的距离，为内陆地区铺就了一条连接港口、通向世界的“黄金通道”。

几乎与天津港加快无水港建设的同时，京津地区对西部地区的资金、技术、人才和产业“西进”速度也在不断加快。这之间的关联度到底能有几何，或许需要经济学家经过一番严谨地探讨才能得知，但我们相信这与港口经济的扩散作用必然有着千丝万缕的联系。实际上，天津港在内陆地区建设无水港和营销中心也是东部地区先进的物流产业向西部的延伸。随着无水港运作的不断顺畅，发挥出其作为天津港在内陆的物流枢纽的作用，中西部地区的物流产业也会迎来其美好的发展前景。

在构筑无水港和物流网络之外，天津港还有带动内陆区域经济发展的另一个“黄金支点”——北方国际航运中心和国际物流中心。在天津滨海新区建设中国北方国际航运中心和国际物流中心，主要是以天津港这一世界级的大港为依托的。北方国际航运中心和国际物流中心存在的意义是使天津港辐射的整个内陆地区参与全球化更为便捷。通过天津港国际配送、国际采购，可以带动内陆特别是中西部地区经济进一步发展，通过天津港这一窗口扩大腹地资源配置空间和效率，满足中西部地区发展的需要。围绕“两个中心”要求建设相关金融、保险、贸易、信息、中介等综合性功能，这些功能不仅基于天津，而且包括京津冀，并扩展到整个中西部地区。同时，“两个中心”的建设必将促进与我国北方地区陆路相邻和隔海相望的国家的经济交往，成为面向东北亚、辐射中西亚的枢纽和桥梁，提升我国北方地区在东北亚和中西亚地区的国际竞争力。

由此可见，天津港不仅仅是天津的出海口，也不仅仅是京津冀的出海口，她在为中西部地区提供便捷的出海通道的同时，更促进了京津冀的经济发展和整合，促进中部地区崛起，带动西部大开发，通过辐射和带动作用促进整个环渤海经济圈乃至中西部地区经济的腾飞。

第五节　港口促进区域经济又好又快发展

在经济全球化背景下，国际贸易的蓬勃发展，跨国公司在全球的布局，促进了生产要素在不同的国家和区域间快速流动，以尽可能达到最优的配置。港口，特别是世界性的大港口，在经济全球化中发挥交通运输枢纽功能的同时，越来越成为全球范围内经济交流与融合的节点，已经成为全球资源优化配置的中心，对城市、区域和国家经济的发展发挥着越来越重要的作用。港口不仅为其所依托的城市服务,更是为整个区域经济中心乃至广大的内陆腹地经济服务。

法国经济学家弗朗索瓦·佩鲁20世纪50年代提出:“增长并非同时出现在所有的地方,它以不同的强度首先出现于一些增长点或增长极上,然后通过不同的渠道向外扩散,并对整个经济产生不同的最终影响。”以区域经济中的增长极理论为基础,结合上述对中国部分港口、港口城市和区域经济的分析,我们认为对于港口城市,特别是世界性的港口城市而言,港口聚集了城市内部最大的经济优势和大容量的经济社会能量,是港口城市的增长核;港口城市依托以港口为龙头的物流网络构建起的经济网络使整个区域经济的能量在港口城市及其邻近地区聚集,并形成相当的规模;当港口城市聚集效应达到一定的规模优势实现质变的时候,港口城市将成为区域经济的中心,其扩散的强度将逐步超过聚集的强度,成为区域经济发展的增长极。

在经济全球化下,港口作为港口城市经济发展增长核作用的发挥,是区域经济向全面、深层次发展的前提和基础。随着港口不断的升级换代,在由第一代港口向第四代港口的迈进中,港口对于港口城市作为区域经济增长极的形成以及区域间产业的转移和优化升级,都产生了极大的促进作用。

区域经济资源在不同水平的交通运输系统支持下,其可承受的经济总量是不同的,交通运输系统越发达,经济资源的配置就越充分。发达的运输条件可以使土地获得多种用途,而土地产出品的价值又决定了它在给定市场上的价格,这在很大程度也建立在运输的基础上。无论从国内还是在世界范围来看,各种资源的分布都是不均衡的,这就需要靠运输来进行调解。由于海运具有运量大、成本低的特点,已经成为全球运输系统中的主体,而港口作为海上货物运输和陆上货物运输的结合点,成为在全球范围内的资源配置的中心。因而拥有港口的城市,在利用全球资源发展本地区经济的过程中就占有了得天独厚的优势。同时,在区域经济内部布局中,港口发挥市场配置资源的基础性作用,使各种资源运输成本、货物物流成本降低,同时还降低了地区经济发展中的交易成本,形成良好的发展环境,增强了区域的竞争优势,这使得各种资源向港口及周边的低成本地区集中。例如借助港口,钢铁企业可远离矿区,石化企业可远离油田,制造型企业可以远离最终的消费市场,而这些企业可以相对合理的分布于港口城市,这就促使更多相互关联的企业、供应商和关联产业相应集中于港口所在的城市，形成“集群现象”，使港口城市成为区域经济发展的中心城市，即区域经济发展的“增长极”。

产业结构是产业按照社会再生产的投入产出关系有机结合起来的多元化、多层次的动态产业系统，从本质上讲经济增长是以产业结构升级为核心的经济成长过程。港口作为全球供应链中的物流节点，通过与周边地区形成的物流网络系统，加强了区域间物流、人流、资金流、信息流的沟通和交流，强化了所在地区的同质因素，从而对周边地区产生辐射作用，促使港口城市的传统产业逐渐向周边地区转移，使整个区域的联系更为紧密，整体性增强，各种产业相互促进发展。随着港口功能的不断升级，在港口城市逐步形成以航运金融、航运保险和旅游等高端服务业，以及高附加值的高科技、信息产业和临港产业为主的产业结构，而港口的传统功能继续向周边地区扩散，形成各有分工、优势互补、梯次发展的区域内产业布局，促进区域的协调发展。港口通过港口城市以及通过现代物流网络所连接的城市对周边地区的辐射力和影响力得到加强，促进了港口城市作为区域的经济中心城市向外进行产业的转移，而港口城市自身的产业则得到了优化升级。

总之，港口作为全球供应链系统中的一个主要环节，正在成为强化区域经济竞争优势、带动区域整合、促进区域间协调发展的重要因素之一，正在并将继续促进区域经济又好又快地发展。

参 考 文 献

[1] 武一. 珠江三角洲地区经济发展研究报告[M]. 北京：中国时代经济出版社，2010. 11.

[2] 郑天祥. 大珠三角港口群的竞争与合作[J]. 港口经济，2005(3)：20.

[3] 王缉宪. 中国港口城市的互动与发展[M]. 南京：东南大学出版社，2010，5.

[4] 杨阳腾，朱磊. 深圳港：从“大港”迈向“强港”[N]. 经济日报，2008，6. 3.

[5] 黄晓芳，邓海平. 广州港：努力打造国际集装箱干线港[N]. 经济日报，2008，7. 16.

[6] 梁建华. 上海港集装箱吞吐量与上海地区主要经济指标相关性研究[J]. 物流科技，2009. 5，110-112.

[7] 李魏晏子.临港产业区——上海经济转型的擎旗手[J].上海国资,2009.3,35-38.

[8] 光中.上海港的背枕长江战略[J].中国船检,2005.7.

[9] 黄奇帆.重庆经济的今天和明天[J].新重庆,2009.4.

[10] 重庆市交通委员会.长江黄金水道优势凸显助推重庆经济又好又快发展[J].科学咨询,2010.7.

[11] 姚慧琴,任宗哲.西部蓝皮书:中国西部经济发展报告(2010版)[M].北京:社会科学文献出版社,2010.8.

[12] 沈玉芳,殷为华.区域经济协调发展的理论与实践——以上海和长江流域地区为例[M].北京:科学出版社,2009.6.

[13] 马传栋.将青岛建设成为山东半岛城市群的龙头和东北亚地区国际化大城市[J].东岳论丛,2005.1.

[14] 刘昕编,焦兰坤.青岛港拉动西部经济的出海引擎.中国海洋报,2003.1.

[15] 仲其庄.青岛港海铁联运竞风流[J].大陆桥视野,2009.6.

[16] 王民官.青岛在西部开发中实现"双赢",http://www.chinavalue.net,2007.10.

[17] 中华人民共和国国家统计局.http://www.stats.gov.cn/.

[18] 张继民,王庆生.天津港发展内陆无水港的实践与做法[J].天津经济,2007.

第六章　港口城市的发展逻辑

魏　强　秦　昕

区域经济的不平衡发展似乎是人类文明进程中永恒的现象。纵观全球，一些具有特殊资源禀赋与竞争优势的地区往往率先汲取了超额的资源和能量，并在科学合理的制度安排下实现了经济的快速崛起。从古埃及的繁荣到炎黄文明的璀璨，从15世纪发生产业革命的西欧到近代美国霸主地位的确立，直至今天全球经济热点所聚焦的东亚，世界经济增长无不体现着这一规律。而当大家把目光锁定到城市，我们又不禁发现诸多依港而建、滨水而生的港口城市，在人类文明的历史上频繁地扮演着率先启动、并进而拉动区域经济发展的"增长极"角色。

统计资料显示，全球GDP的50%产生于距海岸线50英里的范围内。而从目前全球六大国际化城市群的形成与发展过程来看，无论是美国沿大西洋东岸的纽约—华盛顿—波士顿港口城市经济区域还是日本太平洋沿岸的东京—大阪—名古屋港口城市经济带，无一不是港口城市的区域性集合[1]。我国沿海三大经济圈长江三角洲经济圈、珠江三角洲经济圈和环渤海湾经济圈也都是在港口城市经济社会快速发展的基础之上所形成的区域经济增长极。由港口到城市，由港口群到城市群，再进而演化成区域乃至全球经济的中心，这种演进历程引起了现代经济学者的广泛关注。

什么原因使得港口城市可以拥有如此之强的经济活力，并在与其他同样天赋异禀的资源城市的较量中脱颖而出？港口城市是如何像磁石一般在广袤的经济世界里集聚起充足的经济能量，并最终成为区域乃至全球经济的增长极？港口城市的崛起对整个区域经济体系而言又有着怎样的意义？本章我们将走进港口城市，顺着其演进发展的脉络与轨迹来一一解答这些问题。

第一节　区域经济视角下港口城市的发展机理

城市是一种富有效率的社会组织方式，它将人与不同的物质要素在空间上集聚起来，并通过集聚创造出比分散更为高效的社会经济效益，从而获取持续快速发展的充足动力。考古发现，公元前3000年左右两河流域就出现了巴比伦城、拉格什城、亚述城和乌尔城等古老城市。而在尼罗河流域则出现了底比斯城、太阳城等历史名城[2]。这些城市多数都是当时的政治、经济、军事和文化中心，集中了当时大量的社会财富与科技成就，在人类文明史上留下了灿烂的印迹。而也正是因为城市这种各类要素高度集中的特点，城市发展非常依赖于运输条件来实现其人流、物流的转移与交换。于是交通运输条件也就影响着城市的经济辐射范围，决定着城市的发展速度。印度经济学家潘德拉格曾指出“运输是人类文明的生命线，是构成支持经济增长基础结构的重要组成部分”，德国经济学家拉采尔也曾提出“交通是城市得以形成的动力”等等，都是对这种现象的科学解释。

在人类社会发展的早期，受当时社会经济和生产力发展水平的限制，人们的生产活动往往只是局限在一个非常狭小的地域空间范围内，并且通常只能利用自然界所提供的有限条件以及人类自身可以驾驭的劳动力与畜力来完成生产资源和劳动成果的搬运与转移过程，效率极其低下。随着劳动经验的积累与经济活动规模的扩大，人们发现以自然力和人力为动力的水运比以人畜力为动力的陆运具有明显的优势，于是在便于利用舟楫往来运送物资的港口周边区域就成为了人们从事社会生产以及进行实物交换活动的重要场所，港口汇集着往来商贾和货船，各种要素在港口经济的循环过程中也实现了价值发现与增值，区域经济因而得到较快发展，港口周边逐步成为了资源转化、物资集散、资金配置、信息交流、人才集散的经济中心，这种特征推动了早期港口城市的形成。

可以说，港口城市自诞生起，就天然地有着比其他区域更为突出的资源集聚能力。同时不容忽视的是，这种能力伴随航运技术的不断进步、城市经济的不断发展、竞争能力的不断增强也在同步增强。

当港口为城市所带来的这种神奇功能积累到一定阶段，以港口直接产业为核心的，包括石化、机械等相关临港产业在内的各类产业开始向港口汇集，因为在这里，交通便利、物资丰沛，产业的竞争力会得到明显的增强,港口城市的经济活力与就业人口也随着这些产业的到来进一步得到提升。伴随港口城市内不同产业的集聚、更迭与升级,港口城市的面貌也在发生着深远的变化,我们在后面所列举到的东京、纽约等城市会更为形象地揭示这一机理。

归纳港口城市的发展,以港口为驱动经济的增长核,围绕"交通优势—要素集聚—产业集聚与发展—区域竞争力提升—内生增长与持续发展"的循环(图6.1),港口城市的规模和实力不断壮大。

图6.1　港口城市的发展机理

今天,港口城市在世界经济中扮演着至关重要的角色,越来越多的港口城市成为了世界经济发展的中心。弹丸之地且资源匮乏的香港,凭借港口优势与全球100多个国家和地区的460个港口有航运往来,形成了以香港为枢纽,航线通达三大洋、五大洲的完善海上运输网络,城市经济得到极大发展。国土面积同样狭小的新加坡因为经营着全球最繁忙的中转集装箱码头,处理着全球1/4的转运量,并凭借500多条航线连接着世界上700多个港口,同样实现了全球竞争力的快速提升,人均GDP高居世界第四(见图6.2)。基于这些不胜枚举的案例,"以港兴市"已成为了

图6.2　港口城市新加坡

越来越多的国家高度重视的区域经济发展理念。

第二节　港口城市的演进历程

所有城市都是从无到有、从小到大逐步发展起来的，并且都深受时代发展背景影响。港口城市的发展也不例外，经济发展水平、科技发展水平等都深刻影响着港口城市的形成、发展及其每一阶段的特点。在前面一节我们深入分析了港口城市的形成与发展机理，本部分我们将跨入港口城市发展的历史长河，从历史的角度来探究港口城市的前世今生。

一、早期港口城市的形成

早期的城市往往自发地选择坐落于天然港口附近，以便于利用良好的气候与土壤条件，丰富的渔业与物产资源繁衍生息。随着人口密度逐渐增大，以及在自给自足基础上早期商贸活动的开始出现，港口交通便利的优势逐步得到凸显。人们开始学会利用船舶来运送粮食、煤炭以及各类原材料，同时将制成品运往各地，这使得一些港口周边区域的经济得到了较早发展。

以我们国家的广州为例，两千多年前的广州已是华夏古国南部岸线上的一颗明珠，古代越族百姓在此繁衍生息，利用小船渔猎是其主要的谋生手段。而后由于区域渔业条件良好，各类物资较为丰富，日趋富庶的越人在简单狩猎的基础上逐渐开始利用舟楫进行部落间的商品交换，并通过珠江等河流水系与岭南、岭北的其他地区进行贸易交往，甚至还沿着海岸与东南亚各地发生偶然的商业联系，区域经济日趋活跃。据《汉书·地理志》等史料的记载，公元前 11 世纪广州已经出现了早期的对外贸易。随着水上交通运输的不断发展，贸易逐步繁荣，广州经济得到长足发展，区域财富迅速增长。到了公元前 222 年，秦始皇出兵攻打岭南，据《淮南子曰·人间训》记载，发动战争的一个重要原因就是“利越之犀角、象齿、翡翠、珠玑”。由此可见当时广州已是犀角、象牙、翡翠、珠玑等奇珍异宝集散之地，经济地位显著高于其他地区，城市雏形得到初步显现。

到了西汉初年，航海技术初步得到发展，也正是从那时起陆续有中国的船队从广东番禺出发，远航至东南亚和南亚诸国。公元前 112 年，西汉平定南越后曾以广州为起点，开展了中国历史上第一次远洋贸易活动，据《汉书·地理志》记载，这次远洋是从番禺起航，经印度尼西亚苏门答腊西北部的马西河，再向西行并绕过孟加拉湾，到达今天的斯里兰卡，全程约为3540～5310海里。此次远航为经济的进一步繁荣打开了门户。随着海上丝绸之路的开辟，到公元99年已有罗马商人开始来广州贸易，并最终发展成为一条从广州出发通往欧洲的海上“丝绸之路”。在大规模商业与贸易活动的带动下，广州经济快速发展，人口也相应增长，港口城市的格局得到进一步确立[3]。

广州仅是诸多港口城市早期发展的一例。在这些港口城市形成与发展的过程中，港口作为一种无可比拟的优势交通资源，从海陆两个扇面集聚了大量资源，为城市早期的发展提供了原始的经济动力。在这样的作用机制下，港口城市初步集聚起了一定的人流、资金流、信息流，经济活动的总量与层级不断提升，城市经济也随之不断发展。

港口城市的形成和初步发展经历了漫长的时间跨度，从船只被广泛应用到生产、生活中开始，直到以15世纪末16世纪初出现的地理大发现以及现代化工业所引致的国际间贸易往来逐渐增多为止。

二、航运技术的革命进一步巩固了港口城市的经济地位

港口城市出现后的早期，在当时的社会经济、生产力水平以及技术条件下，人类主要通过以风帆、人力划桨为动力的木制船舶来进行海上航行，尽管包括我国在内的一些国家和地区已经偶有船队开展远洋贸易，但总体来讲，当时的技术条件还不具备大规模远洋航行的运输能力。因此，海上运输和对外贸易的活动范围仍然局限于近海或沿海地区，由此形成了世界范围内不规则分布的区域性贸易市场。在这个时期，港口还仅仅被当作一种利用自然岸线资源靠泊船舶的场所，落后的综合交通条件制约着商品流通的范围与频率，城市经济的发展也因而较为缓慢。

在15至17世纪，伴随地理大发现带来的新航路开辟和航运技术的不断进步，欧洲殖民者加速了向外掠夺扩张，葡萄牙、西班牙、英国、荷兰等老牌殖民主义帝国相继在非洲、美洲、亚洲和大洋洲建立起了殖民据点，通过奴隶贸易和不等价交换，疯狂聚敛世界财富，并为本国资产阶级提供巨额资本，完成了其资本的原始积累，也推动着资本主义经济体制的形成。在此阶段，作为这些国家开展殖民活动和对外贸易的枢纽，欧洲大西洋沿岸的里斯本、安特卫普、阿姆斯特丹、伦敦、利物浦等港口城市迅速发展并繁荣起来，世界经济中心逐步由欧洲地中海内海区域转移到了大西洋沿岸地区，国际贸易的海运范围也从地中海区域范围扩展到大西洋

区域,并通过印度洋到达中国、日本等东亚国家,这样就使原来只能够在欧洲内海或近海区域内展开的区域性直接贸易扩展为区域性交叉贸易,国际贸易开展扩大到整个世界范围。

18 世纪 60 年代英国爆发了以蒸汽机的发明和采用为主要标志的第一次工业革命,并拉开了全球工业发展的序幕。利用第一次工业革命的科技成果,美国人富尔敦在 1807 年制造了世界上第一艘轮船——“克莱蒙特”号(图 6.3),海上运输开启了新的篇章,港口城市也进入到了新的发展阶段。

图 6.3　世界上第一艘轮船——“克莱蒙特”号

轮船出现以来,很快就以其通过能力大、运费低、运量大等优点成为了大宗货物跨国远洋运输的主角。马克思在《共产党宣言》中曾经这样提到:“轮船的行驶,河川的通航,对创造生产力和建立大城市有着法术般的魔力。”简单计算,一艘万吨级轮船的运输能力就相当于 200 多节火车皮,等于十次列车的运载量,而其平均成本和所用燃料只有铁路运输的 20% ~30%。而随着现代海运船舶大型化、专业化,又大大提高了运输效率,使海运成本只有陆运成本的 5% 左右。基于这样的优势,海运无可争议地成为国际贸易中最主要的运输方式,并占到国际贸易货运总量的 80% 左右[4]。随着航运技术与全球贸易持续进步,港口作为大宗贸易的起点与终点,进一步确立了其无可撼动的交通节点地位,并为区域经济的快速崛起提供了不竭的动力,港口城市的经济活力在此期间也进一步得到增强,并带动其所属国家战略地位的不断提升。

英国就是在此期间通过国际海上贸易与港口经济迅速完成资本主义工业化初期阶段原始积累的。依靠第一次产业革命和第二次产业革命过程中发展起来的机械化工业及其发达的海上运输能力，英国很快成为19世纪末20世纪初的世界强国。当时的英国国内制造业的生产总值占当时世界工业比重的五分之一，钢铁产量和煤炭产量均超过世界总产量的一半以上，英国商船承运了世界海上贸易货物总值的半数以上，其新建的船舶数量已经占世界总吨位的三分之二，成为名副其实的世界工厂，同时也迅速发展成为全球贸易的中转交易中心、金融交易中心以及国际航运中心。对于当时英国对外贸易的情况，英国经济学家费尔金曾经这样描述："中国的生丝是在考文垂纺织的，然后运到纽约批发，并同其他千百种货物一起在新奥尔良零售……美国农场主种植的棉花，输出到曼彻斯特纺织成布，然后运到孟加拉的腹地，由商人按两个季节的赊卖信用销售出去，到期时部分用本地产品偿还。这些孟加拉的产品又运到一万英里以外的英国市场出售，在那里购买并运回食品。来自美国的价值半便士的肉，来自牙买加的价值半便士的咖啡，来自巴西的价值半便士的糖，都摆在圣吉尔的店铺的柜台上卖给邻近的居民。如果没有来自地球上各个角落的货物供应，伦敦或利姆瑞克的郊区的杂货商就不能存在下去"[5]。由此可见，当时的英国经济已完全融入世界经济之中，在这一时期，港口的作用也进一步得到显现，其对外贸易与对内运输功能为城市经济的发展奠定起良好的基础。

在港口推助贸易发展的同时，由于货物到达港口后还需要与其他运输方式结合才能实现货物的点对点运输，因此又产生了对于公路、铁路等其他的建设需求，伴随交通基础设施的建设，城市体系也逐步趋于完善。很多港口城市正是在这个时期凭借其完备的运输服务功能奠定起了国际城市的地位，美国的纽约就是一例。纽约港位于大西洋西岸中部，是最早沟通美国大陆与世界市场的海上门户，也是大西洋沿岸最早形成的国际贸易港口。同时纽约港还以美国主要工业区为腹地，有着相对稳定的进出口货物运输需求。作为美国最为重要的港口，纽约港从20世纪初开始已承担了其对外贸易海上运输货物总量的40%，纽约的城市经济地位也随之显著提升。1817年开始，为进一步提升航运交通能力，纽约州政府历时八年耗费巨资开通了伊利运河，沟通了五大湖工业地区与纽约之间的水路运输通道。随着伊利运河的开通，纽约港在内陆运输的时间明显减少，在进出口货物运费等方面呈现出显著的比较优势。运河通航不久，与伊利运河平行的伊利铁路及哈德逊铁路也相继贯通，进一步促进了内地与海港经济的发展，而此后全美铁路运输业的大发展更是加速了纽约乃至全美经济的发展进程。数据显示，从 1865 年到 1880 年短短 15 年间，美国的铁路长度从 3.5 万英里骤增到 9 万多英里，总长度相当于当时整个欧洲铁路的 90%，到 1900 年更进一步达到 26 万英里。美国经济也随之大大提速。1921 年，纽约州和新泽西州打破州界，将纽约港和新泽西港统一在纽约港务局下管辖经营，合并后的纽约港务管理局除管理码头业务外，同时还经营民用商业航空、铁路系统、公路、桥梁、水下隧道、公共汽车站等业务，数十年来在巨额投资与开发建设的带动下，纽约逐步将自身的水、陆、空交通联成一体，组成了一个现代化的交通枢纽中心[6]，缩短了纽约与内外部市场的运输时间，降低了运费成本，纽约港由此奠定起了连接美国本土大陆与欧洲大陆国际贸易重要口岸的国际枢纽港地位，纽约市也逐步取代伦敦成为了全球经济的中心城市，参见图 6.4。

图 6.4　20 世纪 30 年代的国际港口城市纽约

20 世纪以来，特别是第二次世界大战以后，港口城市进入了现代化发展阶段。船舶工业的进步使得港口深水化、专业化的趋势日趋明显，装卸设施也大幅进步，许多新发明新工艺被广泛应用，特别值得一提的是 1946 年，美国货车司机马尔科姆 · 麦克莱恩提出了集装箱运输货物的方法，开启了全球运输业革命性的新篇章，港口的功能与作用就此跨入了新的阶段。另一方面，高速公路的出现，航空运输和管道运输的迅速发展，使水、陆、空组成了更为综合的交通运输体系，不但大大提高了港口集疏运能力，也发展了各种联营联运业务，扩大了港口服务的范围和领域。港口在经济领域中的作用与地位在这个时刻也真正显现了出来，并逐渐成为各个国家和地区降低工业成本，增进贸易与技术交流，提高国际竞争力的核心战略资源。例如在此期间的法国就借力港口优势，大力发展炼油、石油化工、钢铁和制铝工业；日本则通过开发利用港口，形成了大规模的沿海工业区，并带动了其他地区经济的发展。与此同时，港口也日渐成为各国资本竞相投资的重点，以及跨国公司和各种国际贸易，金融、信贷、保险机构云集的场所，在港口作用的带动下，港口城市作为国际贸易和金融中心的地位也更显突出。

今天，纽约、东京、伦敦、香港、新加坡等港口城市已经代表了人类城市文明与现代经济的最高造诣。而当我们重新回顾这些城市的经济发展史，仍不由地感慨港口为城市发展和全球经济的进步所做出的杰出贡献。随着全球资源配置与经济组织方式的不断变革，港口对城市经济的贡献早已不再局限于运输效率方面，其产业集聚与产业组织的能力正日益受到学界的广泛关注。

三、产业集聚推助港口城市成为区域经济发展的增长极

港口带来的交通运输便利作为一种得天独厚的自然禀赋，赋予了港口城市腾飞的翅膀。在港口的作用下，各种要素在港口城市持续集聚，城市经济与人口数量持续增长，港口城市得以先于其他内陆城市，实现了经济的率先崛起。而要素集聚的过程中，以港口为核心动力，各类产业组织也在悄然集聚，产业的集聚、扩张与升级，为港口城市的发展注入了新的动力，港口城市也就此真正驶入了高速增长的快车道。

（一）港口推助不同产业在港口的集聚

随着全球经济的发展，产业分工日趋细化，企业运作也更趋精密高效。对于那些原料需要大量进口或产品需要大量远销的工业门类，例如钢铁、煤炭、化工等产业等，交通运输成本因素绝对不容忽略。而由于资源产地影响以及历史的原因，这些非常依赖水运的产业门类并非主要分布在港口周边，其原材料和产成品的频繁倒运产生了高昂的成本。随着市场竞争的加剧，为了降低成本，提升产品的综合竞争力，这些产业开始逐步向港口城市聚集。与此同时，港口城市更加接近市场的便利因素同样不容忽视。港口城市不仅有来自于城市内部的巨大市场需求，更是连

接内外市场的窗口。在开放经济条件下,对腹地企业来说港口是通向外部市场尤其是海外市场的通道;对国际投资来说港口是进入东道国市场的入口。因此,无论对于国内资本还是国际资本来说,投资于港口周边地区均有利于最大限度地节约运输成本。

正是基于港口的这种便捷条件,世界上许多国家和地区通过对沿海港口的积极开发与利用,形成了不同规模的临港经济区域。诸如美国的纽约港、洛杉矶港、日本的神户港、比利时的安特卫普港、英国的伦敦港、新加坡港及我国的香港港等,临港经济规模均十分发达。以安特卫普港为例,在178平方公里的港区内坐落有工业企业100多家,其中三分之二是外资企业。安特卫普港区是世界第二大石化工业基地,并建有欧洲粮食储运中心、水果储运中心及汽车、石料产品和森林产品交易市场。临港产业由此成为安特卫普市名副其实的龙头产业,并进一步带动比利时国际贸易与国民经济的发展。再如日本的"京滨"工业带,是沿着东京湾西岸,包括东京、川崎、横滨等城市的海湾地带,在这条宽约6公里,长约60余公里的带状地区内,分布着千人以上的大型工厂200余家,工业产值占全日本的40%左右,并主要集中在炼油、钢铁、造船、电机几个产业。从上世纪60年代以来,日本正是以港口为依托,大力发展重化工等基础工业,并在沿海地带兴建了一批钢铁、石化、机械、汽车造船等工业,使其在"二战"重创的基础上成功超过美国成为世界上最大的重化工产品生产国和出口国[7]。

(二)产业集聚的逻辑与层级

随着产业向港口城市的持续转移,港口城市经济总量与城市化水平迅速提高,投资领域不断扩大,港口的生产活动领域不断延伸。以港口为中心、以港口航运产业为龙头的各种产业也得到了进一步发展,如仓储、物流、拆造修船、临港工业、金融、保险、咨询、商业、旅游等。而按照行业特征的不同,这些产业在港口城市的集聚又体现着一定的层次与节奏。

首先出现的是直接依存于港口及其运输功能的港口直接产业,如港口装卸、海运、航道疏浚、物流仓储业、货运与船舶代理等等。这些均是港口周边最具代表性的主干产业。随着港口功能的不断提升,区域经济的持续发展,港口交通枢纽的优势进一步显现,产业链进一步延伸,综合交通环境不断改善,逐渐又有其他临港相关产业逐步向港口转移,如港机制造、拆造修船、石油化工、能源电力、机械加工、供水供油等。工业体系的进驻,使得港口城市的规模与经济能量迅速提升。

此后，随着经济的进一步发展，人口不断增多，以及港口直接产业和临港相关产业的持续发展，与之联系紧密的相关服务产业也得到不断发展。而在这其中首先发展起来的是传统服务产业，如酒店餐饮、旅游业、商业、地产业等；进而随着城市经济体量的进一步扩大，区域产业结构的进一步升级，以金融、保险、信息服务、文化教育等为代表的现代服务业也逐步快速发展。从表面现象来看，这些现代服务产业与传统的港口产业已经关联度很低，但事实上现代服务业的发展很大程度上受益于港口所带来的诸多临港产业与传统服务产业的集聚，受益于港口城市高度发达的既有经济规模。例如酒店餐饮等不直接参与港口的核心业务，但却收益于港口所带来的人流的增加，证券金融产业与港口貌似并无关联，但却是区域资源与资金高度集聚、大批工业企业投融资效率提升的必然产物。

在这些产业当中，“港口直接产业”是基础，是港口城市的核心经济动力，围绕港口直接产业形成了临港相关产业，临港相关产业的出现改变了港口产业在区域经济中的作用，即由原来的单一运输产业功能，转变为集运输和工业为一体的综合产业区。在这两种产业的共同作用下，港口城市通过上游、下游和横向的产业联系衍生出为港口和区域提供各种服务的传统服务产业与现代服务产业。不同层级产业之间相互联系、相互作用，共同形成“港口产业链群”，带动了港口城市经济的发展，参见表6.1。

不同产业在港口城市的集聚顺序　　表6.1

层级	产业类别	产业特征	主要行业
第一层级	港口直接产业	由港口的存在而直接产生的行业	港口装卸、仓储、物流等
第二层级	临港相关产业	依赖港口直接产业而直接派生出来的行业	拆造修船、石化加工、机械加工等
第三层级	传统服务业	与港口直接产业和临港相关产业密切相关的产业	酒店、商业、旅游、娱乐、地产等
第四层级	现代服务业	由前三层级产业所衍生出的新兴产业	金融、保险、通信文化教育等

关于国际级港口城市产业集聚的节奏与层次，我们可以从日本东京的发展历程中窥得端倪。

东京面积2162平方公里，城市经济规模高居世界第一，是亚洲乃至世界的重要经济中心。东京较伦敦等老牌国际化城市经济起步较晚，19世纪中叶明治维新后才正式进入现代化进程。历经1923年大地震的严重破坏和第二次世界大战战败的影响，东京经济曾一度萧条。20世纪50年代起，伴随东京大规模的经济重建，特别是朝鲜战争爆发所带来的特殊需求，东京港口产业得到空前发展，大量集装箱码头相继出现，港口吞吐能力不断提升，以港口装卸业为核心的涵盖物流、仓储等多个领域的港口直接产业体系不断发展完善。

港口能力的提升与相关设施的完善显著拉动了东京临港工业的集聚与发展。1960年，东京的石油化工、钢铁、电力等临港重化工业快速发展，其工业产值也迅速占到全国的1/6，1965年更是进一步占到全国的1/5，城市经济水平随之快速提升，城市产业结构体系也不断得到调整完善，并逐步表现出第一产业比重出现下降，第二产业、第三产业比重快速上升的总体趋势[8]。

进入20世纪70年代，在既有经济持续发展的基础上，东京以电器机械为主的现代工业依托港口产业与重工业集群逐步快速集聚并出现成倍增长，汽车工业开始快速发展，而钢铁、化工等传统的临港重工业比重则出现下降，产业升级速度更为迅猛。同时，东京的产业空间布局也进行着分化调整，大量工业开始向西、北部内陆地区外迁，城市中心逐步放弃传统制造业，并渐渐以研究、试制等技术密集型产业为主，同时第三产业规模不断提升，城市布局更为合理，城市规模进一步提升，综合竞争力显著增强。

80年代以前，东京已是日本最为发达的工业城市，之后伴随城市产业结构进一步调整，这种地位开始发生改变，伴随商业、地产等传统服务业的蓬勃发展，以及金融、文化等新兴服务业的持续引入，以工业为主导的城市经济体系开始让位于服务产业，东京的经济活力与国际影响力进一步增强。1986年，东京建立起离岸金融市场，日本经济由此进入了货币资本国际化的新时代，东京也就此确立起了国际金融中心的地位。80年代末期，全球最大500家跨国公司中34家的总部坐落在东京，并拥有2000多家外国企业的地区本部和办事处。1988年，东京证券市场的交易额达288兆日元，超过纽约，位居世界第一。东京外汇市场交易量在1990年达到6万亿美元，占全球外汇交易总额的四分之一，仅次于伦敦居世界第二位。至此，东京完成了由全国性经济中心向世界经济中心的飞跃，并成为继伦敦和纽约之后的全球第三个世界级城市[9]（见图6.5及图6.6）。

图6.5　20世纪80年代日本东京街头

图6.6　上世纪80年代的港口城市东京

今天，东京城市的街头早已看不到传统港口产业的影子。这里高楼林立，现代服务产业云集，城市规划整齐有序，早已成为现代化城市的典范。它汇集了全日本30%以上的银行总部，超过全日本半数的百亿日元销售额公司总部，上百家金融机构和新闻机构，数十万家大小商店，并拥有着早稻田大学、东京大学、京都大学等几十所国际知名学府,酒店地产异常繁荣,都心区办公用房空置率最低时仅为0.2%,城市功能相当完备,是世界上经济最发达的国际化都市之一。

(三)产业集聚推动港口城市成为区域经济的增长极

随着港口城市产业集聚分层级地不断演进,其综合效应开始显现,并逐渐成为提升区域乃至国家竞争力的重要基础。产业集聚的作用概括起来主要有以下四个方面:

一是产业集聚有助于节约企业内部的交易成本。由于企业间的交易本身也包含着区位成本,企业在空间上越分散、交易频率越多,交易成本也就越高。因此,企业间的空间接近可以降低空间交易成本,从而有助于提高区域经济的增长效率。同时,共同的产业文化和地域文化加速了企业间网络的形成,使得商务联系方便,信息传递迅捷,对于节约交易成本提供了极大的便利。产业之间由于彼此临近,交流频繁,彼此之间也更容易建立起信用机制与信赖关系,这对进一步降低空间交易成本也十分有益。

二是产业集聚有助于促进规模经济效应。产业集聚进一步强化了分工,扩大了专业化,使集聚区内企业达到最优经济规模水平,这有助于其提升自身竞争力。对于港口城市而言,港口上下游企业利用空间集聚,通过多种方式进行共同生产等增值活动,如大批量进口原材料和建立共同销售中心等,将使平均成本降低,从而实现规模经济。此外如果运输量持续增大就可以建立定期航线,运输设施、运输工具和运输体制随之改善,成本也随之降低。因此在各地临港产业集群的形成过程中,经济活动在港口周边集聚会增加运输需求,降低运输成本。

三是产业集聚增进了企业间技术交流。同类产业的企业或具有密切关联的企业的聚集,促进了相互间知识、技术、信息、经验的交流,实现了资源共享,优势互补。与此同时,同行竞争会经常性地出现"互比互看"与人才流动,这也有助于企业迅速提高技术水平和管理水平,取长补短,增强企业的竞争实力。距离上的接近,频繁的直接接触,诸多因素使产业集聚区内某一个企业的技术创新会对同行企业产生良好的示范和激励作用,区内不同员工之间经常会通过各种非正式和正式的聚会交流技术、市场、营销、管理等方面的信息,促进集聚区内各成员之间的信息流动。

四是产业集聚加速实现了持续创新效应。创新在产业聚群中发生的几率要远远高于孤立的区位，这是因为同类产品生产企业的大规模集聚可以扩大产品差异化程度，提高满足不同消费者偏好的能力。其次，不管是好莱坞的娱乐业，华尔街的金融业，还是日本的消费型电子产品，同类企业的地理集聚容易产生竞争压力，使得技术进步、生产工艺改进等创新活动持续展开，在竞争中生存下来的企业比起集聚区域外的竞争对手将处于更加有利的位置。产业集聚区本身就是潜在的市场，集聚区内蕴藏着丰富的市场机会的信息，身处产业集聚区内，容易发现产品和服务供给者的缺陷或不足，诱发以弥补集聚区内欠缺的形式或以差别化形式的创新活动，开发新产品和新工艺，并培育出新的企业。

从区域经济的角度来看，结合之前我们曾经分析过的东京等城市的经济发展历程，不难看出一个地区聚集的产业越多，产品的种类越多，产业之间的关联度越大，可以节省的运输成本以及可以共享的新鲜技术也就越多，从而可以降低生产成本和商品价格，提高企业的利润和工人的真实工资，加速技术进步速度，使资源与人口进入一个自我加强、自我实现的过程。因此产业集聚会形成一种累积因果循环机制，对于港口城市来讲，早期的自然禀赋与交通优势会引发周围地区劳动力、原材料、资本、技术、产品向该区域的持续流动，并使各种产业与资源高度集中于该地区，推助港口城市经济的高速增长，这种经济增长又通过循环作用得到不断的强化，使得港口城市实现了超常规的持续快速发展，并逐步成为区域经济的增长极。

第三节　港口城市的崛起对区域经济的影响

前述部分，我们探讨了港口城市的发展机理与成长历程。在港口这一经济助推器的直接和间接作用下，港口城市实现了经济的快速发展，并逐渐成为区域经济的增长极。而所谓的增长极，是相对于其他经济增长缓慢的区域而言其经济增长速度更快，资源集聚与掌控能力更强。我们应该如何看待港口城市的宏观作用，如何通过政策引导来更好地引导港口城市以及整个经济体系的健康发展？本节，我们将就这个问题进行深入探讨。

一、城市经济的集聚与扩散

区域经济的不平衡发展是人类文明进程中永恒的现象。在这个不平衡发展的经济体系当中，由于区位优势、自然禀赋或政策引导等各方原因，部分区域会实现经济的率先发展，港口城市就属于此类范畴。而一个区域经济的率先崛起对于整个经济体系一般又会带来两种效应：

一种是极化效应，即一旦某个区域由于初始优势而比其他区域超前发展，外部的各种要素资源出于逐利的本能与效率的要求会加速向该区域的配置，从而进一步强化和加剧区域经济的不平衡性。

另一种是扩散效应。它是指伴随着各类资源与产业向增长极区域的聚集，区域内企业之间的竞争加剧、人们的生活成本提高、交通拥挤等问题将日趋显著，各种生产要素与生活要素价格也在“看不见的手”的作用下随之逐步上升。当生产成本的上升超过集聚所带来的诸多便利与成本节约时，一些在产业集聚区域不再具有竞争力的产业与经济组织就会转移到相对成本更低的地区，形成经济资源向外部的持续扩散，从而促进区域之间的经济协调发展与共同增长。

城市的空间集聚与扩散是由一定阶段内城市社会经济要素的生产率所决定的。当城市容量依然能够满足产业集聚和人口增长规模的继续扩大时，集聚就会推助城市经济的持续增长，区域经济的竞争力也随之持续提升。而当城市容量出现饱和状态时，大量的产业集聚和人口膨胀已无法为城市发展增添新的动力，反而变成了城市经济发展的沉重负担时就需要通过产业转移与对外扩散来降低产业集聚程度并提高社会经济要素的生产效率。通过向周边城市转移过剩产业，可以腾出社会经济容量，集聚新的产业，并引领城市实现更为可持续的新的经济增长。

以我国纺织产业的转移为例。我国上海等东部沿海港口城市曾经长期是我国的纺织基地和纺织原料主产地，由于工业基础较好，劳动力丰富，市场容量较大，并且还与国际市场联系紧密，使得其纺织工业在 20 世纪 90 年代以前一直在国内外市场具有很强的竞争力。随着经济形势的不断变化，特别是劳动力价格的持续上涨使得劳动密集型的纺织工业发展条件大大恶化，上海等港口城市的上中游纺织品在国际、国内市场的竞争力开始下降。鉴于这种状况，不同企业纷纷选择了“东锭西移”的产业调整战略，根据产业发展规律、企业自身特点以及不同区域的纺织工业发展状况进行了重新调整。其中，由于中西部地区原料丰富，劳动力相对便宜的优势，上中游纺织品产业批量化地向这些地区实施了转移，有效延续了我们国家在初级产品市场上的地位。而上海等沿海港口城市则利用原有技术、人才基础较好的优势，加紧完成了产业升级和产品更新换代，提高了我国纺织工业在高级面料、中高档服装以及装饰用、工程用纺织品等高附加值领域方面的国际竞争力，保持了自身在国际纺织市场的优势地位。从区域经济整体发展的角度来看，这种产业转移既带动了内陆经济的发展，同时也使得沿海港口城市进一步提升了市场竞争力，并有力推进了经济系统的总体发展。

二、港口城市崛起对于周边区域经济的影响

正如前面所分析的，由于港口所带来的种种优势，港口城市往往成为工业产业较为集中的空间地域，集聚了相当规模的产业能量，成为整个国家或地区的“产业高地”。而受产品生命周期的影响和制约，随着区域生产成本的提高和销售利润的下降，以及产业升级与技术进步带来的新产品或产业开始涌现时，港口城市原有的产业就会逐渐失去竞争能力，这一部分产业会通过不同的形式转移出港口城市，向其他地区扩散。如我们前面介绍过的“东锭西移”，而在转移的过程中，与港口城市具有直接交通运输通道的内陆腹地区域往往会成为承接港口城市产业转移的主要空间地域。这些从港口城市退出的产业在内陆腹地区域找到了新的发展空间，通过劳动力结构和产业成本结构的调整，重新取得了相对的竞争优势，并通过与原来港口城市相连接的交通运输通道输出到国内外市场。这种产业转移与扩散既为原来港口城市的社会经济发展腾出了新的发展空间，同时也为内陆腹地区域的城市化发展创造了条件。

同样，内陆腹地区域承接来自港口城市的部分转移产业后，随着经济水平的不断提升，也会逐步将本区域的部分衰退产业向更为边远的社会经济不发达区域转移，使之在新的区域形成新的发展空间。如此不断往复，既促进了城市产业结构的调整，也带动了区域经济的整体发展，并最终形成了产业转移的传接链。当社会经济发展到一定阶段后，社会经济结构趋于平稳，这种产业转移的传接过程也会随之逐渐放缓直至趋于停止。这种由高向低的城市产业梯度转移现象实际上也就是商品经济发展过程中社会资本追求经济利益最大化的客观反映，它使同一个产业通过空间地域的转移能够克服产品生命周期的限制而始终处于新的市场发展空间，并成为推动区域经济发展，沟通世界市场的重要力量。而在这种产业扩散与转移的作用机理下，以港口城市为龙头，整个社会经济得到了逐步的带动与发展。

总的分析，在区域经济发展的早期阶段，各类资源出于追逐效率的要

求会加速向先天条件较好、价值回报较高的港口城市配置,这样的配置从宏观角度来看会带来社会整体利益的最大化。而随着经济发展与产业升级,港口城市也在不断吐故纳新,产业结构逐步调整,在集聚更为高端与更高利润产业的同时,将原有不符合自身发展特点的产业转移出来,这些产业在内陆地区又重获新生,在市场经济这只看不见的手的作用下如此往复,整体经济也在持续发展。而正是出于这样的认识,我们要站在历史的高度更为科学地审视港口城市的作用,并给予必要的政策扶持加速其经济发展与竞争力的提升,同时对于部分不适宜城市发展的落后产能也要积极鼓励其退出,要加强区域经济合作,有计划地推进产业转移,在不断强化港口城市功能作用的同时,引导经济系统更为协调的发展。

第四节 “新港口时代”的港口城市将走向何方

任何事物的发展都遵循着一定的规律,城市与产业发展也存在着其自身的生命周期。伴随全球产业的不断升级,特别是集约化发展与知识经济等发展理念在世界经济领域不断渗透,自 20 世纪中后期起,以港口直接产业与临港相关产业为引擎的港口城市发展模式也在悄悄发生着变化。从美国、日本等发达经济体的普遍趋势来看,传统的临港工业如钢铁、造船、能源、石化产业正逐步通过转移与扩散的方式淡出这些城市,资源密集型传统产业在城市经济构成中比例逐渐下降,取而代之的是服务业在城市经济构成比例中持续上升,城市发展重心已出现历史性调整。在纽约、香港这些港口城市,以服务业为代表的新兴经济组织持续聚集,并以其巨大的产业乘数效应、消费带动效应、劳动就业效应和社会资本效应取代港口带动了城市经济的持续快速发展。到 21 世纪初期,世界排名前列的港口城市经济构成中,现代服务业已普遍占到 80% 以上,纽约、香港等城市更是占到 90%。纽约曼哈顿、香港中环 CBD、新加坡滨海湾均已成为世界闻名的商务中心,聚集了大量的现代服务业态,经济增长方式实现了质的转变。在这种局面下,港口直接产业以及临港相关产业在港口城市中的经济份额开始逐步下降,港口吞吐量失去了继续攀升的动力,以“港兴城兴”为标志性特征的港口城市也随之进入了由新兴产业带动发展的“新港口时代”。

我们不禁感慨,在人类文明进程中闪耀着历史光辉的“港口时代”是否已经离我们远去?港口与港口城市之间的关系又将向何方演变?

一、"新港口时代"港口城市的经济特点

今天港口城市经济作用的形式在不断变化和调整，从港口直接产业带动区域经济增长，转变成为以现代服务业为代表的多种新型产业共同作用带动区域经济增长，这些新兴产业持续发展并逐步取代了港口在上一阶段增长核的位置，成为城市发展的新引擎。我们把处于这种状态的港口城市发展阶段称为"新港口时代"。"新港口时代"的港口不再把吞吐规模视为城市经济的唯一晴雨表，港口对于港口城市发展的带动，体现在了更为多元的方面。

我们再次以本章第二节中所提到的纽约为例，纽约作为美国最大的港口城市。在港口产业的带动下，临港产业持续集聚，外贸金融、航运保险等金融业务不断兴起，第三产业服务领域逐渐扩大。到了20世纪初，美国联邦储蓄系统将总部设于纽约，就此奠定起了纽约作为全美"银行之都"的地位。近一百多年以来，纽约逐步形成了以现代服务业为支柱的城市发展模式，今天的纽约仍然是美国最大的港口城市，但是港口直接产业所占的比重已经十分有限。以华尔街为代表的高效能金融服务与金融产业成为了纽约新的城市名片，参见图6.7。

图6.7 今天的国际港口城市纽约

与纽约地位相当的国际金融都市还有伦敦和香港。2008年1月28日，著名的《时代》周刊刊登了一篇名为《三城记》的文章，认为纽约、伦敦和香港这三座城市的商业文化不仅是全球化的典范，而且能诠释经济全

球化的推动力。文中提到“这三座城市都曾是制造业的中心,但都成功地实现了转型,将经济的重点转向服务业,工厂由纽约的下东区、伦敦的帕克罗亚尔区搬到了美国的‘阳光地带’,而散布在九龙的成千上万的小企业搬到了广东省珠江三角洲的上游地区。三座城市都曾是大港口,虽然到现在只有香港还保留着大港口的风貌:大型拖船和驳船喧嚣地进进出出,咫尺之外林立着银行和贸易公司所在地的摩天大楼。相比之下,伦敦和纽约斯文地掩盖了它们作为大港口的实力”[10]。

这三座城市一定程度上代表了港口城市经济转型的发展现状。在今天这个知识经济、信息经济飞速发展的时代,大型港口城市的经济特征正在经历着历史性变革。伴随着传统的港口产业在城市经济中的比重不再增长,港口城市的经济活力并未出现任何衰退的迹象,反而由于港口城市已有的经济基础、开放的创新意识以及成熟的产业组织,迸发出了更为强劲的增长动力。而此时的港口与过去的任何阶段相比,也在发生着新的变化。

二、“新港口时代”港口的作用与影响

在今天这个产业升级日新月异的时代,随着资源密集型产业由高梯度地区向低梯度地区持续转移,一些处于产业高梯度地区的港口逐渐失去了持续扩张的动力,对于这些地区的港口而言,吞吐量高速增长的时代基本已经结束,港口直接产业对城市经济的贡献看上去也趋于下降。与此同时,这些高梯度地区的港口城市并未由于港口直接产业贡献的降低出现经济衰减的丝毫征兆,反而在多元新兴产业的助推下依旧保持着持续增长的经济动力。当我们仔细探究这诸多依旧充满经济活力的港口城市,我们发现尽管港口直接产业在城市经济中所占的份额出现下降,但港口经济的总体作用并未减弱。一方面,尽管吞吐量规模平稳增长甚至出现下降,但是港口仍然是城市发展的重要产业,同时也是城市其他产业发展的必要支撑,其对于信息、资金、人才等要素的集聚作用在今天的城市经济发展过程中甚至愈发突出;另一方面,港口对于城市经济的作用方式已较以往大不相同,从原来港口装卸业等产业直接的带动,转变为包括港口乃至围绕港口而衍生出的多元化现代服务业共同作用,这些多元产业代表着港口经济的更高形态,因而港口对于城市经济的作用并未减退,其实质不过是对城市经济的推助形式由直接推动转为了间接带动。而事实上对于港口产业而言,这种经济作用形式的变化也是港口产业发展的一

种转型。

我们以邮轮产业的兴起为例来说明新时期港口经济的发展趋势与特点。在 19 世纪中期出现的最早的邮轮不过是可以载客远洋的邮递轮船。随着时代的进步,特别是喷气式飞机出现以来,远洋邮轮已渐渐丧失它的载客、载货功能和竞争力。但邮轮经济却在另一个崭新的层面悄然兴起,并创造出了远高于以往的价值。今天的邮轮被誉为“漂浮在黄金水道上的度假酒店”,在发达国家和地区已经成为旅游业的重要组成部分。据统计,邮轮经济可以以 1∶10 ~ 14 的高比例带动多产业发展。按照国际惯例测算,一名邮轮旅客在邮轮停靠时消费能力为 30 美元/小时 ~ 40 美元/小时之间,以最低花费 30 美元/小时计算,1 万名游客在母港区域停靠 10 小时,将会带来 300 万美元的收入。随着人民生活水平的不断提高,邮轮经济已经成为当今一些港口城市的重要经济增长点,创造着越来越大的产值。例如有“世界邮轮之都”称号的美国迈阿密拥有 12 个超级邮轮码头大厦和两公里长的停靠泊位,每年创造着超过百亿美元的经济效益(见图 6.8);有“花园城市”美誉的新加坡,每年有数千艘次国际邮轮到港,邮轮产业成为当地旅游业的支柱[13]。

图 6.8　迈阿密邮轮母港

邮轮经济仅仅是新港口时代港口经济的一种表现形式。随着全球经济的持续发展,集装箱运输等新形式的深入推广,港口功能与产业组织方式仍将发生诸多深远的变化。在今天这个“新港口时代”,港口的核心功能转变为多元资源配置功能,其本质是对原有港口功能的延伸和发展,功能定位更高。从前的港口主要从事对货物资源的配置及其相应的服务，而今天港口的资源配置内涵更加丰富，不仅包括物流资源配置，更包括了对于由物流资源配置延伸的资金、服务、产业、信息、人才等无形生产要素资源的综合配置功能，且资源配置的优选能力更强、技术手段更先进、产业链更长、自由化程度更高、乘数效应更大。

今天，全球经济一体化的趋势日趋明显，正是由于港口内涵更为丰富的资源配置，港口城市才能成为所在区域的综合性资源调动中心，成为辐射经济腹地的资源配置中心。可以说，把握住港口产业转型的先机，充分利用好港口资源优势，就把握住了经济一体化的先机，就在新的经济发展浪潮中占得了主动。

三、加速推进城市产业转型，持续增强区域经济竞争力

今天的港口城市应当更好地挖掘新形势下港口资源的潜在优势，准确把握港口产业与城市发展的趋势，尽快思考并加紧推进产业升级与转型。特别是应当注意利用自己的产业基础与经济地位加大对新兴战略产业的支持力度，注重创新型人才的培养和引进，加速培育形成新的增长模式，全面巩固与提升自身的核心竞争力。

从实际情况来看，现代港口城市通过产业转型延续竞争优势已成为一种十分普遍的现象，美国 20 世纪 20 年代的十大城市纽约、洛杉矶、芝加哥、底特律、费城、克兰夫兰、波士顿、圣路易斯、巴尔的摩和布法罗都是从港口发展起来的，今天港口直接产业在这些城市的经济活动中已经降至很小比例，但大部分城市仍基本上保持着大都市的地位，并在区域经济中发挥着不可替代的作用。我们以其中的费城为例。费城是美国重要的港口城市，也是美国第五大城市。历史上费城曾经是美国的首都，并大力发展了包括港口在内的城市交通运输网络建设，由此带动了制造业的兴起，伴随产业的快速集聚，费城在 1860 年的制造业产值高达全国的 30%，金融业也在产业资本快速发展的基础上取得了诸多突破，美国第一所银行和第一所证券交易所均诞生于此。如今，现代高科技的发展使得传统港口产业在费城的经济活动中只占很小的比例，然而费城已经成功地维系了港口鼎盛时期的聚集效应，其成熟的路径发展经验使得产业结构、布局更趋科学化，在费城城市的外围分布着种类繁多的各类工厂企业，并在钢铁、机械、造船、化工、汽车等工业制造部门呈现出齐头并进的良好态势，而在城市中心，费城的金融、保险、教育、文化及创意产业同样取得了

突出的成就。这种城市产业的成功转型,支持了费城城市的可持续发展战略,也为区域经济的发展提供了源源不断的动力[12]。

同样的例子还有香港,虽在上世纪50~70年代受朝鲜战争以及联合国对华禁运的影响,其重要的转口贸易业务大受冲击,港口直接产业在城市经济中的地位受到动摇,但由于香港政府积极利用港口优势发展劳动密集型的加工制造业,并由此带动运输业、建筑业、邮电通信等相关产业快速发展,城市经济实现持续增长。20世纪80年代,伴随经济水平的不断提升,香港劳动密集型的制造业开始向珠江三角洲转移,内地廉价的资源维持了香港制造业的成本优势,产品通过香港港口转到世界各地,港口经济的作用形式也实现了新的调整,香港政府在此阶段积极引导第三产业的发展,实现了城市经济新的提升[11]。今天的香港第三产业已经占到城市经济总额的90%以上,就业人口达86.6%,人均GDP高居世界第七,是不折不扣的东方之珠。

两座城市的成功转型代表了港口城市经济发展的趋势。而在其中,政府审时度势,发挥了重要的宏观指导作用。反之,如果政府在港口城市经济增长的过程中不能适当地转变经济增长方式,不重视新技术的研发、产业结构优化升级以及人力资本的投资与积累,原有的发展模式与经验可能会放缓甚至抑制新时期城市经济的发展,恶性的路径依赖则会使得该区域逐渐陷入经济增长的困境而难以自拔。

不同的港口城市均拥有自身的优势,这些优势可以是港口水深等自然资源禀赋,也可以是技术资源优势或腹地区位优势,但如何真正将既有优势差异化而形成竞争对手无法超越的比较优势,将是港口城市在面对挑战时首先需要思考的。对于港口城市的政策决策者来说,在"新港口时代",一方面应当充分把握港口发展与国际贸易发展之间的关系,顺应航运发展潮流并优化港口产业结构;另一方面则需要把握产业发展动态,调整城市经济发展方向,统筹兼顾包括港口在内的城市整体资源状况,通过政策的激励机制与约束机制为港口城市配置政策要素,提升港口城市的未来竞争力。

港口改变着城市的命运。古往今来,港口以其独有的便捷优势,吸引着来往商贾与货流,为城市集聚起了巨量的经济资源,城市也在港口的作用下构筑起完备的产业体系,并不断提升着自身的竞争实力。

随着生产方式与科学技术的进步,港口作为海运转为其他运输方式的过渡节点的作用逐渐减弱,而作为组织外贸的枢纽作用日益增强,其已经成为综合运输链当中的一个主要环节,并逐步成为区域经济以及工业发展的支柱。

今天的港口,货物吞吐早不再是它的全部。他们在全球领域配置着各个层级的产业资源,引领着世界经济发展的潮流。今天世界上最为发达的城市几乎都是港口城市,这里充斥着高端人才与社会财富,代表了当今人类文明的最高成果,宛如镶嵌在海岸线上的一颗颗璀璨的明珠,闪烁着耀眼的光辉,也照亮了区域经济发展之路。

参考文献

[1] 杨建勇. 现代港口发展的理论与实践研究[D]. 上海:上海海事大学,2005 年.

[2] 段华明. 城市演进与城市灾害[J]. 城市观察,2010(2),161 页.

[3]韩强. 因海而重:广州城市规划建设的主线[J]. 城市观察,2011(3),106 页.

[4] 张乐育. 论我国外贸发展必须以沿海地区为重点、主要港口为中心. 中山大学学报(社会科学版),1988(3),9 页.

[5] 杨建勇. 现代港口发展的理论与实践研究[D]. 上海:上海海事大学,2005.

[6] 陆伯辉. 世界大港——纽约. 世界经济文汇. 1984(1),68 ~ 70.

[7] 惠凯. 临港产业集聚机制研究[D]. 上海:上海海事大学,2005.

[8] 徐毅松. 迈向全球城市的规划思考[D]. 上海: 同济大学,2006.

[9] 陈磊. 从伦敦、纽约和东京看世界城市形成的阶段、特征与规律[J]. 城市观察,2011(4)88 ~ 90.

[10] 樊若为. 今日全球金融中心——"纽伦港"[J]. 世界博览,2010(7). 35 ~ 39.

[11] 王湘琳. 大力发展上海邮轮经济[J]. 法制与经济(下旬刊). 2010 年 (1). 112 ~ 115.

[12] 梁业章,陆琳. 港口城市发展理论与实证探讨[J]. 商场现代化,2006 年 (14). 189.

[13] 高宗祺,昌敦虎, 叶文虎. 港口城市演变趋势的剖析及可持续发展战略选择[J]. 中国人口、资源与环境, 2010 (5). 102 ~ 108.

第七章　港口时代面临的挑战

王　建　张雷杰　龙　磊

随着历史车轮的前进，诸如电报、书信等传统的通讯方法逐渐走向消亡，而互联网、掌上电脑、智能手机等新生事物正在快速地走进普通百姓的生活。原因显而易见：事物总是在不断适应新的环境、应对新的挑战下萎缩或扩张、消亡或壮大。能够快速适应新的环境，科学应对新的挑战，必然关乎兴衰成败。万事一理，港口的发展亦是如此。一些港口在辉煌之上更进一步，一些港口在挑战面前成功转型，一些港口在困难面前走向沉沦。荷兰的鹿特丹港在世界港口之林中独领风骚，日本的神户港曾经鼎盛后风光不再，我国一批沿海港口近几年接连跨进世界前十，这其中究竟蕴藏着什么规律呢？

作为一个国家的对外门户，港口的发展与所在国的经济发展密不可分。经济发达程度越高，港口的现代化水平越高，对外贸易的发展速度越快，港口的吞吐量增长也就越快。可以看出，世界各国经济发展水平的不均衡必然导致各国港口面临的挑战在阶段性上不尽相同，一些挑战需要世界港口共同应对，一些挑战发达国家港口已经基本解决而发展中国家正在面对。那么，在港口时代，究竟面临着哪些新的挑战？哪些是世界港口共同面临的新挑战，比如环保问题？哪些是发达国家已经发生过的，又转而摆在我国港口面前的新挑战，比如港口开发热问题？下面也许有您要寻找的答案。

第一节　港口兴衰的背后动力
——产业转移

产业转移与航运业的发展相辅相成。大规模的国际产业转移离不开航运业的快速发展，没有海运成本的下降，繁荣的国际贸易将成为空谈。

特别是半个世纪以来,集装箱技术的发明应用让远洋运输成本下降到散货时代的1/3,不仅促使地球上最远两个角落进行贸易也变得有利可图,还让企业在全球范围内组建供应链成为可能,极大地促进了国际贸易的增长,推进了经济全球化的不断深化。

可以说,正是由于大量企业在全球范围内寻找低成本制造基地,直接导致了20世纪的几次大规模的产业转移。先是20世纪的六七十年代欧美发达国家将大批的劳动密集型产业转移至拉美、日本等国,形成了第一次产业大转移;随后日本的产业向中国香港地区、中国台湾地区、韩国等转移形成第二次产业大转移;至80年代初制造业继续转移到我国的沿海地区形成第三次产业大转移,我国沿海地区由此相继崛起。有趣的是,伴随着这三次国际间的产业转移,那些承接产业转移的国家和地区的港口也同时取得了快速发展的机会,如我国的深圳港、上海港等正是借第三次产业大转移的东风得到了突飞猛进的发展。

这是因为,作为海洋运输的枢纽,港口是国际产业转移的必经之路,是一个地区吸引和承接产业转移的必备条件,对国际贸易和产业转移的大发展起着基础性的作用。因此,伴随着产业向低成本地区的转移,这些低成本地区的出海口必然得到快速发展。同时由于产业要素在当地聚集,特别是随着就业人口在当地定居,这些地方最有可能发展成为大城市。通过考察近现代发展起来的大城市,可以发现它们绝大多数是依港口而生,纽约、洛杉矶、伦敦、鹿特丹、东京、香港、新加坡以及上海、深圳、天津等地均是如此。这些地区也借助得天独厚的运输优势,成为一地或一国的贸易中心或制造中心[1]。

但是,一个不容忽视的情况是,产业转移促进港口发展并非一劳永逸,恰恰是一把双刃剑,对于承接产业转移地区的港口是莫大的福音,对于产业转出地区的港口而言无疑是"巨大的灾难"。日本港口的兴衰史正是一部产业转移与产业转出的历史。面对产业转出的挑战,已经发展起来的城市并不必惊慌失措。因为,这些城市可以通过产业升级进入自我发展的良性阶段,从而摆脱对港口发展的高度依赖。但是,这些地区的港口终将逐步衰落,甚至退出历史舞台。纽约港的兴衰就是一个典型的例子。

20世纪五六十年代,纽约港盛极一时,是世界著名的航运中心(图7.1)。凭借哈德逊河入海口的地理优势,纽约港在20世纪50年代早期处理了美国1/3以上的海运货物,为纽约市提供了10多万与海运直接相关的就业岗位。集装箱进入国际运输以后,运输成本迅速下降,纽约港口日益拥挤的交通、高昂的陆运成本、高额的码头工人工资以及强大的工会等问题为纽约港敲响了丧钟，大批的制造业搬离纽约市，贸易量随之缩水，港口物流量接连下滑，纽约港就此开始衰落，直到20世纪70年代后期彻底关闭。为了保住纽约港的地位，纽约市曾进行过一场代价不菲的“港口保卫战”，包括大力投资拓深航道、新建码头、改善港口后方交通等，但经济发展的潮流横扫了这种无谓的抵抗，纽约港最后被改装成了一个娱乐港城。纽约是第一个以前所未有的方式面对经济转变的老牌航运中心，但绝不是最后一个。紧随其后，英国的伦敦港、利物浦港也丧失了欧洲航运中心的地位，取而代之的是荷兰的鹿特丹港，亚洲的新港口也相继崛起[1]。

图7.1　纽约港鸟瞰图

进入新世纪以来，特别是2008年国际金融危机爆发以来，国内外产业转移呈现出新的趋势，对港口带来了新的挑战。从中可以发现未来港口兴衰的前兆。

第一，国际间产业转移的速度会明显放慢，港口吞吐量难以继续保持高速增长的势头。金融危机的发生使各国经济普遍不景气，面临着巨大的就业压力，跨国企业和投资机构资产缩水，对外投资的意向和能力减弱，为了吸纳就业、抵御经济波动，许多国家对制造业出台了相应的保护措施，因此国际间产业转移的速度会明显放缓。但是，需要说明的是，全球化和发达国家产业升级推动了国际间产业转移，对于那些从发达国家转移出的高污染、高能耗、劳动密集型的产业，出于其国内政治和劳动力成本的考虑，这些产业不会回归，因此国际间产业转移的总体趋势不会发生根本逆转。同时,这场金融危机将深刻改变人们的消费理念和消费习惯,尽管生活必需品等基本的消费需求不会减少,但是人们会更加崇尚环保、简约的生活方式,对物质产品的总体需求将会进一步减少,这将对中国等世界上主要制造业国家的外贸出口总量和结构产生很大的影响,进而减缓港口装卸业的增长速度,中国港口在20世纪头十年的高速发展已经成为了历史[2]。

第二,从国际上看,成本更加低廉的地区将成为承接国际产业转移的新区域,这些区域的港口将面临崛起的大好时机。从全球化进程来看,全球资金总是在寻找正在上升、潜力巨大的市场。实际上,随着中国劳动力和原材料成本的上涨,一些外资正在重新考虑是否将制造业设在中国,而工资水平低、拥有优良港口条件的地区(政治稳定、市场经济是前提)的墨西哥、越南、印度等国家,正在成为越来越多外资投资建厂的选择对象。这些国家的港口必将伴随着产业转移的逐渐深入而崛起。与此同时,我国港口的发展必将面临产业转出的严峻挑战,如何在保持港口业平稳发展的同时,顺利完成升级转型已经成为我国港口企业必须解决的重大课题。

第三,就国内而言,产业转移正呈现"北上西进"和向沿海特别是港口聚集的新特点,对我国港口提出了新的挑战。一方面,随着我国东南沿海地区逐渐进入后工业化时期,受环保成本、劳动力成本大幅上升以及产业升级发展的影响,前期引领经济发展的低附加值的劳动密集型产业和加工贸易正在向中西部和北方转移,而且转移的速度正在加快,对我国南北方港口的吞吐量格局必然带来相应的影响。据有关方面测算,仅东南沿海四省市(粤、浙、沪、闽)需要转移出来的产业将达到上万亿元产值。另据香港工业总会2008年调查数据显示,目前香港公司在珠三角投资的工厂达5.75万家,其中37.3%的港资加工贸易企业已有意将全部或部分在珠三角地区的生产活动转移到中西部地区[3]。另一方面,出于降低综合成本的考虑,大型冶金工业、机械工业、造船业和石化工业等临港产业正在加速由内陆向沿海特别是港口周边转移集聚,这对港口的产业承接能力提出了新的挑战,同时也为港口企业转型升级创造了有利条件。

第二节　港城空间规模扩大引发土地利用冲突

水是生命之源,土地是财富之母,水和土地的汇聚促进了人类文明的发展。作为水与土地的交汇点,港口促进了城市的繁荣,而城市则带动了港口的发展。港口与城市的互动发展不可避免伴随着各自地域空间的扩张。但是由于地域空间的有限性,作为两个不同的系统,港口与城市发展到一定阶段必然会在土地利用方面产生冲突。

纵观世界港口与城市的发展历史,两者的互动发展呈现出明显的阶段性。在不同的阶段,两者在地域空间上的发展也呈现出不同的特点。一般来讲,可以把港口与城市的互动发展分为四大阶段。

第一阶段是港口带动城市的阶段。在港口与城市发展的初期,港口处于市区之内,港区被市区包围,港口依托江河和海洋以简单的、非竞争的方式装卸城市消费品和城市的出口物资,提供运输、渔业、贸易等服务,成为城市发挥向外辐射功能的原始通道,比如说,中国古代的漕运码头大都位于城市之内,对商业和军事物资的运输发挥着重要作用。如天津的三岔河口,是天津的发祥地和近代工商业发展的摇篮,曾是天津的政治、经济中心和军事重地。这个阶段,由于港口天然的区位优势,使得城市对港口表现出很强的依赖性,城市主要依靠港口的带动而发展。同时,由于城市的空间规模并不大,港口往往成为城市的中心区域和重要的功能区。城市居民住宅区、交通干道等城市的空间布局和功能组织主要围绕港口和航运通道展开,城市与港口之间具有明显的单向依托关系,表现在地域空间方面就呈现出港口扩张而城市跟进的局面。因港口发展起来的城市在历史上大多都经历过这样一个初始阶段。

第二阶段是港城互相促进的阶段。港城互相促进一方面体现在港口的形成和发展促进了城市的兴起;另一方面体现在城市经济的发展、科学技术的进步、集疏运网络的完善,又带动港口规模的扩大,使港口从仅有运输、装卸功能逐步发展成为具有商业功能、贸易功能和工业功能的物流中心。这一阶段,港口的发展可以大大促进城市规模的扩张。由于对工业具有很强的诱发、产生和集聚作用,所以港口可以加速所在地区的城市化和工业化进程。港口的建设和发展,不仅会形成许多配套的产业,而且对人口也具有吸纳的作用。产业的扩展和人口的集聚,都会使城市规模不断扩大。在港口促进城市经济发展的同时,城市的发展又为港口发展提供支持和保障,不仅使港口货物种类和数量不断增多,而且使港口集疏运系统及其他相关设施日益完善,促进港口区域的扩大和功能的提升,港口对区域经济的带动辐射作用不断增强。

第三阶段是港城局部冲突的阶段。多数城市是围绕港口诞生并逐渐发展起来的,城市与港口在地域空间上紧密接壤。随着城市工业和商业的快速发展,吸引人口增多,推动城市经济规模扩大,在城市包围下的港口往往已经没有扩展的余地。二者不可避免地在地域空间上产生冲突和矛盾,突出表现为港口巨大的人流与物流所占用后方码头、仓储等基础设施与城市道路、城市生活生产用地间的矛盾。例如,一个停靠第五、第六代集装箱船的泊位,其码头堆场面积都以数十公顷计,同时港口发展物流也需要大量土地。与此同时,随着城市规模的发展,港口滨水地区成为市政当局和商业资本瞩目的"寸金之地",娱乐场、办公楼、饭店、宾馆和商业设施等开始与港口争夺紧缺的土地资源。这一系列矛盾使得港口对城市发展的贡献出现边际递减趋势,给城市经济发展带来局部负面作用,原来港口带动城市发展的状态发生了改变[4]。概括起来,就是由原来的"港兴城兴"格局转变成了"港城冲突"格局。港城关系的这种转变必然要求两者在空间布局上进行调整,港口逐渐从城市中心区分离出来,向远离城市的地带寻找新的发展空间,港口功能与城市功能也同步出现了分化。

第四阶段是港城重新融合的阶段。随着港口功能的不断完善,港口产业链不断延长,港口发展带动与港口相关的港口地产、海运代理、金融、保险等产业快速发展,临港工业和依港而建的进出口加工业促进城市工业和商业逐渐繁荣,形成巨大的产业吸聚力和带动力,不断吸引前向和后向关联产业在港口城市集聚,形成强大的临港产业群,并通过乘数效应促进城市各个领域的发展,带动区域经济的发展。港口城市产业辐射能力已经超出了城市的范围,港城关系也从主要基于地域空间的简单依存完成了向主要基于产业关联的重新融合[5],港口的发展为城市的贸易、金融、物流、旅游、文化、技术服务等产业的发展提供了有利条件,并逐步形成港口与城市的一体化,使港口城市成为人流、物流、资金流、信息流汇聚的中心。

目前,发达国家的港口已基本走完了以上四个发展阶段,港口城市也出现了分化,一些港口与其所在城市继续高度融合发展如鹿特丹、新加坡,一些港口逐渐衰落而其所在城市继续得到发展如伦敦和纽约。经过改革开放后30年的发展,我国沿海港口的质量均得到显著提升,港口功能日益多元化,港口城市经济得到较快发展。上海、天津、宁波等大港已基本脱离了港口带动城市发展的初级阶段,正在经历港城局部冲突的考验。如何解决好港城空间冲突问题已经成为中国港口城市面临的重要课题。目前,港城分离发展和港城一体化发展已经成为业界认为可以努力的方向。为了克服空间缺乏的困难和其他土地摩擦,一些港口对总体规划进行了重新布局,以使最近和未来建设的港口码头远离城市中心。还有一些港口结合自身实际,正在积极探索港城一体化发展的新模式。天津港正在积极打造的东疆港区就是一个典型的例子。

东疆港区位于天津港东北部,为浅海滩涂人工围海造陆形成的三面环海半岛式港区。港区南北长约10公里,东西宽3公里,总面积约30平方公里。分为码头作业区、物流加工区、港口综合配套服务区“三大区域”,具备集装箱码头装卸、集装箱物流加工、商务贸易、生活居住、休闲旅游“五大功能”。码头作业区位于港区西部,将为天津港增加7公里深水集装箱码头岸线,可全天候接卸世界上最先进的集装箱船舶,满足未来10～15年天津港集装箱发展的需要。物流加工区位于港区中部,利用临港优势,可为国内外物流企业提供方便快捷的全程物流服务。港口综合配套服务区位于港区东部,包括居住区、商业商务区、旅游休闲度假区和邮轮码头区,可为东疆港区工作人员和来港办事人员提供办公、生活、商务、休闲等服务,参见图7.2。

图7.2　东疆港区鸟瞰效果图

天津东疆保税港区规划面积10平方公里,包括物流加工区和码头作业区的一部分,将重点发展国际中转、国际配送、国际采购、国际转口贸易和出口加工等业务,实现货物、资金、人才自由流进流出,建成后将成为我国规模最大、开放度最高的保税港区,成为规划科学、功能完备、设施先进、政策宽松、监管有效、服务便捷、环境优美的现代化、国际化、智能化世纪港岛,成为中国北方国际航运中心和国际物流中心的核心经济功能区,综合配套改革的试验区、滨海新区开发开放的重要标志区。

目前,依托东疆保税港区的税收优惠、出口退税、融资租赁、航运交易等政策优势和功能优势,东疆港区的建设开发不断加快,吸引了400多家国内外知名企业落户发展,拓展了国际贸易、国际物流、国际中转、国际采购、出口加工等五大功能;建设了亚洲设计规模最大的国际邮轮母港和全国规模最大的人工沙滩,增加了休闲度假、会展会议、时尚消费等的新元素,吸引了美国皇家加勒比、意大利歌诗达等全球著名邮轮公司来港开辟母港航线,助推了以国际旅游为中心的邮轮经济发展,使东疆港区进一步体现了功能和服务的高端化与现代化。东疆港区在港城一体化发展的道路上已经迈出了坚实的步伐(见图7.3和图7.4)。

图7.3 天津国际邮轮母港

图7.4 东疆湾人工沙滩

第三节　港口吞吐量增长导致港城交通矛盾

快速高效的集疏运通道，是港口与广大腹地相互联结，进行一体化运输组织的关键，是港口赖以生存与发展的主要外部条件。从国外成熟港口的发展经验看，随着港口功能的完善及升级，港口吞吐量规模逐年扩大，其所能够服务和辐射的腹地范围不断扩大，枢纽港口周边地区的交通压力与日俱增。据统计，2010 年全球集装箱吞吐量超过 5.5 亿标准箱，目前在大型枢纽港附近的道路常常因为大量集装箱卡车的到来而拥塞。同时，由于港口所需要的与腹地连接的高速公路特别是铁路，往往都会对城市的规划建设形成严重的切割，这也是导致港城交通矛盾的重要原因。

要理清港城之间的交通冲突，必须首先分析港口与城市处于哪种类型的交通布局。从国内外港口城市发展的历程来看，大致可以把港口与其所在城市的交通格局概括为三种类型，在不同类型的交通格局下，港口吞吐量增长带来的港城交通矛盾的激烈程度也不尽相同。

第一种类型是城区包围港区型。该模式主要针对沿河形成的内河港口而言。内河港的港区一般沿河两侧布局，城区则沿港区向外扩展并逐步形成对港区的包围。该模式的陆域集疏港交通经常要穿越城区，极易造成对城市的分隔，对城区交通带来较大影响，同时使城区缺乏适宜的亲水空间。该模式的代表港口有汉堡港等。为了解决港城交通的冲突，这些港口在核心区外围构筑高速环线，并建设几条主要的放射性通道与环线相接，形成环—放式的集疏港运输结构。同时，还在放射性通道在穿越城市建成区的两侧修建绿化带进行分隔，以此来减少集疏港交通对城区的干扰。

第二种类型是港区与城区平行发展型。该模式大多是由于港口的发展促进了城市的逐渐形成，即所谓的港后城市。最初，城市与港口的规模均比较小，城市与港口在空间资源上相互挤压的现象并不明显，但随着城市和港口规模的扩大，两者沿平行于海岸线的方向平行发展，城区与港区空间资源的相互挤压会越来越严重，两者在交通方面的矛盾也越来越大，也势必影响城区对亲水空间的需求。世界上许多沿海港口的发展都经历过这个阶段。对此，不少城市在港区与城市核心区之间通过建设快速通道或绿化带进行空间隔离，疏港通道则从核心区的外围经过，以避免对核心区的干扰。例如，美国的纽约港和日本的横滨港都采取这种模式来解决港城交通方面的冲突。

第三种类型是港区远离城区型。该类型的港口与城市之间有较大的预留空间，该空间或者是规划预留，或者是由于港口沿海岸线向远离城区的方向迁移而形成的。由于城市与港口之间存在空间上的分离，形成了有效的缓冲，城市交通与疏港交通大多在城市、港口、预留缓冲地三个区域内完成，城市交通与疏港交通之间既相互联系又互不干扰。另外，由于缓冲空间的存在，城市用地与港区之间也不存在空间资源的相互挤压问题。在解决港城空间矛盾方面，这种布局模式相对前两个无疑更为理想，但港区与城区之间的缓冲空间控制难度较大[6]。

不管属于那种模式，随着现代化生产方式和交通体系的建立，区域间的联系越来越紧密，空间上的距离已不再成为核心问题。为使港口能与更大区域范围发生直接联系，城市需要满足交通运输方式的多样性，根据具体情况采用公路、铁路、内河航运、近洋船舶/支线船运输、空运及管道网等不同的运输方式进行运输，如鹿特丹建立了公路、铁路、内河航运、近海支线、管道等多种方式的发达的交通网络体系。同时，城市交通还需要解决人们每天在居住和工作地之间的通勤问题，所以在城市和港口之间建立快速高效的交通显得尤为必要。例如，鹿特丹建立了高速公路和轨道交通，在玛斯河北岸开发具有吸引力的住宅区，在南岸进一步增加工业活动，同时北岸各住宅区和活动区都有各自特定的通往南岸的交通通道。国内方面，天津在解决港城交通冲突方面的做法也很有代表性。

天津港城交通主要存在以下问题：①港城平行发展，争夺空间资源。② 疏港运输结构欠合理，对城市干扰较大。③港城交通系统不完善，相互影响严重。为解决近年来天津港货物吞吐量激增，而受港内及周边道路布局、设计的局限，集疏港道路与城市道路混行，拥堵状况时有发生的问题，滨海新区大力规划建设港城交通疏导路网，逐步实施"港城分离交通体系"建设，集疏港交通环境获得显著提升，避免一些进港道路穿越中心城区，减少疏港运输对城市交通的压力以及煤尘对城市环境的污染，而塘沽区等滨海新区核心区域的城市交通状况也会大大改善，参见图 7.5。

改革开放以来，我国沿海地区经济迅速繁荣，由于这些地区一般都在公路的经济运距范围内，公路成为港口首选的集疏运方式，从而形成了目前我国港口相对发达的公路集疏运通道。而铁路和内河集疏运方式因缺少相应的支撑而变得相对落后。目前我国沿海港口公路集疏运的比例约占70%,集装箱公路运输所占比例更大[7]。在交通需求不断增长的情况下,与城市、铁路、公路、民航等综合交通体系类似,港城交通矛盾已经成为制约我国港口进一步发展的重要因素。大力推进客货分离,积极提高铁路、公路运输效率,进而改善港口的集疏运条件,对于解决好两者之间的交通矛盾,实现港城共同繁荣尤为重要。与此同时,随着我国高速公路、高速铁路、特高压电等先进的货物运输方式和电力传输手段的进一步发展,我国港口的内贸运输也将受到一定程度的冲击,但同时也会相应缓解港城之间的交通压力。

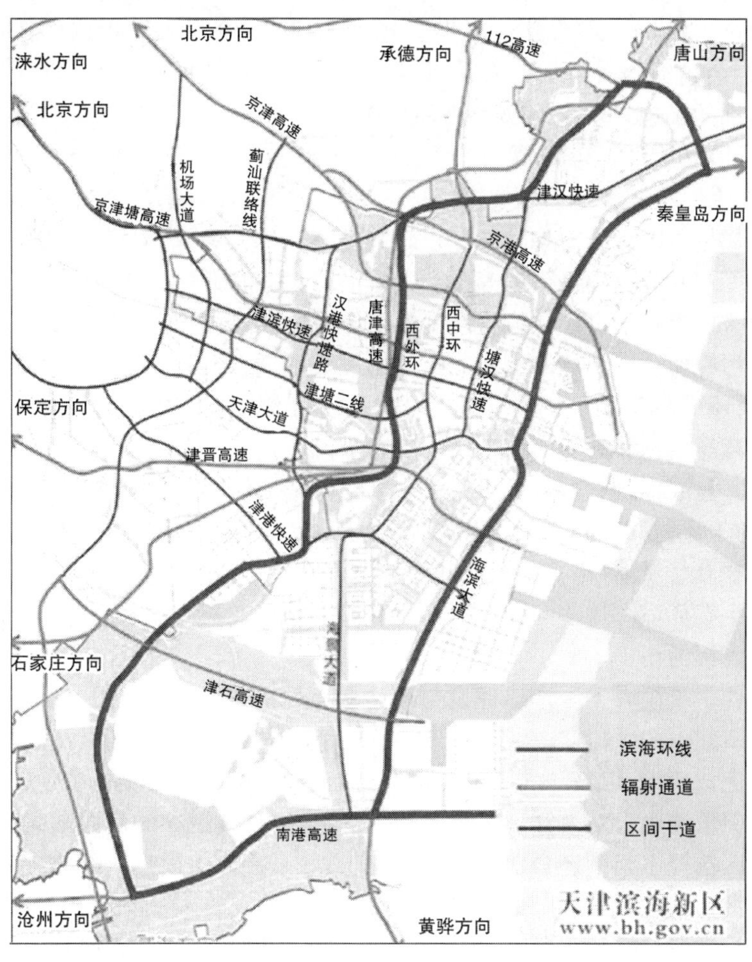

图7.5 天津滨海新区道路交通规划图

第四节 港口环保问题成为世界关注的焦点

港口的建设、运行、发展，不仅会影响当地的生活环境，还会影响当地的社会、经济等环境，概括起来主要包括以下四个方面。

一是船舶操作及污水排放。船舶在运行期间可能会无意地向海洋中排放、散落或溢出了一些污染物，这会严重影响港口海底环境和深海底生物群落。造船、修船、拆船和打捞船时，也会不同程度地产生油类污染物。载运有毒、含腐蚀性货物的船舶排放洗舱水和其他废弃物时也会产生污染。到港船只可能会排放压舱、洗舱等含油污水。在港船舶，也会倾倒生活垃圾及食品废弃物。这些都会对本地的海洋环境产生特别的影响。其他情况，比如停泊油轮的污水、船舶失事的石油泄漏、危险货物的散落或者溢漏，长期累积下来，也会对环境造成很大的影响。

二是海岸沿线情势的变化。港口区域的自然环境、生态系统以及与之相关的波浪、潮流、防洪等都会受到港口存在的影响。防波堤和任何其他的防护措施不可避免地将改变海岸区域的波浪、潮流特性，引起泥沙冲淤和污染物迁移规律的变化。疏浚工程或围垦工程不但改变了水流循环模式，还可能破坏已存在的海滨泥滩，严重影响生物的多样性，甚至会对某些海洋生物和鸟类的生存产生威胁。

三是港口运行期间的灰尘、噪声、气体和污水。港口在日常营运期间，由于货物的装卸操作以及其他生产活动而产生的粉尘、噪声、气味和排放物都会对港口的水质、空气质量产生重大的影响，会损害人体健康和破坏生态环境。这些问题是每个现代港口固有的传统难题，是港口对环境最直接的污染。

四是疏浚弃土。港口建设与疏浚是一对相辅相成的矛盾。疏浚是实现港口建设的手段之一，港口需通过最有利的疏浚方法和最合理的疏浚成本完成建设，以解决港口航道淤塞、航道等级的提高和陆域形成等问题。但疏浚也会对海洋环境、海洋生物等带来种种潜在的负面影响，如果抛泥区选择不当则还会对渔业、海上交通等直接产生影响。除此之外，港区里的生活垃圾也会对港区环境造成一定影响[8]。

当港口规模较小时，以上因素对环境的影响不甚明显。但是，随着港口规模越来越大，港口对港区及周边地区生态环境的影响也会越来越大、越来越深入。例如,根据加州南海岸空气质量管理区的统计数据,洛杉矶和长滩港口地区总共6百万辆卡车每天共排放NOx101吨,而洛杉矶港口和南加州长滩港口每天排放的NOx高达128吨。加州空气资源局2002年的统计资料表明,每年这两个联合港口的柴油机排出的PM(大气细粒子)估计有1760吨,这个数据约占了加州南海岸空气盆地地区柴油机PM排放总量的21%。其中73%是由距离加利福尼亚海岸14~100英里的海洋船舶排放,商业海港的小艇占了总量的14%,其他一些污染来源包括货物搬运装卸设备(10%)、港口内的重型运货车(2%)以及港区内的机车(1%)[9]。

近年来,随着可持续发展理念的深入人心,港口的环境保护水平已经成为当今衡量港口发展质量的三个主要方面(效率、安全、环境保护)之一,一些国家甚至把环境保护作为港口的基本功能之一。国外先进港口也都把环保理念融入其发展过程中,并且取得了巨大的成就,受到行业瞩目。目前,美欧等西方发达国家在绿色港口建设方面已取得很大进展,例如,美国洛杉矶—长滩两港联合实施的“圣佩罗湾洁净空气行动计划”、纽约—新泽西两港联合实施的“洁净空气措施和港口空气管理计划”;荷兰鹿特丹港实施的“里吉蒙地区空气质量行动项目”;澳大利亚悉尼港实施的“绿色港口指南”等,从注重水体质量、空气质量、生物多样性到噪声控制、垃圾管理、危险货物管理等各方面,再到环保教育与培训,致力提高员工的环保意识着手,来改进港口环境质量,提高了港口绿色度,绿色港口建设走在了世界港口业界的前列[10]。

就我国港口而言,在大力发展绿色经济、低碳经济、循环经济的时代背景下,一些港口正在积极“转方式、调结构”,不断改善港口环境。例如,近年来出现的“组合港”以及港口合作联盟,通过优化配置港口和物流资源,提高了资源利用率和流通效率,降低了资源消耗和流通成本。港口企业通过对运输过程中的装卸、包装、仓储等环节中相关设备设施的升级改造和技术革新,实现节能高效低污染。有关统计数据表明,从2000年至2008年,我国港口生产综合单位能耗由每万吨吞吐量5.77吨标准煤下降到5.20吨标准煤,降低了9.88%,其中沿海港口由6.81吨标准煤下降到5.60吨标准煤,降低了17.77%[11]。我国港口在建设生态港口的道路上已经取得长足进步。

以天津港为例,2003年天津港在全国港口企业中率先提出“建设生态港口,共享碧海蓝天”的环保目标,通过近几年大力采取相关措施,生态港口的建设取得了较大的进步:一是节能降耗工作全面深入开展。“十一五”末,全港集装箱场桥“油改电”工作完成后,每年可节约能源 1.3 万吨标煤。“十一五”期末,港口万元增加值能耗较“十五”期末下降 25%,能源利用效率得到较大提高。二是环境保护与生态建设水平全面提升。在国内率先实施了生态港口建设,使天津港水环境质量达标率达到 100%、空气环境质量好于或等于 2 级标准的天数超过 300 天、噪声达标区覆盖率≥95%、主要污染物排放强度 < 5kg/万元 GDP;绿化建设投资 7.2 亿元,绿化面积 275 万平方米,港区绿化覆盖率达到 12%。三是海洋环境保护方面效果明显。通过大规模吹填造陆工程,将港池及航道疏浚中产生的泥沙全部作为陆域形成的基础材料进行综合利用,形成天津港陆域,从而最大限度地避免了疏浚泥沙对海洋生态环境的影响,为保护渤海环境起到积极作用。

目前,我国沿海新建码头的环保和节能设施建设已达到世界先进水平,内河码头的环保和节能设施水平也有大幅度提高。但是与发达国家相比,我国在港口环保方面仍然有不小的差距,要实现从“大港”向“强港”的转变,必须更加注重环境保护,形成港口与环境的协调发展。为此,交通运输部提出了建设“环境友好型”港口的目标,到 2020 年要在 2005 年的基础上,港口生产单位吞吐量综合能耗下降 10% 左右,港口粉尘综合防治率达到 70%,港口污水综合处理率达到 100%[11]。这些指标为我国港口提出了巨大的挑战。除此之外,随着我国人民生活水平的大幅提高,人们的“亲海要求”越来越高,非常希望能够到港口乘坐邮轮旅游或进行港口工业旅游,这不仅对港口的环保水平提出了更高标准,同时也要求港口相应建设邮轮码头、沙滩等娱乐休闲设施。这些需求都为我国港口的发展提出了新的挑战。

第五节　港口开发热引发的烦恼

竞争是港口发展的原动力。港口之间通过竞争,可以降低物流成本,提高物流效率和服务水平,推进贸易和综合物流的发展,有利于提高港口项目开发和运营管理水平,有利于运输市场开拓和技术改进。但是,在区域经济发展的初期阶段,港口群内港口之间处于自由竞争状态,港口之间的竞争一旦过度,出现“港口开发热”,往往导致盲目建设、封闭经营等现象,区域内资源将得不到合理配置和充分利用,甚至会出现资源的严重浪费和产能过剩。

目前,发达国家的港口基本上已经走过了“港口开发热”的阶段。就我国而言,自2002年我国实施了港口体制改革以来,原先由中央管理以及中央与地方政府双重领导的港口全部下放到地方管理,实行政企分开,港口企业不再承担行政管理职能,并按照建立现代企业制度的要求,进一步深化企业内部改革,成为自主经营、自负盈亏的法人实体。全国沿海港口以此为契机,紧紧抓住中国加入世贸组织的历史机遇,在交通部总体布局规划的框架内,纷纷出台了各自的港口总体规划,在地方政府的大力支持和推动下,加大建设力度,挖潜增效,发展生产。经过激烈的市场竞争,资源配置得到优化,吞吐量和经济效益显著提高,整个港口行业都得到了空前的大发展[12]。截至2008年底,全国沿海港口设计通过能力已经达到43亿吨,而实际完成货物吞吐量44.89亿吨,设计能力与实际吞吐量基本持平,港口吞吐能力不适应国民经济发展的瓶颈问题已经基本消除。

但是,经过这一阶段的快速建设和发展,部分地区的港口出现了功能单一、定位重叠、结构不合理、核心竞争力不突出的问题,甚至在同一省区、相同腹地、不同的行政区域内出现了内部的无序竞争,发生了不必要的内耗。在规划建设方面,为了加快提升吞吐能力,一些港口盲目攀比、各自为政,不顾腹地大小、水陆集疏运配套和岸线水深与岸滩稳定性等条件,争相上马建设码头项目。但是,由于港口建设周期长、投资大、回报慢,很多项目有投入、没产出,导致岸线资源的严重浪费。在生产运营方面,相邻的港口对货主、货源、集疏运通道等方面的竞争尤为激烈,在装卸和集疏运条件差别不大的情况下,竞争的主要策略仍以“价格战”为主。如果放任这种无序的竞争局面继续,会对港口行业乃至区域经济的发展带来一定程度的不利影响。

总结起来,造成“港口开发热”的原因主要有两点。一是由于港口拉动本地经济发展的作用巨大,致使地方政府无不下大力气发展港口事业,以期通过港口的跨越式发展来带动本地经济的快速发展。二是由于国家对港口发展的宏观调控力度不够,客观上放任了前一时期地方政府和港口经营人大干快上港口建设项目的现象。

随着2008年国际金融危机的发生,港口的建设速度普遍减慢,但港口总体的吞吐能力大量释放,而且相邻港口的货源结构和业务模式比较相似,仅环渤海范围内就有天津港、大连港、青岛港、唐山港和黄骅港提出了以煤炭、矿石、原油和集装箱为主的货类结构,都提出要把本港建设成为港口集群中的枢纽港,环渤海内外两个方向的腹地中的大部分物流都规划由本港中转,并制定了雄心勃勃的发展计划。例如,黄骅港提出要建设综合性深水大港,规划泊位 209 个,其中建设万吨级以上泊位 101 个,未来将达到 5 亿吨的吞吐量。自 2009 年 3 月开工以来,综合港区已经累计完成投资 60 亿元,投资强度和建设速度屡创全国港口建设新纪录[13]。唐山港规划了曹妃甸港区和京唐港区两大港区,其中,曹妃甸港区最终可形成各类泊位 260 余个,京唐港区可建设各类泊位近百个,到 2015 年,货物吞吐量达到 5 亿吨。5 年来,全港累计完成固定资产投资达 240 亿元,建成生产性泊位 27 个,新增年设计通过能力 1.55 亿吨,分别位居全国港口第 4 位和第 2 位[14]。虽然这一现象暂时被局部港口运输紧张的压力所掩盖,但形成潜在重复投资、重复建设的风险很大。因此,可以预见港口之间在货源、航线、价格等方面的竞争将会日趋激烈。更重要的是,港口岸线资源是不可再生的资源,大型深水岸线对于我国而言尤为稀缺,各港的激烈竞争势必造成资源的不合理利用。同时,港口企业之间过度的竞争,不利于推进港口的专业化、信息化和技术进步,不利于物流配送体系的优化,也不利于港口之间、港口企业之间的优胜劣汰和优化组合,参见图 7.6。

面对日趋激烈的竞争环境,沿海港口亟须通过资源整合来统筹规划港口资源的开发利用,理顺港口投融资体制,调整一定区域内港口之间的竞争关系,有效避免恶性竞争局面的加剧,发挥港口资源在区域经济中的带动作用,提升沿海港口整体竞争力和抵御市场风险能力。随着《港口法》的出台和港口市场的开放,我国沿海港口面临的外部市场竞争日益激烈,传统竞争手段已经远远不能满足其发展需要,沿海港口为提升自身竞争力纷纷进行重组整合,港口资源整合在全国如火如荼地开展起来。目前,福建省组建了省交通运输集团,将福州港纳入旗下;广西壮族自治区将原防城港、钦州、北海等三个港口经营主体合并组建了北部湾国际港务集团;河北省成立了河北港口集团统筹全省港口建设;环渤海地区的山东、辽宁等省也都有大规模的港口整合动作,我国沿海港口掀起了一波主要以省级区域为单位的资源整合浪潮。

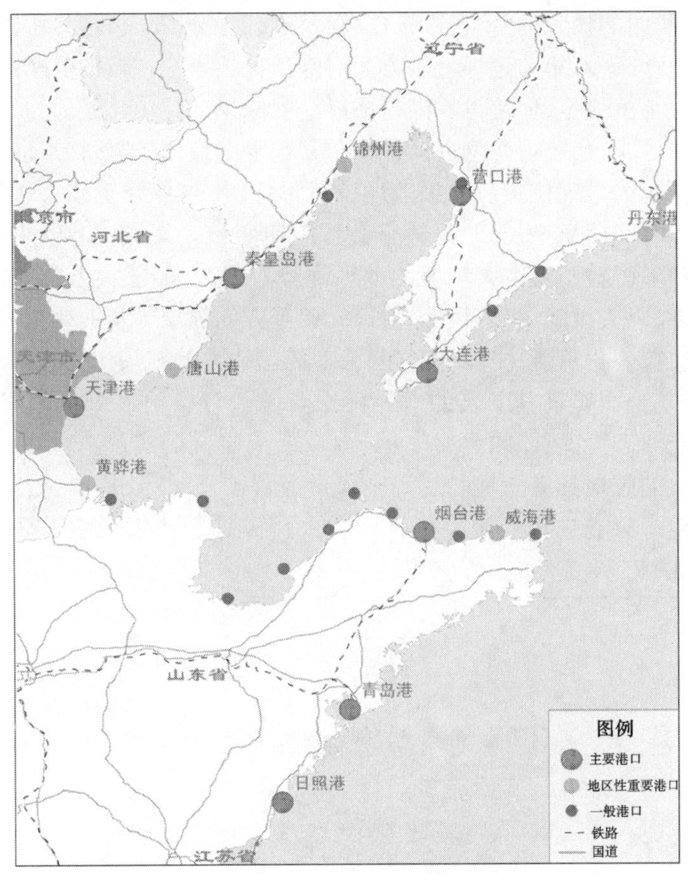

图 7.6　环渤海港口群

第六节　从船舶大型化看港口巨变

随着世界经济一体化的不断深化，国际贸易量以每年 7% 的速度递增，航运市场的发展特别是运力总体过剩促使国际海运业发生了深刻的变化。为适应全球航线、主枢纽港及船公司等各方的需要，集装箱船舶大型化的趋势愈演愈烈，超大型散货船舶和油轮运输也逐渐成为主流。

由于各港口自身条件的差异，导致其适应船舶大型化的能力各不相同，于是船舶大型化的发展势必对港口格局产生深远影响。从某种意义上来讲，一部船舶大型化的进化史，就是港口巨变的真实写照。总体来讲，大型船舶的投入运营，在带来规模经济效应的同时，从港口水深、基础设施、作业效率及集疏运环境等方面对港口提出了全方位的挑战。

第一个挑战是，促使世界港口格局产生深刻变化。首先，为了获得规模运载的效应，船公司必将逐渐选择越来越少的港口挂靠，挂靠港必须处于相对优越的地理位置。如果地理位置不佳，将会导致装载大量货物的船舶在港时间明显拖长，使得整个航行周期变长。新加坡港的快速发展很大程度上得益于其得天独厚的地理优势。其次，船舶大型化给港口在挂靠条件、码头设施、管理技术、港口服务等方面提出了新的标准、新的要求，因此，船公司只能选择具有接卸大型船舶能力的码头作为挂靠港。例如，马士基公司要求其下属的世界各主要码头具备泊靠 12000TEU 集装箱船的能力。再次，船舶大型化要求船舶拥有更高的实载率，相应要求腹地型港口的腹地具有充足的货源生成量或者需求量，致使船公司在选择腹地型港时只能选择经济发达且具有大片极具经济发展潜力腹地的港口，参见图 7.7、图 7.8。

图 7.7　能够装载 14028TEU 的世界最大集装箱船“地中海丹妮特”停靠在天津港

因此，在船舶大型化趋势的影响下，船公司对选择挂靠港口的要求更高，必然对港口结构和布局产生深刻的影响。总体趋势是，大型船舶挂港数量越来越少，导致少数几个大港发展成为国际中转港，其他较小的、没有能力接卸大型船舶的港口则只能开展支线运输，作为枢纽港的喂给港。有学者认为，随着船舶大型化的不断发展，全球海运贸易将集中于 4 个大

图7.8　30万吨满载油轮

型枢纽港，它们分别位于北美西海岸、北美东海岸、地中海和东亚。

第二个挑战是，对挂靠港口的硬件水平提出了更高要求。首当其冲的就是要求挂靠港必须具备深水化条件。船舶越大，满载吃水越深，进而对航道和码头水域深度要求越高。例如，目前主营运的8000TEU船舶的满载吃水标准为14.5m，14000TEU船舶的满载吃水标准为16m，运输原油的30万吨级船舶的满载吃水标准已经达到22m。另外，根据国际造船专家测算，如果集装箱船舶达到18000 TEU的“马六甲型”，满载吃水标准也将达到21m左右，即使通过目前的造船工艺和先进的设计水平，也仅可以使得它的满载最大吃水减少到16m。

其次是要求挂靠港必须具备一流的设备设施。例如，大型集装箱船对港口设备提出了很高要求，比如9000TEU集装箱船宽45.6m，宽度上并排可以装载18个集装箱，要求港口投资购买外伸距更长的、能装卸18个集装箱宽的大型吊机与之相匹配，集装箱船超过10000TEU，码头则需配备新的大型吊车。油轮码头需要岸上输油管线和储油罐与之相配套，矿石码头要有高效率的装卸设备。港口堆场的容量也要能够满足大量集装箱、矿石在港储存的要求。同时，大型船舶对桥梁和高架电线的净空高度也有一定的要求，对进出口航道设施有其特殊的安全操作技术上的要求。

第三是要求挂靠港必须具备更高的作业效率。比如，7000TEU或者更多箱位的大型集装箱船，就要求码头作业机械至少每小时吊运

300TEU。如果港口装卸效率低,船舶在港时间增加,航运成本上升,就会带来规模不经济。而装卸作业效率很大程度上依赖于堆场作业系统的效率和岸边起重机作业系统的效率。因此,面对船舶大型化带来的日益增长的吞吐量,必须进一步改善装卸工艺,提高运作效率,加快货物周转[15]。

第三个挑战是,要求挂靠港集疏运体系运转高效。为了获取规模经济效应,船公司总是尽可能将大型船舶装满。而大批货物同时到港,对港口集疏运体系带来了巨大压力。比如一艘 9000TEU 的集装箱船,大约会有 4000 个 40 英尺集装箱靠港卸运。如果采取火车疏运,由于一列火车只能装载 200 多个 40 英尺的集装箱,因此,大约需要将近 20 列火车才能将这艘巨轮卸下的集装箱运往内陆地区。如果采取汽车疏运,就需要可以装在双箱的卡车运输 2000 车次。到集装箱码头的入口随便看看,可以发现那里经常排队等候着大量的集装箱卡车。除此之外,公路运输也会给市区交通造成沉重的负担。拿上海来说,作为中国最大的港口城市,2010 年集装箱吞吐量达到 2906 万 TEU,集卡运输已经占了上海城市交通运量很大比重,由集卡引发的拥堵、污染等给城市带来了严重损失[16]。

第四个挑战是,要求枢纽港口成为资源配置平台。目前,港口竞争力主要取决于船舶等待时间、货物装卸效率和转船服务。但是在将来,港口竞争力将取决于能否整合铁路运输、支线运输和内陆卡车运输形成高效的运输网络,以及通过横向和纵向合作为港口用户提供高附加值的服务。因此,随着经济全球化引发的现代供应链物流和多式联运的快速发展,世界先进港口已不能仅仅停留在各种运输方式的交汇点、临港工业和商务服务中心的位置上原地踏步,还必须进一步转化为国际商贸活动链上的重要环节和现代物流的基础平台。港口,特别是国际性港口,要满足船舶大型化的要求,必须从运输枢纽进一步转化为国际资源配置的基础平台。这意味着港口必须通过横向和纵向一体化来整合内陆货运站、铁路运输、卡车运输、支线运输系统、货运代理、仓库和增值活动,构建起以港口为枢纽的辐射内陆腹地和海向腹地的全方位物流体系[17]。

目前,我国大部分港口离国际资源配置平台的要求还有很大差距,如何适应形势加快产业结构调整,加快建设以港口为核心的物流供应链,在与其他行业共同促进国际经济合作中发挥更大作用,已经成为我国港口行业面临的重大战略选择。

第七节　全球视角下的港口安保问题

经济全球化促进了海上贸易的迅速发展,船舶和港口的安全问题随之日益突出,早已引起了世界各国的普遍注意。国际海事组织(IMO)2004 年发表的一份报告称,全世界只有不到 6% 的港口和船只符合联合国预防恐怖袭击的有关规定,一旦发生重大恐怖袭击事件,后果将不堪设想。

概括起来,船舶和港口可能遭到以下威胁:①恐怖主义袭击。包括对船舶或港口设施特别是危险货物储区如油罐区的损坏或破坏,例如通过爆炸、纵火等恶意行为实施恐怖威胁,还包括使用船舶本身作为损坏或破坏的武器或方法。②海盗侵袭。包括劫持船上财物甚至船舶等。③利用船舶进行毒品和武器走私。④偷渡和人口贩卖。⑤船舶原因导致的航行失控。其中,恐怖主义袭击已经成为港口安保面临的最大威胁。例如,美国"科尔"号驱逐舰 2000 年 10 月在也门南部亚丁港补充燃料时遭到一艘装满烈性炸药的小船袭击,造成 17 名美国海军陆战队队员死亡。印度孟买 2008 年 11 月 26 日至 29 日的连环恐怖袭击事件造成近 200 人死亡,数百人受伤。印度安全部门说,发动袭击的部分武装人员乘船从海上而来。美国联邦调查局自 2002 年起就连续发出警告称,游船、客轮和其他海事目标对恐怖分子很有吸引力,他们可以"使用商业手段即可获得的装备"发动袭击[18]。

特别是 9.11 事件发生后,针对恐怖主义的剧烈蔓延,国际社会采取了积极的行动,其中围绕国际航运方面的行动包括:①联合国大会在 2002 年 12 月的有关决议中赞赏国际海事组织关于海上保安的行动,并要求相关国家给予积极的支持。②2002 年 7 月,世界海关组织与国际海事组织就多式联运以及相关的船/港界面活动中集装箱的检验问题签署备忘录。③国际劳工组织 2003 年 6 月第 91 届会议用 185 号公约替代了 108 号公约,制定了更加严密的海员身份证件制度。④国际海事组织 2001 年 1 月第 2 届大会通过第 A.924(2)号大会决议,要求各委员会研究反恐问题,提出修改《1974 年国际海上人命安全公约》(SOLAS 公约),增加海上保安事项。2002 年 12 月,IMO 海上保安外交大会通过了修正案以及《船舶和港口设施保安国际规则》(ISPS 规则)。新的 SOLAS 公约的修正案,建立了海上保安的国际法律制度,对各缔约国政府及其主管部门做出了一系列强制性的规定,对航行国际航线的船舶和为这些船舶提供服务的港口设施,从保安的角度在硬件和软件两个方面提出详尽、系统的要求[19]。

不仅如此,随着国际贸易范围的扩大、供应链的延长,对国际经济贸易安全的关注已经从过去的单一环节安全防护发展到整条供应链的全程保安,从一方的单打独斗转向多方的利益同盟合作,所谓的国际供应链保安越来越受到世界各国的广泛重视。根据国际组织的定义,国际供应链保安,是指在整个国际供应链的实施过程中,通过有效的措施,控制和消除国际供应链本身可能的各种破坏性因素和事件,以及由国际供应链带来的可能对社会造成的各种破坏因素和事件[20]。据统计,海运已经占了全球货运贸易的90%以上,因此,国际供应链的安全很大程度上依赖于港口和海运的安全。尽管国际供应链保安的趋势是对供应链安全的重视逐渐从海运向陆域两头延伸,但是由于港口自身功能的不断扩大,港区逐渐成为海域与陆域功能的集结点,因此,港口安全在供应链安全中的地位有增无减,港口的安全成为确保国际供应链安全的重要环节。国际上港口保安工作也开始由港口设施保安向全港(或港区、区域)保安再向供应链保安三个阶段逐级推进。

从国际趋势看,供应链保安的主流趋势是要求更多的信息共享、要求参与方的多方合作、投资新的技术提高抗击突发事件的能力。欧美国家纷纷制定了一系列针对海运供应链安全的政策措施,对供应链安全的政策和技术要求均在不断加强,除了加强本国的港口保安工作外,更对货源国的港口保安提出了严格要求。这些安全要求和措施能够带来更多的安全保障,但是在对港口安全要求提高的同时也增加了港口的负担。安装先进的技术设备、增加对员工的培训、更密切的监视等都将增加港口企业的开支。为履行国际组织公约,港口方需要配备相应的保安人员、增加保安演练演习开支;为了符合贸易国的进口要求,需要增加对装箱货物的检查,提高各项安全指标以使在本港作业的货轮能够不被滞留在对方港口进行作业。从投入—效益角度衡量,供应链保安的实施增加了本国港口企业的投入,但是带来了港口货物更高的安全性,提高了本港船舶在对方国通关的快速性,增强了货主对本港的安全信任,巩固了港—企链条的稳定性,从长远角度看,建立了进出口货主与港口企业的稳定的联盟。

就我国而言,2004年7月1日,我国作为《1974年国际海上人命安全公约》的缔约国，开始实施《国际船舶和港口设施保安规则》（简称 ISPS 规则），完成了 ISPS 规则适用的对外开放港口设施的保安评估并制定了相应的安保计划。在原有《港口设施保安规则》的基础上，2008 年 3 月 1 日，《中华人民共和国港口设施保安规则》开始施行。但是与欧美发达国家相比，我国港口安保工作仍有不小差距，仍然停留在港口设施及本港安保的工作阶段。目前，我国港口正在按照港口安保工作国际化、法制化、信息化和规范化的要求，开始把港口作为一个整体，置于全球供应链上的一个节点或环节加以考虑，从而进一步提高全港安保工作水平，包括全港安保组织的建立与运行、全港安保薄弱环节的辨识与整改、港口设施及港口行政管理部门安保设施设备的配置、加强和改进全港保安工作的技术应用推进计划以及管理措施实施计划等。未来，随着港口安保形势的发展，为提升我国港口的国际竞争力，保证港口为我国经济社会和国际贸易的持续稳定发展提供坚实支撑，我国港口安保工作要完成从被动履行国际公约、承担国际义务向主动预防控制安保威胁、建设平安港口转变，要实现从注重本港安保向关注整条供应链安保转变。安保问题对我国港口而言仍然任重而道远。

第八节　港口企业“招工难”日益突出

港口企业“招工难”是全球港口面临的共同问题。这与港口相对其他行业更为艰苦的工作环境和更大的工作强度密不可分，在集装箱、大型装卸机械设备大规模运用之前的时代更是如此。

在港口大规模使用现代大型装卸设备之前，就一艘杂货船的装卸来说，首先需要把货物一件件地从发货的火车上卸下，一件件地登记到理货单上，再一件件地存放到一个码头旁边的中转货棚里去。当一艘船已经做好了装船准备时，这一件件的货物又要从中转货棚里搬出来，再点一遍数，然后或推或拽地运到船边。码头上会弄得一片狼藉。把所有这些东西装上船是码头装卸工的主要工作。码头工人要把各种箱子和桶搬到木制的货盘或吊货板上，凑成一“吊”货物。当一吊货物准备好以后，码头上的装卸工人会解开吊货板下面的绳索，并把它们的末端系在一起。在船的甲板上，起货机驾驶员或者说“吊运水手”在等着发给自己的信号。当信号出现时，他就把船上起货机的吊钩移动到吊货板的上方。码头这边的工人们把绳索挂到吊钩上，起货机把货物吊起，移动到打开的舱口上方，慢慢降低并把货物放进货舱。舱里的人很快就会放开吊钩，让它升起来去吊运码头上的下一批货物。与此同时，在昏暗的货舱里，另一群装卸工会把货物从吊货板上卸下，然后借助四轮推车或叉车，或者全凭一身蛮力把它们弄到适当的位置上去。

卸货也同样很困难。一艘到港的轮船可能运载了100公斤一袋的白糖或者50公斤的化肥，而它们就堆放在2吨一卷的带钢旁边。要搬走一样货物又不损坏另一样非常难。起货机能把成卷的带钢吊出货舱，但白糖和化肥就需要由工人搬运出舱。搬运咖啡豆意味着把15个60公斤重的袋子搬到舱内的货盘上，让起货机把货盘吊运至码头，然后再把一个个袋子从货盘上卸下并堆到一大堆袋子的顶上。这种工作可能繁重得有些残酷。在爱丁堡，卸载满满一舱的袋装水泥，意味着挖透30层楼高、布满灰尘且紧紧摞在一起的一大堆袋子，并把它们一袋袋地抬到吊货板上去。

港口装卸工的劳作是全天候的，有时候在白天，有时候在夜晚。闷热的货舱，结冰的甲板，雨中湿滑的跳板，这些都是他们工作的一部分。被管子绊倒，被吊钩上的一吊货撞倒，这样的危险始终存在。在马赛，从1947—1957年，有47名码头工人在工作中丧生；在曼彻斯特，负责装卸从爱尔兰海进入航道的远洋轮船的码头工人，在1950年每两个中就有一个受过伤，每六个中就有一个进过医院。在工伤率较低的纽约，1950年所报告的严重事故达2208起。政府的安全条例和安全检查几乎不存在。局外人可能在码头劳动中看到了浪漫和工人阶级的团结，但是对这些在码头上谋生的工人们来说，这种工作令人厌恶而且往往非常危险，其工伤率是建筑业的3倍，是制造业的8倍[21]。

现在，随着科学技术的迅猛发展，港口早已从昔日的“肩扛手拉”的岁月，发展到现在的岸桥、门吊林立的时代，港口行业基本完成了从劳动密集型向资本密集型的转变。但是，由于港口行业自身的特点，港口企业仍需要大量的一线工人来完成繁重的港口生产作业，其中大部分从事装卸工、自卸车司机、集装箱卡车司机等劳动强度较大的岗位，还有一部分从事码头道路清扫等工作条件和环境较差的岗位，其余主要从事保安、消防等收入待遇相对前两者较低的岗位。

就我国而言，自2009年以来，沿海地区相继出现招工难和农民工流失的情况，港口企业也面临着同样的问题。例如，据测算，天津港2010年对装卸工岗位的全年需求缺口大约500人，对运输机械司机的全年需求缺口大约200人。总结起来，目前港口招工难和农民劳务工流失的原因主要有以下几点。第一，农民工选择留守家乡附近打工。随着我国劳动密集型产业加快由沿海向内陆转移，再加上一系列惠农政策的实施，农民工输出的内陆地区经济建设正在快速发展，为外出打工者提供了更多的机会和选择。在待遇相差不是很大的情况下，很多农民工宁愿选择在家乡附近就近打工，或干脆在家务农。第二，农民工选择在港口周边其他企业打工。由于港口的带动作用，港口周边地区的经济得以快速发展，港口周边的其他企业提供了更多的工作岗位和更为优厚的待遇，导致农民劳务工离开港口到周边企业就业。第三，年轻一代的农民工不愿到港口打工。目前，港口的一线工人从事的装卸等工作相对其他行业较为劳累。同时，由于装卸的货物较重、体积较大，码头的机械设备和进出的车辆非常多，导致工人发生工伤的风险较大。年轻一代的打工者中独生子女较多，思想观念已经逐步城市化。港口一线工种这类技术含量不高、发展前途不大的岗位，对于他们缺乏吸引力。第四，港口企业互相争抢农民工。沿海港口的农民工待遇各不相同，以环渤海港口为例，有的港口的农民装卸工的月收入水平不足2000元，有的港口则高达3000多元，待遇的不同导致农民工在各港口之间的流动率较大，港口企业以薪酬为手段互相挖农民工的现象时有发生。

由于这些因素的影响，港口的农民工人员较为紧张，许多港口出现了农民工加班频繁的情况，大大增加了港口企业的安全隐患和法律风险。更重要的是，如果“招工难”的问题长期得不到解决，很可能导致装卸生产骨干的人才断层，对港口正常生产造成不利影响。因此，在进一步加强港口对外招录的同时，更要加强员工内部培养，切实做好规划好员工职业生涯，不断增强港口留住人才和吸引人才的能力。

此外，除了对一线工人有大量的需求外，我国港口企业也面临着高端人才招录困难的情况。我国港口企业要进行转型升级，围绕港口装卸业发展国际物流、地产、工程建设、金融等高端行业，建设第四代港口和自由贸易港区，对物流、管理、金融等高端人才的需求将会越来越大。但是由于这些高端专业人才一般对港口企业存有传统偏见，认为在港口企业不能发挥自己的技术和知识优势，同时港口企业受自身条件的一些制约，对高端人才缺乏明显的吸引力，这都在很大程度上影响了港口企业对高端人才的招聘，这对于港口企业转型升级是一个很大的挑战。因此，港口企业在不断加强自身人力资源队伍建设的同时,一定要更加注重对高端人才的招录、储备和培养,为这些高端人才创造广阔的用武之地,从而推动港口不断向更高层次发展和提升。

参考文献

[1] 阳明明. 国际贸易、产业转移与珠三角港口群危机[J]. 现代管理科学, 2010(08).

[2] 于汝民. 面向后危机时代天津港的战略选择[J]. 港口经济,2010(01).

[3] 陈耀. 产业资本转移新趋势与中部地区承接策略[J]. 中国发展观察,2009(06).

[4] 刘建军. 港口与城市的良性互动发展[J]. 水运工程,2007(11).

[5] 罗萍. 我国港口与城市互动发展的趋势[J]. 综合运输,2006(10).

[6] 范小勇. 天津滨海新区港城交通协调发展对策[J]. 水运管理,2008(01).

[7] 陈云飞,吴晓磊. 构建以港口为枢纽的综合交通运输体系[J]. 水运工程,2010(02).

[8] 徐伯海. 绿色港口的规划与布局[J]. 中国水运(学术版),2007(04).

[9] 港口污染备受关注.《环境与健康展望》2007 年 3 月刊 · VOLUME 115 / NUMBER 1C.

[10] 卢勇,胡昊. 悉尼港绿色港口实践及其对我国的启示[J]. 中国航海,2009(01).

[11] 我国港口岸线利用率提高 136.9%——交通运输部"两型"港口经验现场交流会消息[J]. 水运工程,2010 年 06 期.

[12] 马喜平,张楠,冯彦明. 港口竞争与港口资源整合[J]. 交通企业管理,2010(03).

[13] 黄骅港综合港区 8 月 1 日通航[N]. 保定日报,2010 年 3 月 30 日.

[14] 唐山港跻身全国十大港口 5 年内剑指 5 亿吨进入全国前 5 强. 中港网 http://www.chineseport.cn/bencandy.php? fid =47&id =96457.

[15] 郑爱兵,徐剑华. 船舶大型化对港口的挑战[J]. 中国水运,2002(12).

[16] 安子祎. 船舶大型化趋势下我国港口格局的发展[J]. 中国港口, 2006(12).

[17] 于汝民. 基于物流供应链建设第四代港口[J]. 中国投资,2008(07).

[18] 王朝华. 谈引航员在港口安保中的重要作用[J]. 航海技术,2009(06).

[19] 叶红军. 港口设施保安及其在中国的实施[J]. 中国海商法年刊, 2006(00).

[20] 杨雪莫,刘芳. 浅谈国际供应链保安对我国港口发展的影响. 国际航运协会2008 年会暨国际航运技术研讨会. 2008 年.

[21] 马克·莱文森(Marc Levinson). 姜文波,等译. 集装箱改变世界[M]. 北京:机械工业出版社,2008 年. 18-20.

第八章　走向未来的中国港口

李　伟　王初生

经济全球化趋势加快是当今世界经济发展的主要特征,是人类商品经济发展到一定程度的必然结果,是人类物质文明的必然趋向。其最根本性原因在于世界资源分布、人口分布以及生产力分布均具有明显的不均衡性,而资源配置需要成本最小化,资本需要利润最大化,只有通过对外贸易才能解决资源的不均衡性问题,只有全球经济一体化,才能使不平衡趋向平衡。经济全球化趋势主要表现为生产活动全球化、国际贸易全球化、金融投资全球化和科技创新全球化。

过去二三十年来,新兴市场国家力量步入上升期,中国经济的大发展,催生了一批具有世界级、现代化水平的先进港口,沿海几个主要港口已为建设国际航运中心创造了必要条件。这些港口与城市在空间结构调整与互动方面呈现出一些新的发展特点:港口除了作为引导区域产业布局、促进地区产业发展的重要引擎,发挥其特有的产业服务功能以外,不再片面强调空间分隔、隔断以避免港城相互影响,而是力图通过功能安排,使之相协调发展,港口的城市服务功能迅速提升。

目前,始于2008年的全球金融危机持续发展,对世界经济形成了严重冲击,国际经济的发展格局进入了重新平衡阶段。我国经济发展模式也在进行深刻调整,加快发展方式转变、促进结构调整成为国内经济发展的主旋律,将对目前的生产方式、贸易结构等产生一系列的影响。作为国家重要的基础设施和对外开放的桥头堡,港口及其毗邻区域同样面临加快优化产业结构和进一步完善产业体系的迫切任务,如何主动调整、加快调整、科学调整,关系到港口未来能否顺利升级发展,关系到能否增强对区域经济的核心带动作用。

第一节　中国港口面临的形势

中国改革开放的成就表明,沿海港口城市是各自区域发展的增长极,而港口则是带动区域经济发展的增长核。但港口的发展也受区域环境乃至全国、全球大环境等各种影响和制约,从全国的角度看,中国港口发展的共同背景是国际商品、资本、生产要素向亚洲地区转移,我国经济持续保持快速增长,逐步融入全球经济一体化中。因此,没有世界经济的全球化发展,也就没有中国港口影响力的大幅度提升,也不可能成为世界上沿海港口最发达的国家。

一、不可改变的大趋势——经济全球化

(一)经济全球化的根本原因

(1)世界自然资源分布的不均衡性

全球自然资源空间分布极不均匀,具体表现在地区和国家间绝对拥有量的巨大差异和种类差异两个方面。以全球消费量最大的金属矿产资源——铁矿石为例:世界矿山铁储量主要集中在巴西、俄罗斯和澳大利亚,三国储量之和占世界总储量的48.8%[1]。再以石油为例,世界探明储量为1847亿吨,但中东地区占全球的一半以上,达到惊人的1027亿吨;世界产量为35亿吨,而中东地区达到10.5亿吨,占全球的30%[2]。

总之,大部分重要矿藏只在少数几个国家出现,全球矿产资源空间分布很不均衡,使得世界上没有一个国家可以完全依靠自身资源满足经济发展的需要,矿产资源进行全球配置是多数国家的必然要求。

(2)世界人口分布的不均衡性

2009年,全球人口已经发展到68.29亿,人口过亿的国家也已经达到了11个。随着全球人口的迅速增长,世界人口不断向大型城市、沿海地区等聚集。

从纬度和地势上看,体现出"两个50%"特征,即:世界人口的一半集中在北纬20~40度地带(图8.1);世界一半的人口集中在距海岸线200公里以内的地区,沿海城市人口密度非常高(图8.2)。

从各地区来看,世界上有4大人口稠密区,即南亚次大陆、亚洲东部、欧洲和北美洲东部。这些地区的面积共占全球陆地面积的1/7,而人口却占全球人口的2/3。其中,亚洲东部和南亚次大陆这一地带占世界陆

地总面积的 6.7%，人口占世界总人口的 45.3%[3]。

(3)生产力分布的不平衡性

生产力发展不平衡的规律，是国际经济领域一个基本规律，它是当代世界经济多级化、国际经济关系多元化的客观依据。

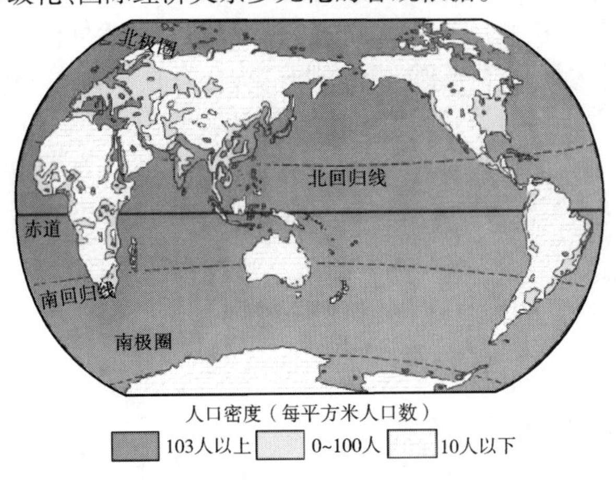

图 8.1　世界人口分布示意图(来自网络)

在世界经济整体格局中，既有发达国家经济，又有发展中国家经济。“二战”后半个多世纪以来，由于以现代科技术为代表的社会生产力的巨大发展，发达资本主义国家积累了空前庞大的财富。在当前世界近 63 万亿美元的国内生产总值中，美、欧、日等七个主要发达国家竟然占到了不可思议的 50.7%；在世界近 25 万亿的贸易总量中，北美和欧洲这两个发达地区所占的比重就超过了 50%；在世界 1.24 万亿美元的对外直接投资中，它们占 70.7%；世界 500 强的公司数目，美国和日本两个国家在 1998—2010 年的大部分年份里占到了 50% 以上[4]。它们的科技力量雄厚，高科技产业水平高，它们的跨国公司在世界生产和世界市场上占据巨大的优势地位，其他国家和地区一时还难以取代。

总之，世界矿产资源分布、人口分布以及生产力分布均具有明显的不均衡性，而资源配置需要成本最小化，资本需要利润最大化，这是经济全球化的最根本性原因。

(二)经济全球化趋势的表现形式

经济全球化从本质上说，是各种生产要素为追求最大收益而在全球范围开拓市场和优化配置资源进行开发、生产和营销的必然结果，并最终表现为生产活动全球化、国际贸易全球化、金融投资全球化和科技创新全球化[5]。

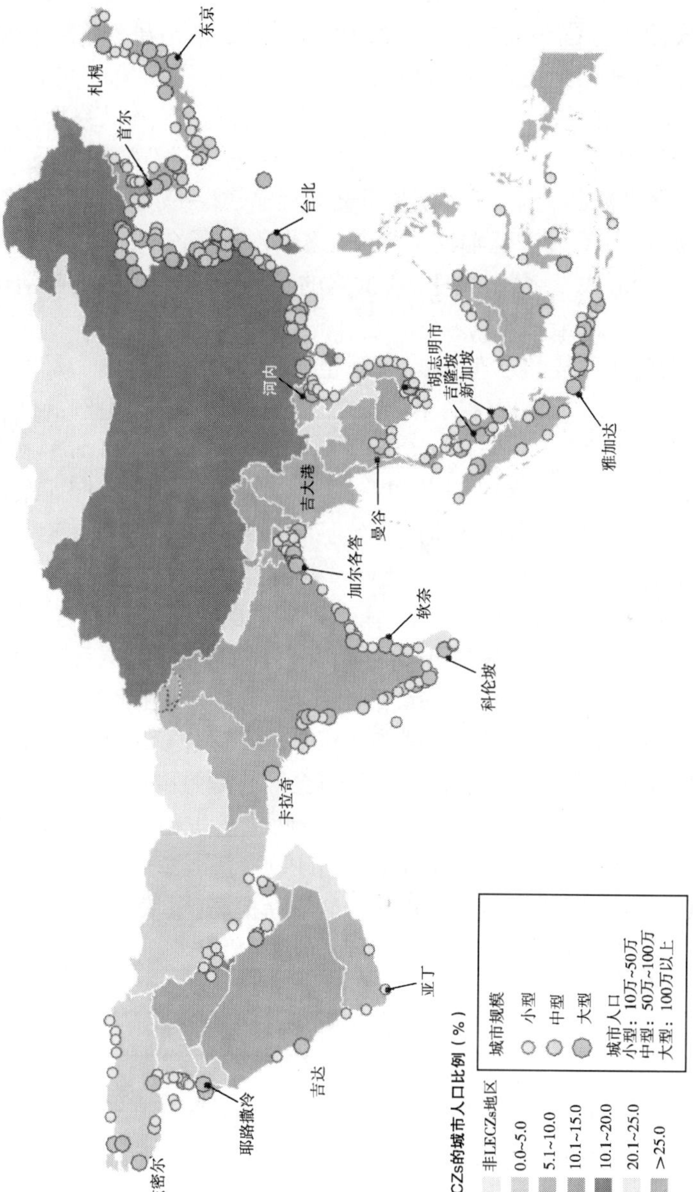

图 8.2　世界沿海城市人口密度分布图[3]

(1)生产活动全球化是经济全球化的基本动因

经济全球化主要包含两大要素:物质在全球范围内流通、运输;工业化大生产。只有一个是不行的,比如中国的"丝绸之路",虽然有了全球的物资流通,但不是工业化大生产,没有在全球范围内组织生产和消费。英国的工业革命促进了社会生产力的迅速发展,使商品经济最终取代了自然经济,手工工场过渡到大机器生产的工厂,这是生产力的巨大飞跃;欧美国家为了促进商品交流,大规模从事交通运输建设,为了扩大海外殖民掠夺和市场,致力于远洋运输网的开拓,逐渐形成了全球性的交通网络,世界市场开始形成。因此,始于18世纪的英国工业革命使生产活动走向全球,开启了经济全球化的新时代。

目前,由于现代科技的迅速发展,国际生产活动由市场自发力量发展为跨国公司经营,形成了世界性的生产网络,如美国波音公司生产的波音客机,所需的450万个零件,来自6个国家的1500家大企业和1.5万家中小企业。事实上,生产活动全球化以跨国公司为主导,对全球产业结构调整转移和生产要素的跨国优化重组产生了深刻的影响。

(2)国际贸易全球化是经济全球化最重要内容

近年来,国际贸易全球化在发达国家和发展中国家都得到大力扩展。发达国家为了摆脱能源原材料初级产品危机所造成的经济衰退和结构性危机的困扰,采取了经济自由化政策,由此掀起了贸易自由化新浪潮;发展中国家纷纷实行外向型经济发展战略。正是由于这种双向经济自由化的作用,导致了国际贸易全球化,成为了经济全球化最重要的内容。

20世纪90年代以来,世界贸易量平均以两倍于世界经济的速度增长,国际贸易占全球国内生产总值的比重由1990年的32%快速上升到2008年的54%,显示国际贸易全球化的程度不断提高(见表8.1)。

国际贸易占全球国内生产总值的比重(%) 表8.1

年份	1990	2000	2006	2007	2008	2010
世界	32	41	50	51	54	48

(根据国际货币基金组织IMF历年数据整理)

(3)金融投资全球化是经济全球化的核心组成部分

经济全球化必然要求,也必然带来金融和投资的全球化。

20世纪90年代以来,西方国家的大银行根据《巴塞尔协议》的要求,开始了银行金融业的合并重组风潮,增强了全球范围内的吸收资金和贷款能力。地区性经贸集团的金融业出现了一体化,欧元的问世标志着欧洲的金融市场已成为真正的国际金融市场。各国金融命脉更加紧密地与国际市场联系在一起。目前投资成为经济发展的新支点,国际直接投资额年均增长率高于国际贸易年均增长率。国际对外直接投资主体多元化。不仅发达国家之间在资金、技术和市场上高度融合,而且发达国家与发展中国家之间的经济利益也日益错综交织和相互影响。虽然发达国家是对外直接投资的主体,但自20世纪90年代以来,一些发展中国家也开始向发达国家进行投资。随着国际生产与近期的国际消费都转移至发展中和转型期经济体,在追求效益和寻求市场的项目上,跨国公司对这些国家的投资越来越多。2010年,它们吸收的直接外资额首次达到全球直接外资流入量的一半以上[6]。

目前,大多数国家放松了对国际资本流动的限制,世界范围内的金融自由化浪潮使投资者和筹资者有可能用更低成本更自由地在全球范围内进行投资和融资活动,从而建立起了以资本为纽带的生产和贸易体系,使得金融投资成为经济全球化的核心组成部分。

(4)科技创新有力地推动了经济全球化的发展

科技创新全球化是指技术及其创新能力大规模地跨国转移,与科技创新发展相关的各种要素在全球范围优化配置。经济全球化的主要特点就是信息产业迅猛发展、传统的工业化生产方式快速向集工业化、信息化于一体的现代生产方式转变,这种潮流极大地推动了国际贸易、跨国投资的快速发展和世界产业结构的调整。特别是国际信息的网络化,迅速扩展的跨国银行,遍布全球的电脑网络,使世界巨额资本和庞大的金融衍生品在全球范围内流动。20世纪90年代以来,科技创新及其产业化和分工制造都已经全球化,技术创新和跨国转移速度不断加快,有力地推动了经济全球化的发展。

总之,从经济全球化呈现出的特点来看,主要发达国家多年来建立起来的国际经济贸易秩序、强有力的跨国垄断资本和科技力量优势,将进一步主导世界经济发展,中国和一些新兴经济体的"世界工厂"地位将继续上升。因此,虽然目前世界经济出现了一些困难,增长趋缓,但经济全球化趋势不可逆转。

二、经济全球化趋势对中国港口发展带来的影响

港口作为对内、对外的双向开放联系的纽带,在世界各国经济的发展中占据着至关重要的地位。中国作为一个新兴的市场化国家,30年的改

革开放让古老的中国从来没有像今天这样和全球经济融为一体,中国港口发展也取得了非常大的成绩,其航线、吞吐量、港口服务水平,均得到显著提升,成为了世界综合运输的枢纽和现代物流的核心节点。港口建设在巨大的经济技术投入下,已形成了发展的蔚然大观。同时,中国港口强大的比较优势也进一步吸引了世界各国投资,成为了国际资本和国内资本的交汇点,港口服务业得到迅速发展。

(一)港口货物吞吐量直线上升

我国水路运输承担了90%以上的外贸货物运输量,水运成为我国沟通国内外的重要桥梁和融入经济全球化的战略通道。沿海港口在"北煤南运"、"北粮南运"、油矿中转等大宗货物运输以及集装箱运输中发挥了主通道作用。2010年外需持续增长,煤炭、原油等战略物资储备增长放量,我国港口货物吞吐量创历史新高。全国规模以上港口完成货物吞吐量80.2亿吨,同比增长15.9%,增幅提高7.7个百分点,其中,沿海港口完成54.5亿吨,同比增长15.2%。在全球货物吞吐量排名前20大港口中,中国大陆地区占12席;中国大陆进入全球20大集装箱港口行列的港口数量由上年的7个增加至8个,上海港首次超过新加坡成为全球第一大集装箱港。我国港口吞吐量已经连续7年保持世界第一,在全球货物吞吐量排名中,上海港、宁波—舟山港保持世界第一大港、第二大港地位。我国港口集装箱吞吐量完成1.46亿TEU,比上年增长19.4%,已超过金融危机前水平,我国正由港口航运大国加快向港口航运强国迈进,参见表8.2和图8.3。

沿海主要港口货物吞吐量(单位:万吨) 表8.2

港 口	1985	1990	1995	2000	2005	2006	2007	2008	2009	2010
全国	31154	48321	80166	125603	292777	342191	388200	429599	475481	545000
上海	11291	13959	16567	20440	44317	47040	49227	50808	49467	56300
宁波-舟山	1040	2554	6853	11547	26881	42387	47336	52048	57684	63301
天津	1856	2063	5787	9566	24069	25760	30946	35593	38111	41300
广州	1772	4163	7299	11128	25036	30282	34325	34700	36395	41095
青岛	2611	3034	5103	8636	18678	22415	26502	30029	31546	35000
大连	4381	4952	6417	9084	17085	20046	22286	24588	27203	30083

资料来源:根据《中国统计年鉴》整理

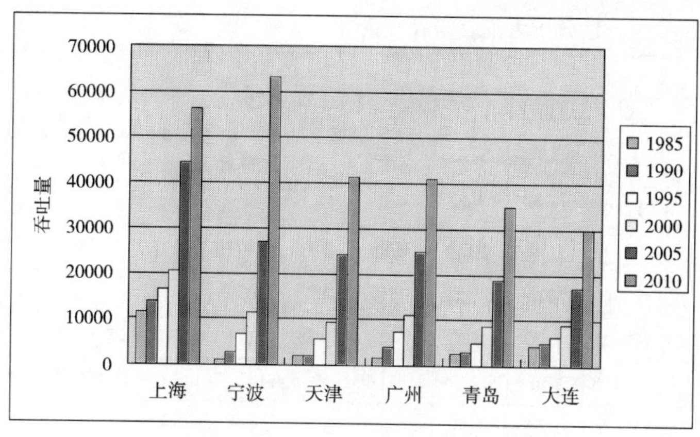

图 8.3　中国沿海主要港口货物吞吐量

从图 8.3 可以看出,改革开放以来,各个主要港口吞吐量都直线上升。通过计算,我们可以得出,2010 年沿海主要港口吞吐量是 1985 年的 17.4 倍, 2007—2010 年的平均增长率达到 11% ,如此高的增幅说明港口生产不仅取得了很大的成绩,而且还在继续增长。

由表 8.3 可以看出,在集装箱运输方面,中国大陆港口继续保持较快增长,进入十强的港口由 2001 年的 2 名增加到 2007 年的 3 名,2008 年开始增加到了不可思议的 5 名,占据了半壁江山,这在一定程度上表明了中国港口在世界港口中占据非常重要的地位。从时间来看,2005—2007 年之间,中国港口形式发生了一些变化:上海港口得到迅猛发展,2007 年开始超越香港,成为中国第一大集装箱吞吐量港口,仅次于新加坡。2010 年上海港集装箱成功超越新加坡,成为了世界第一大集装箱吞吐港。这些都是中国港口业在经济全球化条件下中国全面大幅度发展的结果。

我国“十五”、“十一五”时期港口货物吞吐量增长率保持较高的水平, “十五”时期年均增长率为 18.3% ,“十一五”时期年均增长率受金融危机影响为 10% 左右。随着我国经济发展方式的转变和产业结构的优化升级,增长率出现放缓态势,但近几年不会有明显下降,而且伴随着扩大内需和扩大进口政策的实施,“十二五”时期港口吞吐量增长率应略高于“十一五”时期。结合未来一段时期我国宏观经济的发展战略重点及其对我国港口业的影响,分析历年 GDP 增长率、港口货物吞吐量增长率、外贸进出口额增长率之间的关系和发展规律,据预测,“十二五” 时期我国港口货物吞吐量将步入平稳增长期,2015 年吞吐量将超过 130 亿吨[7]。

世界十大集装箱吞吐量港口排名(单位:万 TEU)　　表 8.3

年份 \ 位次		1	2	3	4	5	6	7	8	9	10
2001	港口名	香港	新加坡	釜山	高雄	上海	鹿特丹	洛杉矶	深圳	汉堡	长滩
	吞吐量	1780	1552	790	754	633.0	609.6	518	507.9	468.9	446
2007	港口名	新加坡	上海	香港	深圳	釜山	鹿特丹	迪拜	高雄	汉堡	青岛
	吞吐量	2790	2615	2388	2110	1327	1079	1065	1026	989.0	946
2008	港口名	新加坡	上海	香港	深圳	釜山	迪拜	宁波	广州	鹿特丹	青岛
	吞吐量	2991.8	2798	2424.8	2141.4	1342.5	1182.7	1122.6	1100	1080	1032
2009	港口名	新加坡	上海	香港	深圳	釜山	广州	迪拜	宁波	青岛	鹿特丹
	吞吐量	2587	2500	2098	1821	1195	1119	1112	1040.7	1026	974
2010	港口名	上海	新加坡	香港	深圳	釜山	广州	宁波	青岛	迪拜	鹿特丹
	吞吐量	2906.9	2856.9	2370	2250.97	1340	1340	1300	1201	1150	1110

数据来源:根据中国港口协会统计数据整理

(二)港口规模建设力度空前加大

新中国成立初期,我国只有200多个港口泊位,以通用件杂货码头泊位为主,港口装卸主要依靠人挑肩扛。我国20世纪50年代中后期掀起了内河航道建设高潮;1973年,周恩来总理提出"三年改变港口面貌",迎来了第一次港口建设高潮;改革开放30年来,沿海基本建成功能明确、节约资源、安全环保、便捷高效、衔接协调的煤、矿、油、箱、粮五大运输系统。最新数据显示,仅"十一五"期间,沿海港口建设投资就超过3500亿元,截至2010年年底,全国沿海规模以上港口码头泊位5529个,其中万吨级及以上泊位1293个[8],分别比2007年增加45%、39%、33%。

表8.4统计了2007—2009年我国沿海主要港口码头的泊位数。

沿海主要港口码头泊位数　　表8.4

年份 \ 名称	总计			生产用			非生产用	
	码头长度（米）	泊位个数（个）	万吨级（个）	码头长度（米）	泊位个数（个）	万吨级（个）	码头长度（米）	泊位个数（个）
2009	628713	5372	1214	560565	4516	1214	68148	856
2008	564800	4914	1076	491870	4001	1076	72930	913
2007	456632	3970	967	420245	3453	967	36387	517

有关资料显示,如果按1991年不变价格,从1991起,平均每年在沿海港口建设上的投资为21亿4千万元,而到了2006—2010年,中国沿海港口平均每年投资超过700亿元,而且还在大幅度攀升。这种规模在中外港口建设史上都是前所未有的。而中国港口规模,与1978年相比,2007年深水码头的数目增加了10倍,目前还在快速增长[9]。高吨位深水泊位的大量落成、港口吞吐能力的大幅度提高,都向世人展示着中国港口建设的巨大成就。

(三)港口服务业得到迅猛发展

改革开放以来,随着港口吞吐量的急剧攀升,为海运服务的金融、保险、海事等服务业也得到迅猛发展。截至2010年年底,我国国际船舶代理企业约1900家,比入世前的2001年增加近1600家。中国外代、中外运船代、中远船代和中海船代位居全国船舶代理市场份额前四位。我国取得无船承运人经营资格的企业3600多家,2010年新增约280家,终止业务经营140家。2010年,中国船级社(CCS)完成国际航行入级新建船舶和重大改建完工船舶287艘、830.23万总吨,新增入级新造船订单800余艘、456万总吨。目前,在A股上市港航企业达30家,水运企业A股上市速度加快。2010年,港口类公司上市有大连港、宁波港、唐山港和珠海港。截至2010年年底,A股上市的港口类企业共17家,总市值为2295.8亿元;航运类企业共13家,总市值为2240.7亿元。国内金融机构积极拓展船舶融资业务,中国进出口银行、农业银行、招商银行、工商银行、中国银行、民生银行等相继开展了船舶融资业务,规模逐渐扩大。国内船舶融资租赁行业快速发展,出现了单机单船租赁公司这一新兴金融形式。此外,航运物流类产业基金建设速度加快。国务院特批了天津船舶产业基金,该基金自2009年12月29日成立至2010年12月17日,共投资购置47艘船舶,总价值达150亿元。据保监会统计,2010年全国船舶保险费规模突破50亿元,比上年增长21.5%;货运险保费规模为78亿元,比上年增长28.5%。

另外,随着经济全球化和区域经济一体化进程的加快,国际资本和产业开始了新一轮的大转移,尤其是依托港口大进大出的重化工、造船等急剧向沿海港口转移。在国内,重化工业的传统空间布局也面临调整,不少重化工企业把眼光瞄准沿海港口城市,试图在沿海港口城市寻求新的发展空间。这一切,都为沿海港口的产业发展提供了难得的机遇。

总之,改革开放以后,中国港口得到了迅速的发展,产生了一批具有世界级、现代化水平的先进港口,有力地推动了国民经济的总体发展。随着世界经济的全球化步伐的加快,港口未来还将得到进一步的发展。

三、经济全球化趋势对中国港口发展提出了新要求

在未来的经济发展中,我国参与经济全球化的趋势更加明显,港口发展将成为我国参与经济全球化的窗口。中国已经进入工业化时代,世界的资源和市场对促进我国经济发展的作用将更加重要。在加快工业化的进程中,港口成为我国制造业参与国际分工的桥梁,是我国制造业与国际市场联系的重要通道,对我国港口的资源全球化配置能力提出了新的要求。

(一)经济全球化对港口通过能力和服务质量提出了新要求

经济全球化时代的资源利用全球化,形成了资源全球化流动,带动了全球的贸易,国际贸易在世界 GDP 的比重从 1990 年的 32% 上升到 2008 年的 54% 以上。中国国际贸易的继续快速发展,将推动港口货运量的持续增长,中国的港口必须提高货物通过能力和服务质量。

(1)中国港口需要继续提高吞吐能力

改革开放以来,各个主要港口吞吐量都直线上升。外贸作为我国经济增长"三驾马车"最重要的引擎,30 年来年均增速 17.4%,高于 GDP 增长近一倍[9]。目前我国受国际金融经济危机影响还在延续,但从长期来看我国经济发展的基本面没有改变。从长期趋势看,港口吞吐量的高速增长期已于 2007—2008 年走向顶峰,但考虑到经济的全球化趋势,特别是资源配置的全球化趋势,虽然港口煤炭、原油、铁矿石、集装箱增速会放缓,但仍将持续增长[10],中国港口需要继续提高吞吐能力。

(2)中国港口还要适应船舶的大型化趋势

世界船舶发展的主要特点就是始于 20 世纪 60 年代的船舶的大型化趋势,它首先是从油轮开始的。到今天,油轮的大型化已基本到位,干散货船势头有所减弱但还在继续,而集装箱船的大型化势头猛烈:1980 出现第四代集装箱船,载箱量最大为 5000TEU,1992 出现超巴拿马级,载箱量提高到 6000TEU,1997 出现第六代集装箱船载箱量最大提高到 8700TEU[11],2007 年第七代集装箱船(苏伊士级)出现,载箱量提高到不可思议的 12000TEU,船长达 397m。2011 年 2 月 22 日,马士基集团与韩国大宇造船海洋株式会社(DSME)签署合同,订造 10 艘装载能力为 18000 TEU 集装箱船舶,将于 2013 年至 2015 年陆续交付。这些都要求

中国港口继续大型化、深水化。

(3)港口结构性矛盾比较突出

中国多数港口的集装箱码头、原油、铁矿码头等存在结构性短缺现象:大型专用深水泊位不足;小吨位泊位多;专业化泊位少,装备差的老泊位多,现代化泊位少,已不能适应经济继续发展要求。同时,港口基础设施总量不足,港口能力远不能适应经济发展需要,尽管改革开放以来,中国港口基础设施取得了很大发展。目前的情况是,10%的大型泊位承担了90%的货物吞吐量,沿海主要港口泊位利用率超过130%。因此,必须加快深水专用泊位的建设,从而确保运量的持续增长和港口物流产业的顺利发展。

总之,中国国际贸易的继续发展,将推动港口货运量的持续增长,同时船舶的大型化趋势明显,对港口通过能力提出了新要求,而我国港口结构性矛盾比较突出,总量也不足,因此加快沿海港口集装箱、矿石、原油、煤炭等大型化、深水化泊位的建设已成为当前和今后一个时期港口发展的重点。

早在加入WTO之前,外商企业进入国内市场,国内企业打进国外市场,无论是生产者还是经营者,对于原材料,产成品及商品运输的可靠性、效用性和经济性都有相当高的要求,不仅要求货畅其流,而且要保证货物流通的快速、低耗、高效。这就要求运输业拓宽服务范围,增强服务深度。这对港口的服务质量又提出了新要求,必须建设专业化的港口设施。

综上所述,国际贸易的全球化发展要求中国港口满足对矿石、原油、煤炭和集装箱等主要货类的运输,要求继续建设大型化、深水化、专业化泊位,提高通过能力和服务质量。

(二)经济全球化对港口功能拓展提出了新要求

中国大多数港口功能仅局限在装卸和仓储功能上,缺乏工业功能、商贸功能和城市开发功能。港口不仅是重要的交通运输枢纽,也是促进区域经济发展的重要战略设施。港口应该建设成为现代物流中心、商务中心、现代产业中心和金融中心。单一功能的港口已经难以满足经济持续快速发展的需要。

联合国贸发会(UNCTAD,1999)提出,1990年后在世界范围内已出现超越第三代港口的新一代港口,即第四代港口,其增长方式更趋于高增值、精细化、高端化服务,经营方式也转向以软实力为核心的竞争力。与世界港口发展同步,我国主要港口经营模式也逐步由装卸仓储为主向物流中心模式转型。

我国沿海港口应顺应世界港口发展趋势,向港口服务的物流化和高端化发展,并从被动顺应向主动适应转变。向港口服务的物流化发展,就要加快港口与供应链上下游联系形成以港口码头为中心的有机整体,形成供应链各环节的无缝衔接,为用户提供更加精细、更为迅速、更为安全的服务,以满足对港口物流一体化的需求。向港口服务的高端化发展,就要将港口服务功能向包括航运金融、航运保险、航运信息、载运工具经营与管理等的高端航运服务业扩展,这是未来国际航运中心发展的战略制高点,是增强港口对于全球性航运资源配置和控制力的有效途径和必然选择[12]。因此,中国港口必须不断进行功能拓展才能满足经济全球化发展的需要。

(三)中国港口现代化水平要继续提高

据估计,现代物流在美国、日本发展迅速,物流成本仅占全国 GDP 的 10% 左右,而中国的现代物流成本却高达全国 GDP 的 20% 左右,与发达国家差距很大。国内除少数大型港口外,多数中小港口存在计算机管理水平低下、装卸效率低的问题。近几年来运输电子数据交换(EDI)系统虽有提高和完善,但不规范,也尚未普及。由于港口及其相关行业部门的信息系统缺乏统一的技术标准和规范的数据传递格式,部门之间的信息难以共享;港口在信息技术装备以及与外部网络衔接等方面存在较多问题,致使沿海港口信息技术的应用和服务滞后,难以适应码头计算机应用、通信网络、数据标准化三者结合的发展趋势,无法满足港口发展的需求,与现代物流业的需求更是相去甚远[13]。

发展现代物流需要完善、高性能的公用物流信息平台作为基础。虽然中国沿海大型码头公司和船运公司很多都已接入 EDI 平台,信息化程度较高,但运输、仓储、船代、货代及其他相关物流企业之间,以及这些企业与码头公司之间尚未建立信息共享系统,影响了运作效率。

随着船舶向大型化方向发展,超巴拿马级船舶在世界航运范围内用船量已经占到一半以上,大型船舶单次运营成本提高,对港口运营提出了新的要求,要求港口能够提供全天候进出、快速装卸、报关通关检验的能力,同时提供分装运输和配送等综合服务能力,需要形成物流信息系统统一的标准,特别是按照国际惯例实现港口、海事系统与国际标准的统一,实现船单、订单、产品描述信息、装卸要求、报关等文件通过网络传送。

这些都说明,中国的港口企业以港口为中心向现代物流企业发展还处在初级阶段,经济全球化对中国港口的现代化水平提出了更高的要求。

(四)临港产业的发展对港口规划建设提出了新课题

港口作为最重要战略资源,在经济全球化背景之下,不能再以装卸业作为唯一业务,港口的内涵要更为丰富。加快港口产业结构调整,依托港口打造临港产业集群,是增强港口对区域经济带动力、推动区域经济发展的必由之路。港口企业进行产业结构调整,概括起来就是要发展港口物流业、地产业、综合服务业和外向型重化工业等临港产业。以港口的基本装卸功能为基础,各个产业间相互支撑、联动发展,从而获得更大的发展空间和发展潜力,有利于增强港口的经济实力,形成新的经济增长点,是港口可持续发展的重要内容[10]。

从全国目前临港产业的发展来看,沿海各个地区均把发展临港产业作为转变经济发展方式最重要的举措之一。港口的核心资源是临海岸线和土地,而临港产业一般具有大运载量、对水资源、资金需求量大、对技术人才要素高和经济外向度高等经济特征。发展临港产业最突出的问题就是产业的合理布局以及可持续发展。比如如何以港口功能定位为基础,制定切合当地实际的产业政策,合理确定发展重点;如何坚持港口、港区、港城协调发展;如何维持临港产业与环境生态之间的协调性,建设绿色港口,实现土地和岸线的最优配置。这些都对港口规划建设提出了新课题。

(五)中国主要沿海港口要为建设国际航运中心创造必要条件

2010 年,在全球货物吞吐量排名前 20 大港口中,中国大陆地区占 12 席;中国大陆进入全球 20 大集装箱港口行列的港口数量由上年的 7 个增加至 8 个,上海港首次超过新加坡成为全球第一大集装箱港。我国港口吞吐量已经连续 7 年保持世界第一,在全球货物吞吐量排名中,上海港、宁波—舟山港保持世界第一大港、第二大港地位。从总的发展情况看,我国沿海主要港口基本上已经由第二代港口向第三代港口过渡,上海、天津等主要港口开始向第四代港口发展。这些都表明我国正由港口航运大国加快向港口航运强国迈进。中国经济的大发展,催生了一批具有世界级、现代化水平的先进港口,沿海几个主要港口已为建设国际航运中心创造了必要条件。

(1)国际航运中心——上海

国际上,伦敦已通过国际航运中心的转型成功解决了港口外移后城市的继续发展问题。在国内,上海在上世纪 90 年代也面临这样的问题,江浙两省的港口自然条件远优于当时的上海,这就是为什么上海不遗余力向浙江租借洋山岛建设深水港,并举全市之力建设国际航运中心的根本原因。因为这不是上海港的兴衰问题,而是上海市的兴衰问题。上海国际航运中心建设已得到国务院的正式批准:国务院在《关于推进上海加快发展现代服务业和先进制造业、建设国际金融中心和国际航运中心的意见》中明确了上海的"国际航运中心"定位,目标是到2020年,基本建成航运资源高度集聚、航运服务功能健全、具有全球航运资源配置能力的国际航运中心。上海建设国际航运中心的时间表为:2007年前,建成国内货物的国际中转枢纽;2010年前,建成亚太地区国际航运枢纽港之一;2015年前,建成亚太地区最重要的国际航运枢纽港;2020年,实现建设成为全球航运中心的目标。在这一过程中,洋山深水港建设、浦东航空港建设、东亚自由贸易区建设、上海现代服务业发展、上海自由港建设等将对推进上海国际航运中心建设发挥重要作用。在全国建设国际航运中心过程中,上海走在最前列,发展水平也最高。

(2)北方国际航运中心——天津

中共中央十六届五中全会通过的《中共中央关于制定十一五规划的建议》和《国民经济和社会发展第十一个五年规划纲要》都明确提出,推进天津滨海新区开发开放,带动区域经济发展。温家宝总理在视察滨海新区发表的重要讲话中强调指出,打造天津北方国际航运中心。

香港作为成熟的国际航运中心,和深圳、广州共同承担着华南地区对外贸易的枢纽作用。上海国际航运中心已具雏形,正在担负起华东地区对外贸易的枢纽作用。目前我国北方尚没有成型的国际航运中心,抵消了部分北方地区经济发展的比较优势。建设天津北方国际航运中心,进一步发挥天津作为京津冀和中西部地区重要门户的作用,将有力地推动京津冀都市圈的经济发展和整合,推进中部地区崛起,带动西部大开发,通过核心区的辐射和带动作用,有利于促进东西互动、实现南北协调发展。

2010年4月,天津市公布了《天津滨海新区关于加快北方国际航运中心建设的若干意见(试行)》,其中提出了天津建设国际航运中心的时间表;力争用五到六年时间,初步建成服务中国北方、东北亚、中西亚的北方国际航运中心。目标是到2015年,天津港航道等级达到30万吨级,货物吞吐量超过5.5亿吨,集装箱吞吐量超过1700万标准箱;航运及相关产业增加值比2012年翻一番,超过2000亿元,自由贸易港区初步建成。

2011年5月19日,国务院正式批复了《天津北方国际航运中心核心功能区建设方案》,这是国务院给出的又一个国际航运中心发展意见,核心内容就是以东疆保税港区为核心载体,推进北方国际航运中心核心功能区建设,创新国际船舶登记制度,开展航运金融业务和租赁业务试点,积极开展建设中国特色自由贸易港区的改革探索,在体制机制创新方面先行先试,探索新时期开发开放的新模式。其获得的各项政策已比肩上海,在实施层面,天津北方国际航运中心已超越上海,中国大陆的"双航运中心"格局已经呈现南北平衡之势。

第二节　国际先进港口发展经验和借鉴

常言道"它山之石,可以攻玉",国外先进港口的发展经验和模式对我们具有重要的启示和借鉴意义。

从港口发展的不同推动力来看,港口发展类型可以分为交通枢纽型港口、商业型港口、工业型港口和综合型港口四种类型。交通枢纽型港口,也可称作中转型港口,这类港口处于国际航线的交通枢纽地位,主要是为了国内外各地区的经济联系以及运输服务的,是海运货物和旅客中转换乘场所,代表港口是马六甲海峡的新加坡港;商业型港口,也可称作贸易型港口,这类港口物流的发展主要是由于商业、贸易的发展而带动起来的,主要功能是为了发展国内外贸易服务的,代表港口是英国经济中心——伦敦;工业型港口,也可称作加工型港口,这类港口或者附近发现重要矿床而成为冶炼基地的工业港,或者因为接近燃料、原材料基地或者由于其他原因发展成为加工业中心的工业港,港口主要是为原材料、产成品、燃料等物资的进出港服务的,是供应链上的一个重要环节,代表港口是日本的横滨港;很多港口由于条件优越,港口不仅仅是货物周转的口岸,更是国际贸易中心和工业基地,综合型港口往往兼有多种类型港口的性质和功能,可以综合地为多方面服务,代表港口是作为欧洲门户的鹿特丹港。

一、国际先进港口发展概况

(一)鹿特丹港

(1)鹿特丹港概况

鹿特丹港位于荷兰西南沿海莱茵河和马斯河入海的三角洲上,濒临世界海运最繁忙的多佛尔海峡,是国际水陆空交通重要枢纽,素有"欧洲门户"之称,欧盟国家约60%的内地货物通过该港运往其他地区[14]。

19 世纪开始，由于欧洲国家特别是德国的产业革命和工业化影响，交通运输的改善以及莱茵河新航道的开通，处在这两条航线交点上的鹿特丹由此崛起，港口腹地范围空前扩大。1947—1955 年，港口主体西移至罗曾堡岛，建成了可容载重 6.5 万吨矿船的博特莱克港区和石油化工区。20 世纪 60 ~ 70 年代，又根据集装箱海运新技术和油轮载重吨位的发展趋势，开挖深达 23 米的贝尔运河，航道可通行 30 万吨级巨型油轮。1990 年，开始实施新的扩能计划，建造 10 ~ 15 万吨级的第五、六代集装箱码头，集装箱吞吐能力不断提高。目前，为适应洲际远洋运输船舶大型化和专业化的趋势，鹿特丹已决定丹麦马士基集团建设二期工程，港区水深大于 19 米，可满足港口 12000 标箱的集装箱船停靠，计划 2012—2014 年投产，它将是鹿特丹港第八个港区，总投资达 50 亿欧元的项目，为鹿特丹创造 3 万个工作机会。

1961 年，吞吐量首次超过纽约港（1.8 亿吨），成为世界第一大港，此后绝大部分年份保持世界第一大港地位。2001 年以后有所滑落，但均排世界前四，集装箱也排前十（见表 8.5）。

2001—2009 年鹿特丹港总吞吐量及港口排名 表 8.5

年　份	2001	2002	2003	2004	2005	2006	2007	2008	2009
总吞吐量（亿吨）	3.14	3.21	3.27	3.52	3.70	3.78	4.06	4.20	3.86
排名	1	2	2	3	3	3	4	4	4
集装箱（万 TEU）	595	653	711	820	929	969	1079	1083	980
排名	6	7	8	7	7	7	6	9	10

（中国港口协会统计数据）

（2）鹿特丹港的产业

鹿特丹作为重要的国际贸易中心和工业基地，在港区内实行“比自由港还自由”的政策，是一个典型的港城一体化的国际城市，拥有大约 3500 家国际贸易公司，拥有一条包括炼油、石油化工、船舶修造、港口机械、食品等部门的临海沿河工业带。港口工业已成为鹿特丹港经济的重要组成部分，鹿特丹港约有 50% 的增加值来自港口工业。鹿特丹港是世界三大炼油基地之一，也是主要的化工工业基地，全球著名炼油及化工企业如壳牌、埃索、科威特石油公司、阿克苏诺贝尔、伊斯特曼等都在鹿特丹港设点落户[15]。

(3)鹿特丹港的集疏运系统

鹿特丹是荷兰的交通枢纽,铁路、公路纵贯南北,火车、汽车往来如梭,铁路及公路均通往西欧各国各主要大城市,水陆交通融为一体,确保了鹿特丹的重要地位。港口货物有80%以上的发货地或目的地都不在荷兰,在港口通过发达的集疏运系统进行中转。

(4)鹿特丹港的运营管理

鹿特丹港由政府统一规划,企业自主经营,鹿特丹港的土地岸线和基础设施的所有权属于鹿特丹市政府,市政府下设港务局,负责港口的开发建设和日常管理工作。港务局对港区内的土地、码头、航道和其他设施统一规划和投资开发,在港区内开辟专门的物流中心,引进和布局与港口相关的产业。

总之,鹿特丹港不但承担着国际货物和国内货物的水陆中转的任务,而且是重要的国际贸易中心和工业基地,是港城一体化的国际城市。其最大的特点是持续进行港口的深水化建设和集疏运系统建设,具有发达的临港产业,是典型的综合性大港。

(二)新加坡港

(1)新加坡港概况

新加坡港位于新加坡岛南部沿海,西临马六甲海峡东南侧,南临新加坡海峡北侧,扼太平洋及印度洋之间的航运要道,战略地位十分重要。优越的地理位置是新加坡港迅速发展的重要条件。新加坡港内有3.4km的码头群,能同时容纳30多艘巨轮停靠。新加坡港可以修理世界上最大的超级油轮,是亚洲最大的修船基地[15]。

2002年,吞吐量超过鹿特丹港(3.2亿吨),成为世界第一大港,近几年,新加坡港集装箱量也一直高居榜首(表8.6)。

2001—2009年新加坡港总吞吐量及港口排名　　表8.6

年　份	2001	2002	2003	2004	2005	2006	2007	2008	2009
总吞吐量(亿吨)	3.13	3.35	3.48	3.93	4.23	4.49	4.83	5.15	4.70
排名	2	1	1	1	2	2	2	2	3
集装箱(万TEU)	1552	1694	1841	2060	2319	2479	2794	2992	2587
排名	2	2	2	2	1	1	1	1	1

(中国港口协会统计数据)

(2)新加坡港的产业

新加坡港十分注重临港工业的发展,始终坚持港口发展与腹地工业发展相结合,这样一方面港口物流能为工业提供专业、高效的物流服务,促进工业发展,进而带动整个区域经济的发展,实现港兴城兴;另一方面腹地工业和城市的发展繁荣又会进一步促进港口的发展和经营效益的提高。为此,新加坡港一直致力于港区建设与吸引外资相结合,将一些临港土地和泊位提供给跨国公司作为专用中转基地使用,鼓励大型跨国企业在港区建设物流中心、配送中心等,同时大力发展石油、化工、造船等临港工业,积极培育新的增长点。

(3)新加坡港的管理

新加坡政府一直坚持对港口进行直接投资,而且投资力度很大,使港口规划和建设始终处于世界前列,从而保证了新加坡港在国际航运中心的优势地位。此外,新加坡港执行自由港政策,并采取各种优惠措施,如开辟大面积的保税区,对中转货物提供减免仓储费,装卸搬运费和货物管理费等,以吸引世界各航运公司,进一步巩固其国际航运中心地位。

总之,新加坡港处于世界的十字路口之一,借助优越的地理位置,结合先进的管理理念,新加坡港发展成为亚太地区最大的转口港,是典型的交通枢纽型港口,其主要特点是具有灵活的政策和综合服务能力。

(三)横滨港

(1)横滨港概况

横滨位于日本本州中部东京湾西岸,仅次于东京、大阪,是日本的第三大城市,面积 435 平方千米,1993 年人口已达 330 万人。横滨港 1859 年根据日美通商条约开放港口,是日本港口吞吐量首先突破亿吨的港口,是日本最大的海港,也是亚洲最大的港口之一,2009 年吞吐量达到 2.57 亿吨。

商港区拥有本牧、山下、大栈桥、新港、高岛等码头。大中小泊位共 245 个,其中万吨级以上 120 个, 最大水深 23 米,可靠 20 万吨级油轮。主要出口货物为钢铁、船舶、车辆、化工产品、机械设备、罐头食品及纺织品等;主要进口货物有原油、煤、纤维制品、矿石、食品及机械等。由于企业大都修建了自己的专用码头,进来原料的船舶可以直接靠岸卸货,出口的成品出厂后可以从另一个码头直接装船运走,这样既节省了运输时间和费用,提高了效率也降低了成本。横滨港以输出业务为主,出口额占贸易额的三分之二以上。虽然横滨港货物吞吐量低于神户和千叶港,但是港口贸易额却居全国首位，成为日本最大的国际贸易港。

（2）横滨港的集疏运系统

横滨港靠近东京都地区，有着得天独厚的地理位置，但高度发达的交通运输网络也是其发展的重要因素。以东京湾西部地区的横滨港为中心，向南、西、北等方向辐射出去的快速交通运输要道有东京高速道路、中央自动车道、关越自动车道、东北自动车道、常磐自动车道、东京湾环海大通道、东关东自动通道等，还有环绕东京都地区的环城首都圈中央联络自动车道和北关东自动车道，如此发达畅通的交通运输网络在全世界也是很少见的。特别是已于2003 年竣工的 357 国道，把横滨港的三大集装箱码头（南本牧、本牧、大黑）以及山下等重要的多用途码头全部串联起来。

（3）横滨港的产业

工业临海分布是日本经济的一大特点，东京—横滨工业区是日本四个最重要的工业区之一，与横滨港相伴形成的京滨工业带，以造船、飞机制造、汽车制造、冶金、化学和轻工业最发达，布满了重工业和化学工业，并向横滨的南北两翼发展，北部一直同工业重镇川崎相连。南部从根岸湾通过填海造地向金泽一带扩展，一些炼油厂、钢铁厂、造船厂、电机厂相继建立起来，并相应修建了专用码头。横滨作为东京—横滨工业区的核心城市，临港工业使港口改变了原来单一的运输功能，港口地区已成为高效率的理想的工业生产基地。港口和临海工业的结合使横滨港成为典型的工业型港口。

（四）伦敦港

（1）伦敦港概况

港口始建于公元前43 年，16 世纪海运昌盛，18 世纪已发展成为世界大港之一，19 世纪成为全国贸易和金融中心，而且是世界航运中心，集中了世界各地的船舶和船公司的代表机构。有世界上最大的保险组织——劳氏社（LLOYD'S）。伦敦是英国的首都，全国政治、经济、文化、交通的中心，又是全国最大的海港，并且是英国最主要的制造业城市，以通用机械与电机著称。还有飞机、精密仪器、汽车、炼油、化学、服装、造纸、印刷、食品、卷烟等工业均很发达。伦敦港是西北欧最大的集装箱港，年装卸货量超过6000 万吨，经由伦敦进口的货物占英国进口额的80%。伦敦港有三个码头区：皇家码头区、印度与米勒沃尔码头区、提尔伯里码头区。伦敦的集装箱码头就位于提尔伯里码头区[15]。

(2)伦敦港的产业

目前,伦敦港的吞吐量不高,其主要以市场交易和提供航运服务为主,成为了目前公认的国际航运中心。

其产业除了运输和海运金融保险外,其他诸如与海运活动密切相关的法律、会计、咨询、广告、设计、科学研究、技术开发和教育等生产性服务业,在伦敦起着非常重要的作用。

伦敦国际金融中心在航运中心运作中的地位日益突出。伦敦银行间同业拆借市场利率（UBOR)是全球国际金融通行的基准利率,BOR 贷款条件成为全球船舶融资市场的标准之一。

伦敦依托伦敦港逐步发展为全球重要的海运经营管理中心。根据英国《金融时报》排出的 1988—1989 年度英国最大的 1000 家公司中,除了金融机构总部外,有 208 家服务业公司设在伦敦,其中包括著名海运从业者铁行集团,世界上最大的海运业者同业组织 FEFC 总部也设在伦敦。

伦敦是全球性海运知识与创新中心。伦敦波罗的海航交所开发的波罗的海干散货运价指数,是全球海运市场的“晴雨表”;在该航运交易所挂牌交易的船型(如“中国大连型”成品油轮)已成为全球各造船企业的指标之一。

伦敦是全球海运信息枢纽。伦敦是世界海运专业媒体最为集中的城市,国际航运业权威机构德鲁里航运咨询公司、国际造船业权威咨询机构克拉克松研究公司、国际海事权威机构劳氏船级社、国际集装箱运输权威集装箱化国际咨询中心等均设在伦敦,出版的《劳氏航运经济学家》、《国际集装箱化年鉴》,以及德鲁里和克拉克松发布的研究报告与国际数据,均在国际海运界赫赫有名,指导着全球航运交易与航运市场的运行。

伦敦是官方和非官方国际海事机构的集聚地。联合国下属唯一的专门海事机构国际海事组织总部就设在英国伦敦。

可以说,英国伦敦国际航运中心目前已成功实现由货运中心向服务中心的转型,港口货流量已不再是伦敦国际航运中心的主要指标。

二、国际先进港口发展共同经验及借鉴

发达国家的港口由自然布局到自由竞争,直到今天在市场环境中的优化发展,港口已经从与工业化过程相适应的发展阶段逐步进入与信息化时代相适应的发展阶段。代表了当今世界一流先进水平的伦敦港、鹿特丹港、新加坡港和横滨港等港口,虽然属于不同的国家,其发展历史也

不同，但殊途同归，都先后发展成为世界顶级的现代化港口。这些典型港口具有共同的成功经验，值得我国沿海港口学习和借鉴：

（1）政府高度重视港口的发展

把港口作为国家参与国际竞争的重要基础和经济、金融、产业发展的依托，对港口采取倾斜、扶持政策。先进港口大多采用“地主型”港口管理模式，港务局代表政府优惠征用土地，建设码头主体、防波堤、航道，租给私人公司经营。地方政府根据经济、航运发展，制定港口发展战略与规划，政府注意力主要集中在社会整体利益、资源利用、环境保护以及维护投资权益上，港口经营实行市场化，政府不干预。

（2）总是不断通过结构调整，以适应运输结构的变化

港口的结构调整已经由满足干、液散货大型化、专业化运输的要求逐步转向到满足集装箱运输大型化、集约化以及功能拓展上来。各港都把大型化、专业化码头的建设放在首位，不断改善航道条件、引进先进的装卸技术和港口管理技术；配置完善的公路、铁路、内河航运等集疏运系统；应用现代化的信息技术，努力使港口达到快速、准时、高效、安全的现代化水平。

（3）高度重视并合理规划港口的管理模式

港口管理模式对港口的运作效率有很大的影响，直接关系港口的发展，进而也会极大地影响港口物流的发展。1997 年新加坡港口进行的民营化改革及其他管理制度改革，使港口管理与业务经营合理分工，在政府大力投资的基础上保证了私人企业之间完全按照市场规则运作和参与竞争，为港口物流的发展提供了良好的环境。同时，通过执行自由港政策，建设大型的专业化物流中心以及采取各种优惠政策吸引跨国企业在港区建设物流或配送中心，为港口物流的发展创造了便利的条件，使其逐渐成为国际枢纽港。

（4）注重利用现代信息技术和管理技术来提高港口生产效率

为货主、船公司和海关各方提供及时准确的信息服务，健全货物在港加工、包装、驳运与保税仓库等综合服务设施，为海员提供舒适的休息、旅游、娱乐设施。

（5）依托港口的临港工业、保税区、加工区的发展，促进区域工业化进程，带动城市的兴旺

城市发展又为港口发展提供土地、金融、贸易服务，吸引更多的货源。特别是现代物流业的兴起，城市为港口提供必要的信息、社会服务，港口

物流园区成为城市经济的聚集点。港口不断发展将港区融入城市发展中,通过改造,创造良好的游览、房产、商贸等环境,推动城市第三产业发展。

(6)港口区域化特征突出

由于港口竞争本质的转变,欧洲港口不得不超越传统的"地主港"模式,使自身融入更为广泛的供应链网络中。海港与内陆港口、内陆货运中心的关系表现得十分积极和主动,如通过战略联盟、股权或非股权方式交叉参与及合资或合并的形式开展多种资本联合,实现规模优势。作为欧洲最重要的石油、化学品、集装箱、铁矿石、食物和金属的运输港口,鹿特丹港能保持40多年世界第一大港地位,一方面是由于其得天独厚的地理位置、同欧洲内地便利的联系、后勤服务的质量、熟练的操作工人和明确的海关程序等,更重要的方面是鹿特丹港通过同阿姆斯特丹Schiphol(欧洲重要民空港之一)之间紧密的联系,利用内陆港口优势将港口业务深入广阔的腹地,为客户提供便捷的个性化服务。另外,鹿特丹港积极建立多个贸易和配送中心,并通过与公路、铁路、河道、空运和海运等运输中心合作,不断进行市场的纵向整合,成为真正意义上的供应链管理者。KLINK用"没有边界的港口"来形容鹿特丹港在空间和功能上的无限拓展。

第三节　中国港口未来如何发展

经济全球化已经成为世界经济发展的必然趋势,在未来的经济发展中,我国参与经济全球化的趋势更加明显。中国已经进入工业化时代,对我国港口的资源全球化配置能力提出了新的要求:需要提高港口通过能力和服务质量;需要不断进行功能拓展;临港产业的发展对港口规划建设提出了新课题;中国主要沿海港口要为建设国际航运中心创造必要条件。这些要求决定了中国港口未来的发展路径。

始于2008年的全球金融危机催生了世界经济发展模式的转型,也推动着我国经济发展方式加快转变。首先,从宏观形势来看,转变发展方式、调整产业结构、占领产业链高端、追求可持续发展是政策所指和大势所趋。其次,从港口行业发展趋势来看,呈现出以下明显特点:一是港口吞吐量难以继续保持高速增长的势头,港口装卸业将进入平稳增长期;二是依靠两种资源和两个市场仍然是较长时期内支撑我国现代化建设的主要手段,因此港口装卸业还将得以长期持续发展;三是运输成本压力使得船舶大型化、专业化的趋势得以延续，港口仍然要不断提高等级，推动专业化码头建设；四是港口能力出现结构性过剩，未来港口之间的竞争不仅是在港口等级和规模上的竞争，更是物流体系的竞争。因此，今后港口间的竞争将更多地依靠物流体系和服务功能的完善，依赖于产业结构的优化和对核心战略资源的掌控，依赖于港口企业不断壮大的经济实力和不断提升的核心竞争力。

一、中国港口未来的发展路径

（一）优化港口布局，有序推进沿海港口建设，提高国际竞争力

沿海港口是国民经济和社会发展的重要基础设施，我国从北到南有着非常广阔的海岸线，南北地区不同，位置也不一样，港口有不同的优势和特色，港口之间怎么进行分工，如何确保不仅相互协作，还能够竞争有序？煤炭、铁矿石、原油、集装箱、粮食、汽车以及旅客运输的合理性、功能配置等如何处在最好状态？这些都需要统筹规划，形成一个在全国范围之内布局合理、功能比较强大、资源比较丰富的沿海港口系统。

同时，港口是国家综合运输的组成部分，港口的发展一定要有利于促进和完善综合运输体系。作为综合运输体系的节点，港口与其他运输方式的衔接主要是通过集疏运通道完成的。我国港口经过多年的发展，已基本形成了各自的集疏运通道，或通道的基本构架。在下一步的规划中如何考虑港口与高速公路布局的衔接；港口与铁路中长期规划如何衔接；内河航道布局规划如何考虑对港口疏运作用？这些都要科学规划。除了使港口与各种运输方式的通道相互衔接，还要依托港口大力发展综合性的运输枢纽，通过综合枢纽的形式使各种运输方式联系在一起。这些综合枢纽如何布置都需要具体规划落实。

目前，《全国沿海港口布局规划》确定将全国沿海港口划分为环渤海、长江三角洲、东南沿海、珠江三角洲和西南沿海 5 个港口群体，但区域内港口出现了泛中心化的趋势，从功能上如何进行资源整合和合理规划是迫切需要解决的问题。需要高起点制定专门发展规划，对我国沿海各个港口进行功能定位，确定航运中心、支线港和喂给港的不同功能，建立各类港口的合作关系，避免恶性竞争和重复建设，形成整体合力，提高国际竞争力。

（二）港口粗放式竞争难以为继，急需提高综合竞争力

在“十一五”期间，由于国家着力推进五大港口群的发展，而港口发

展的硬指标之一就是货物吞吐量，所以中国各大港口的货物吞吐量被作为一面鲜明的旗帜，被中国各大港口“追捧”。仅以天津港与上海港为例，来说明这一问题。2001 年，天津港吞吐量首次超过亿吨，成为我国北方的第一个亿吨大港，此后，又以每年 3000 万吨的增长速度高速发展，2004 年突破 2 亿吨，集装箱超过 380 万标准箱，吞吐量进入世界港口前十名，集装箱排名第十八位。2010 年吞吐量更是达到 4.13 亿吨，集装箱吞吐量超过 1000 万标准箱，让人惊叹！而 2010 年全国海港港口年货物吞吐量约为 54.8 亿吨，其中吞吐量超过亿吨的港口共有 11 个。作为“龙头老大”的上海港，2010 年货物吞吐量达到 5.6 亿吨，约占全国总量的十分之一。在全球范围内，上海港的年货物吞吐量也连续 4 年超过纽约、伦敦、鹿特丹等国际知名大港，蝉联世界第一。不难看到中国港口已占据半壁江山以上，可谓之世界“大港”了，可是中国港口地区的现代航运服务集聚区，航运融资、海事保险、海事仲裁等航运相关产业还是相对较弱，比如，中国最大航运聚集区上海，据统计，其占全球航运金融服务市场的份额不足 2%[16]。

GDP 代表国家经济的综合发展水平，港口货物吞吐量代表港口的综合发展实力。经济发展总体水平决定港口货物吞吐量的规模，两者具有高度线性相关性。2008 年以来，受国际金融经济危机影响，我国经济发展面临强制性结构调整，经济增长将转向重点启动“内需消费”，经济结构要优化升级，GDP 将回落。其对沿海主要港口货物贸易产生较大影响：对外贸易增速将明显放缓，港口外贸货物增速将相应放缓，占货物吞吐量的比重会下降；我国向工业化后期发展，港口煤炭、原油、铁矿石吞吐量增长将趋缓，集装箱吞吐量虽将继续保持总体增长态势，但增速也会明显放缓。

以上海港、天津港为代表的我国沿海主要港口都已呈现出由装卸业向上下游延伸，打造港口服务业产业链的发展态势[17]。上海港集团提出发展“集装箱业务、散杂货业务、物流业务和服务业务”；天津港提出打造港口装卸业、国际物流业、综合服务业和港口地产业四大产业。这主要基于以下原因：一是随着我国沿海主要港口能量的不断集聚，上海港、天津港等主要港口都已成为世界一流大港，增强服务功能是其迈向世界强港的必经之路；同时，由于港口城市土地、环保等约束，港口产业对城市贡献呈现边际递减效应，迫切需要通过转变发展方式寻找新的经济增长点；港口向上游航运金融、贸易、服务等的高端化发展成为解决当前港口城市发展困局的重要途径。二是从发展趋势看，以水深、泊位、设备为核心的竞争优势差距越来越小，港口的核心竞争优势将由港口的规模和等级逐渐转向港口的功能开发与拓展。三是随着我国经济发展方式的转变，传统港口需求增长空间明显减小，高端服务需求及其对港口的增值空间却在不断加大。

总之，我国经济发展经历全球金融危机，外贸增长率出现显著下降，沿海地区大批企业倒闭。在刺激经济增长“一揽子”计划的作用下，经济开始企稳回升，在全球率先出现V形反弹。但金融危机对我国经济的影响是深刻的，对我国经济发展方式的挑战也是空前的。金融危机的倒逼机制使我国经济不得不进行深刻的调整和变革，彻底改变以往的发展方式和贸易方式。港口的发展方式必将从粗放型向提升综合竞争力的服务型、效益型转变。

（三）继续开展港口的大型化、深水化建设，跟上国际航运发展步伐

由于全球经济一体化的核心是面对两个资源和两个市场，资源所在地与集约生产地距离日渐扩大，所以海运成了重要运输途径。载量较小的船舶无力承担远距离运输的成本。由于中小船舶已远远不适应远洋运输的需要，船舶大型化和载箱量扩大化成为主要发展趋势。随着我国经济的快速发展，我国对石油、铁矿石等原材料的需求还会强劲增长，我国北煤南运的格局很难改变，同时中国“世界工厂”的格局不会改变。因此，从港口吞吐能力和吞吐量实际情况以及发展预测看，目前加快港口建设是经济发展的需要，未来十年的港口建设仍需不断加大，才能逐步缓解我国沿海港口吞吐能力的缺口问题。

目前，中国港口结构性矛盾比较突出，多数港口的集装箱码头、原油、铁矿码头等存在大型专用深水泊位不足的现象。2011年2月21日，世界最大集装箱班轮公司——马士基航运公司与韩国大宇造船签约10艘+20艘（选择权）18000TEU集装箱船的订造合同。这批船的单船价格1.9亿美元，交付日期2013—2015年，而吃水扩大到－21米，船舶长度达到400m，宽度达到59m，是名副其实的“海上巨无霸”。现在，已经开始讨论22000TEU的集装箱船建造方案。所以船舶大型化与航道深水化、码头专业化密切相关，船舶越大，对港口的水深条件和专业水平的要求也就越高，这些都要求中国主要港口继续进行大型化、深水化建设，不断跟上国际航运发展的步伐。

（四）建设物流体系支撑港口发展，向全方位供应链服务供应商转变

港口之间的竞争已经演变为港口所参与的供应链之间的竞争，港口不是作为供应链中孤立的一个点或者中心而存在，而是成为供应链中的一个重要组成环节。因此，港口除了继续发挥其装卸功能、转运功能外，还应主动联合供应链上的其他重要企业，以及其他运输方式的供应商，协同发展，互利共赢，构建一体化、无缝隙的供应链物流网络，延伸港口的物流功能。港口是否能够提供更为便利、快捷、低成本、安全、可靠的全方位物流服务，将成为现代港口今后发展的重要推动力。

港口的竞争力主要不取决于码头后方建立了多少个物流园区或物流中心，而是取决于港口主业营运的物流化程度。需要特别强调的是各种物流功能的有机组合。这恰恰是现代物流与传统物流的根本区别，是港口物流多功能化与传统的港口多功能经营的根本区别。现代港口物流则需要将现有各种港口资源进行有机整合，使之浑然一体，才能有效衔接，减少浪费，提高效率。

为适应全球经济危机催生世界经济发展模式转型，特别是我国经济发展方式转变要求，我国港口正经历着"以合为主"的又一轮港口变革。这次整合的内容和范围都有较大的扩展。其一，以资产为纽带的区域港口集团横向整合，是应对我国沿海主要港口规模扩大、"同质化"趋势明显，港口间竞争日趋激烈，实现港口资源的优化配置、港口的良性健康发展的需要。如辽宁省以大连港集团为主、河北省以秦皇岛港集团为主、广西以防城港为主。其二，港口与腹地资源的纵向整合，则是区域主要港口提升其服务功能，扩展其服务腹地，延伸其产业链的发展需要。如上海港的"长江战略"、天津港的"无水港"战略，以及其配合航运中心建设，整合城市资源建设"航运 CBD"等[17]。

（五）大力促进低碳港口发展

在环境压力日趋加大的今天，发展低碳经济、开展低碳城市建设、全面实现低碳生活逐渐成为社会各界共识。低碳经济发展正在成为世界经济新的增长点，正在成为全球许多国家和地区抢占未来经济制高点的重要战略选择。如欧盟把低碳经济视作"新的工业革命"。全球低碳市场的快速发展，将会形成主导世界格局的一个新平台，影响世界经济发展的总格局。

第一代港口到第四代港口基本上都忽视了可持续发展及气候变化，而这恰恰是人类现在面临的最大挑战，有专家基于此提出第五代港口的另一种概念,即绿色港口或低碳港口。其主要功能在包括四代港口的功能的同时,它还着眼于港城、港镇的结合,其主要特征就是效率、绿色、低碳。从港口的功能来看,侧重于港口的生态功能和港口的可持续发展,切合世界潮流的变化。

在联合国气候变化大会上,我国提出了到2020年碳排度减少40%～45%的庄重承诺,这必将对我国沿海港口城市发展产生重要的影响,进而影响港口的发展路径。低碳港口或绿色港口,就是在环境影响和经济利益之间获得良好平衡、实行低碳排放的可持续发展港口。绿色港口建设主要包括港口绿色设计、绿色生产、绿色采购、绿色物流等方面。由于低碳时代的到来,沿海城市必须越来越重视低碳技术或者绿色环保技术用于港口开发建设。

港口企业在发展"低碳经济"中有着重要责任,有很多工作要做。比如,优化码头功能布局;实施生态建港;建设专业化码头;对散货码头等重要部位采取防污染措施;进行港区绿化;及时更新设备,进行"油改电";改革装卸工艺,妥善进行污水处理等。港口发展低碳经济是一项系统工程,需要统筹规划,科学实施。对于港口来说,随着低碳经济时代的到来,今后国际间港口的竞争将不仅仅是码头资源、服务质量的竞争,而是单位二氧化碳的GDP生产率的竞争。要从调整能源结构,扩大新能源应用,调整管理结构,完善长效保障机制,调整工艺结构,再造生产流程,调整技能结构,提升全员素质等方面来调整结构。2009年天津港率先制定出台了《生态港口建设实施方案》,根据实施方案,天津港以生态环境、生态文化建设为重点,围绕专业化码头建设、可再生能源应用等六个方面,重点规划了34项工程,总投资约114.6亿元。这为沿海港口的绿色化、低碳化提供了范本。

(六)实现港城协调发展

在港口蓬勃发展中,资源与环境已成为制约港口发展的重要因素。21世纪是海洋经济时代,沿海地带是城市居住、各类产业发展的密集带,面对城市现代化发展和各行各业不断增长的需求,资源短缺的矛盾日益突出,特别是港城矛盾突出。我国沿海主要港口都是与沿海城市共生共存的,港口的发展、依托港口的工业发展,为沿海城市环境增添了更多的压力,是港口业寻求可持续发展道路上面临的新考验。

随着中国工业化进程的继续推进,虽然港口吞吐量会增长维持一段时间,但高速增长期已经过去,未来港口的发展将更注重港口功能的提升和完善，高端消费（邮轮经济、游艇经济等）和高端服务业（航运金融、航运保险等）将是港口城市发展的新的推动力。如何处理好城市与港口间的关系，充分认识港口的交通枢纽、产业活动和城市发展的基础功能，需要我们进一步科学规划港区功能，协调港城关系。

（七）大力发展临港工业

临港工业是依托港口资源和港口相关优势而发展起来的工业。由于其将港口纳入工业生产的组成部分，使物流过程衔接更加紧密，从而最大限度地降低生产成本，增强企业竞争力。从世界发达国家的工业发展历程看，重化工业项目临港布局已成为一种潮流，是海岸地区发展大型基础工业的主要形式，也是世界公认的发展大工业的成功之路。从世界各个先进港口的发展路径看，临港产业是其发展的重心。

20 世纪 90 年代以来，随着经济全球化的深入发展和国际产业转移的相对高级化，一些资本技术密集型的重化工业开始陆续向我国转移，并相对集中在我国沿海地区，特别是拥有优良港口的地区。这种态势将促进我国临港工业的进一步发展。目前各地区纷纷利用沿海资源，建设大型港口，大力发展临港工业，力争在新一轮区域竞争中占据有利位置。临港产业的发展，使港口、临港工业园区和物流园区三者有机结合，整体联动，不仅有效缩短了工业运作的时间并缩小了空间，提高了工业效率，而且拓宽了港口的功能，值得大力发展。

（八）积极培育航运市场

积极培育航运市场是加快开发开放的有效途径，将极大带动航运相关产业和现代服务业发展，提升港口地位，促进现代制造业和研发转化基地建设，推动经济社会又好又快发展；积极培育航运市场是提升区域服务辐射能力的必然选择，有利于进一步扩大港口的服务范围，增强区域辐射能力，提升地区的国际竞争力，促进区域经济发展。

积极培育航运市场是构筑我国对外开放新优势的客观需要。在经济全球化和区域一体化日益加快的新形势下，积极适应航运发展需求，主动参与全球资源配置，建设网络完善、设施优良、功能齐全的航运中心，是实现区域功能定位的重要举措，有利于提升我国对外开放的层次和水平，为广泛参与全球竞争提供有力支撑。

积极培育航运市场需要积极推进航运物流服务集聚区建设，吸引现代服务业集聚，形成现代航运 CBD，打造国际一流水平的航运服务环境；需要大力发展现代航运服务业，加快建设区域性航运、船舶、大宗商品交易市场，鼓励码头运营、仓储物流、运输配送、采购分拨、货运代理、贸易服务等现代航运服务业发展；需要加快综合服务体系建设，建立和完善综合信息平台，实现航运相关信息的全面共享和高效应用，发展船舶管理、海事服务、人才中介、资格认证、咨询、会计审计等配套服务，吸引相关的律师事务所及其分支机构、理算师机构、海事仲裁机构、船级社等入驻；也需要加快金融服务体系建设，推进航运金融创新，积极开展与航运相关的保险、质押等业务，加大对中小航运、物流企业的信贷支持力度，积极推进区域性国际航运和国际物流交易、融资、结算中心建设。

在政策方面，可以积极推进保税港区口岸监管制度创新，探索金融政策创新，推进宽松外汇管制、对外贸易人民币结算业务、离岸金融业务、融资租赁业务等配套政策试点；推动无水港启运港出口退税政策、汽车落地保税政策、免税购物政策创新。逐步形成与国际惯例接轨、独具特色的自由贸易港区政策体系。在完善航运法制环境方面，要充分借鉴国际知名航运中心法制建设经验，积极研究制定涉及船舶购置及租赁、船舶检验和咨询、航运物流金融服务、保险等的相关制度，营造有利于港航发展的制度环境。

总之，改革开放 30 多年来，我国沿海港口取得了举世瞩目的伟大成就，有效支撑了我国经济特别是外向型经济发展。2008 年金融危机催生了世界经济发展模式转型，也推动着我国经济发展方式加快转变，深刻影响着我国港口的发展。目前，我国沿海主要港口基本上已经由第二代港口向第三代港口过渡，上海、天津等主要港口开始向第四代港口发展，逐渐形成了独具特色的发展模式，代表了港口未来的发展方向。

二、天津东疆港模式

近年来，天津港在东疆港首先提出了“港城一体化”发展模式，在港口区域中主动配套城市功能，其理论逻辑是：港口与城市存在互补共生关系，港口是城市发展的基础和动力，城市是港口发展的支撑，通过自觉地建立协调机制，在一定程度上将各自独立的经济实体整合成步调一致、互促共生的利益共同体，增强其互补共生关系。主要做法是：

（一）对港口布局进行超前谋划和超前开发

东疆港区的开发建设设想始于 20 世纪 80 年代，1987 年被纳入天津港总体规划，获交通部、市政府联合批准。2006 年 5 月 26 日，在国务院下发的《国务院关于推进天津滨海新区开发开放有关问题的意见》中明确指出：推动天津滨海新区进一步扩大开放，设立天津东疆保税港区。2006

年8月31日,国务院关于设立天津东疆保税港区的批复正式下发。东疆港区自2002年开始防波堤工程建设,到2004年基本实现区域圈围,到2011年底实现成陆30平方公里。东疆保税港区一期4平方公里2007年底实现封关运作。东疆港的开发建设曾被认为是遥远未来的事,近期不可能取得重大进展。然而,在短短的几年中,天津港知难而上,以大无畏的气概发起东疆建设战役,最终取得成功(图8.4)。

图8.4　东疆港区鸟瞰图

总之,战略超前能提前形成企业的资源布局、资产布局和能力布局。可以说,没有10年前开始建设东疆港岛,就没有东疆保税港区,也就没有现在的国务院批复的北方航运中心核心功能区建设方案。东疆港的实践表明,战略事关企业全局和长远发展,而时间则是战略发展的关键变量:企业要想实现长久的发展,保持长期的竞争力,就需要对战略环境进行提前研究,看清发展大趋势,在预研基础上形成企业战略,并在行动上提前展开,先准备战略布局,抓住机遇,获得发展。

东疆港的发展还说明,港口对宏观经济发展需要高度敏感性,要特别重视对全球、国家和地区经济发展的分析、研究,通过对经济形势的研判,及时发现对港口行业的影响,提前决策,制定战略,实施战略,为自己的发展抢得先机。港口企业必须根据经济发展趋势及其对港口行业的要求,提前进行港口资产投资、建设,提前进行港口资源的布局。

(二)依据区域产业结构完善港口产业体系

天津要实现"北方经济中心"的发展目标,必须调整产业结构,加快相关产业的发展,特别是发展现代金融业,大力推进现代物流、信息服务产业、新技术产业等第三产业。港口资源整合中，在巩固传统运输服务优势的同时，着重发展现代港口综合服务业，由传统的港口业务向现代物流综合服务功能延伸，促进产业升级，由传统装卸、仓储向代理、物流、交易、金融保险等领域延伸，完善港口功能和产业体系，主动为区域产业结构向开放型、服务型调整，实现产业转移。

（三）配合城市规划合理利用港区土地和岸线资源

东疆港密切配合城市规划部门的总体部署，制定了本港土地和岸线利用的具体规划，力求做到让有限的资源和资金产生最大的效益。一方面，合理利用港区土地资源。东疆港从前期规划角度预先调整、优化当地的资源结构，促进土地合理开发利用，以达到优化土地资源配置和优化布局的目的，同时推动土地的集约利用。结合功能定位，将东疆港区分为综合配套区、物流加工区、码头作业区，港口逐步成为城市的交通运输中心、物流信息中心、国际商务中心和滨海旅游中心，各功能和谐发展。另一方面，合理开发港口岸线资源。东疆港遵循岸线规划与城市建设总体规划相协调、港区功能布局与产业布局规划相协调、货种功能布局与岸线资源以及城市道路、公路、铁路集装箱中心场站发展布局规划相协调的原则，尽可能内部挖潜，开发海涂滩地，利用疏浚航道产生的淤泥，填海造陆，国内最大保税港区——10平方公里东疆保税港区正是在此背景下应运而生的。

目前在天津港东疆港区开工建设的工程涉及金融贸易、商务配套、旅游休闲等领域的项目，正是休闲旅游岛的重要建设工程，也为建设中的天津东疆保税港区提供配套服务，参见图8.5～图8.10。

图8.5　天津东疆金融贸易服务中心项目

图8.6　博凯游艇休闲中心项目

图8.7　东疆港区人工沙滩新建及改造工程

图8.8　天津东疆海景度假酒店项目

图 8.9　东海岸运动广场项目

图 8.10　天津港东疆邮轮母港工程

(四)发展临港产业,实行港区联动

"港城一体化"发展的主要着力点就是发展临港产业,实行港区联动,增强港口的影响力和辐射力。临港产业的发展是地区产业结构调整和产业升级,实现规模效益的一个重要平台。发展临港产业是港口和城市共同的需要,是"港城一体化"最容易切入的结合点和着力点,是港区联动的核心内容。对港口来说,不仅有利于保证货源、节省集港费用,而且有利于吸引供应原料、购买产品的来港客户。

港区联动的主要内容就是利用港口货物装卸、分拨等优势，与保税区免征关税等海关特殊监管的优势相结合，实现货物在境内外自由快速流动，形成国际中转、国际配送、国际采购和国际转口贸易四大功能，建立“港区一体化”的自由港，培育出一个临港型产业群体，使之成为港口发展与城市经济增长的纽带，形成推动区域经济发展的新增长核。

（五）先行先试，开拓创新

综观全球，随着经济增长模式和交通运输方式的变革，国际航运中心已从过去船代、货代等附加值较低的下游企业，延伸到发展以航运融资、保险等为主的航运服务上游产业，航运金融化是当代港口经济和航运业发展的重要趋势。从国际经验看，国际航运中心首先应当是区域金融中心，而核心功能就是自由贸易港区。而目前东疆恰恰在这些航运产业链的上游领域先行先试，创新完善了相关产业及政策，从战略高度进一步推动了航运金融业的发展与创新，逐渐实现与世界自由贸易港区的接轨。

2007 年 12 月 6 日，在国家十部委的全力支持下，滨海新区开发开放的标志性工程，国内面积最大、开放度最高的东疆保税港区首期 4 平方公里顺利验收，实现封关运作。2007 年 12 月 11 日，保税港正式开港，东疆保税港区管委会承接二百多项行政职能及审批事项，引进了一批国内外企业入区发展，离岸金融中心、特别船舶登记制度、启运港退税等试点措施加快推进[18]。

2011 年 5 月 30 日，国务院正式批复了天津市政府上报的《天津北方国际航运中心核心功能区建设方案》，该方案明确提出，东疆保税港区是北方国际航运中心的核心功能区，具有区港一体化的政策优势和功能优势，是综合配套改革的创新平台；要以建设东疆保税港区为重点，加快建设北方国际航运中心和国际物流中心，推进国际化市场体系建设，条件成熟时进行建立自由贸易港区的改革探索；以东疆保税港区为核心载体，推进北方国际航运中心核心功能区建设，创新国际船舶登记制度，开展航运金融业务和租赁业务试点。发展目标是用 5 ~ 10 年的时间，基本完善国际中转、国际配送、国际采购、国际贸易、航运融资、航运交易、航运租赁、离岸金融服务等功能，把天津东疆保税港区建设成为各类航运要素聚集、服务辐射效应显著、参与全球资源配置的北方国际航运中心和国际物流中心核心功能区，综合功能完善的国际航运融资中心。

总之，东疆港的规划兼顾了城市功能和配套服务，使得港口与城市不再相互孤立，而是实现了两者功能的融合，使得两者更加紧密地结合为一体，通过港城一体化战略解决了港城矛盾。同时，在航运产业链的上游领域先行先试、创新完善了相关产业及政策，从战略高度进一步推动了航运金融业的发展与创新，抢占了港口未来发展的制高点。有理由相信，中国第一个自由贸易港区将会在东疆。基于此，天津港的港口功能进入了良性循环轨道，成为推动区域经济发展的重要驱动力。这就是东疆港模式的成功经验。

参考文献

[1] 美国地质调查局(USGS)2005 年度报告[R].

[2] 中外能源杂志[J],2010 年第 15 卷,第 112 页.

[3] 联合国人口基金会. 2009 年世界人口报告[R].

[4] 国际货币基金组织 IMF. 2011 年世界经济展望报告[R].

[5] 毕吉耀. 当前的经济全球化趋势及提出的新要求[J],来自中宏数据库.

[6] 联合国贸发会议. 2011 年世界投资报告[R].

[7] 刘长俭. “十二五”期我国港口货物吞吐量预测[J],水运管理,2010 年第 10 期.

[8] 数据来源于国家统计局网站.

[9] 数据来源于航运在线网站.

[10] 王建. 后危机时代加快港口产业结构调整的思考[M]走向深蓝——天津港发展模式探寻[M]. 天津:天津人民出版社.

[11] 王缉宪. 中国港口城市的互动与发展[M] ,第 9 页.

[12] 罗萍. 浅析我国沿海港口发展趋势[J]. 综合运输,2010 年第 3 期.

[13] 张丽君. 改革开放 30 年中国港口经济发展[M],第 116 页.

[14] 张世坤. 有关汉堡港、鹿特丹港、安特卫普港的考察[J]. 海洋经济,2004 年第 6 期.

[15] 数据来源于百度网络.

[16] 张永锋,等. 中国世界大港向世界强港之路迈进[D]. 上海国际航运研究中心.

[17] 罗萍. 浅析我国沿海港口发展趋势[J]. 综合运输,2010 年第 3 期.

[18] 于汝民. 走向深蓝——天津港发展模式探寻[M]. 天津:天津人民出版社,2010:57-59.

第九章　港口城市新作为

李　伟　王初生

港口城市在全球化过程中扮演着相当重要的角色，有学者甚至认为港口城市处于全球化进程的最前线地位。这主要说明一个事实，即与国际贸易相关的运输与实体交易、各种商品与货物的交换必须通过港口来进行，且由于国际航线拓展，使港口城市自16世纪至今一直得以占据物流系统的关键地位。港口城市在空间上作为国际物流体系的一类重要节点，在现代物流体系中扮演着最关键的角色，更是海陆地区人类行为的交汇处。时至今日，港口城市的地位持续升高。据统计，国际物流量的90%为海运所完成，且港口城市在经济全球化和区域经济合作的浪潮中，以及在资源分配、物资流通、产业升级等方面发挥着越来越重要的作用[1]。

改革开放以来，依托临海临港优势，珠江三角洲率先崛起，长江三角洲实现跃升。国家把推进天津滨海新区开发开放纳入国家战略布局后，为环渤海区域经济发展带来了新的历史机遇，正形成我国新的经济增长极。

第一节　中国主要港口城市的特点

所谓港口城市即以优良港口为窗口，以一定的腹地为依托，以比较发达的港口经济为主导，联结陆地文明和海洋文明的城市[2]。简而言之就是依托港口建设起来的城市。港口城市需具备四大基本要素：丰富的港口资源；配套的交通设施；功能齐全的城市；可靠的经济腹地[3]。国内外经验表明丰富的港口资源是建立港口城市的先决条件。

现代化港口城市是港口城市发展的高级阶段。一般认为，现代化港口城市是经济社会发达、现代化水平很高、城市综合环境质量很高、具有优良的港口资源和较高的利用水平、港口设施完善配套、外向型经济和港口服务业发达并成为城市主要支柱产业之一的城市。现代化港口城市主要有七个方面的内涵:①以港口为中心展开生产力布局。②港口城市的重要特点之一是发展港口经济。③港口经济内各种要素相互影响促使港口城市的产生。④港口城市是港口经济发展的载体。⑤港口综合运输体系及信息网络是港口经济能量传输的动脉。⑥港口和城市相互依存,共同发展。⑦港口不仅为其所在的港口城市服务,更是为区域经济中心并为广大腹地服务,依托并促进港口腹地经济的发展[4]。

一、中国主要港口城市的发展概况

近几十年来,在工业化深入发展推动下,我国沿海港口城市依托港口或港口群,发展十分迅速,珠三角、长三角、环渤海地区相继崛起,成为带动我国经济腾飞的重要增长力量,其主要表现在:

(一)沿海港口城市经济总量巨大

我国沿海港口城市作为全国城市体系的一个类型,从整体规模和经济实力看,在全国占有重要地位。沿海20个较大港口城市(其中包括沿海开放城市15个:上海、天津、大连、秦皇岛、青岛、烟台、威海、连云港、南通、宁波、温州、福州、广州、湛江、北海)和5个经济特区城市(深圳、珠海、厦门、汕头、海口)在主要社会经济指标中占全国城市的比重较大(表9.1),而其中上海、广州、天津等7个主要港口城市又占绝对优势(表9.2)。20大沿海港口城市人口数,占全国总人口8.8%,工业总产值占23%,国内生产总值占22%,社会消费品零售总额占20.4%(根据国家统计局2009年统计公报整理)。沿海港口城市,通过远洋干支线运输,直接有效地承载了全国陆向腹地和连通五大洋的海外有效腹地的全部物流量。

2009年沿海20个较大港口城市主要社会经济指标 表9.1

项目		总面积(万 km^2)	总人口(万人)	工业总产值(亿元)	固定资产投资额(亿元)	社会消费品零售总额(亿元)	GDP(亿元)
①全国		960.0	133474.0	548311.4	224598.8	132678.4	340506.9
②地级以上城市		62.4	38794.6	313561.6	115256.2	80321.0	207744.0
③沿海港口城市	数量值	15.0	11719.4	125643.1	33897.8	27030	74448.7
	占①比重	1.6%	8.8%	22.9%	15.1%	20.4%	21.9%
	占②城市	24.0%	30.2%	40.1%	29.4%	33.7%	35.8%

2009 年上海、广州、天津等 7 个主要港口城市经济指标　　表 9.2

城市名称	年　底总人口（万人）	生产总值当年价格（亿元）	产业结构			固定资产投资总额（万元）	社会商品零售总额（万元）	货物进出口总额（万美元）
			第一产业	第二产业	第三产业			
天津	980	7522	128.9	3987.8	3405.2	50063247	24308297	6394415
大连	585	4350	313.4	2127.2	1908.8	31136950	13967483	4220347
上海	1400	15047	113.8	6001.8	8930.9	52733299	51732408	27773105
宁波	571	4329	183.5	2362.1	1783.6	20042179	14296750	6081275
青岛	763	4854	230.3	2420.1	2203.5	24588889	17302231	4485115
广州	795	9138	172.3	3405.2	5560.8	26598516	36157655	7673679
深圳	891	8201	6.7	3827.1	4367.6	17091514	25679436	27015508

* 数据来源国家统计局 2010 统计年鉴

沿海港口城市经济总量已占全国 1/5 以上。统计资料显示，2009 年 20 个沿海港口城市实现地区生产总值达到 74448.7 亿元，占全国的 21.9%，大大高出了其 8.8% 的人口比重。换句话说，这些城市以全国 1/11的人口创造了全国 1/5 的财富。这 20 个城市经济总量的差别较大：上海 2010 年地区生产总值达 15000 亿元，随后是广州超过 9000 亿元、深圳超过 8000 亿元，天津 7500 亿元、青岛、宁波、大连超过 4000 亿元，增速远高于全国水平，是拉动全国经济增长的重要力量。

2010 年倪鹏飞主持出版的《全球城市竞争力报告 2009—2010》对全球城市进行了聚类分析，我国大陆主要沿海港口城市在全球城市综合竞争力排名情况是：上海居第 37 ，深圳居 71 位，广州居 120 位，天津居 165 位，大连居 218 位，宁波居 241 位，青岛居 246 位，厦门居 249 ，珠海居 265 位，天津和宁波上升速度最快，这在一定程度上反映着我国沿海主要港口城市在世界上的地位和发展速度（见表 9.3）。

（二）第三产业比重明显高于全国

沿海港口城市已成为驱动全国产业结构向高级化演进最强大的动力源泉和推进基地。

2009 年，20 个主要港口城市的第一产业增加值占全国的 8.1%；第二产业增加值占全国的 22.2%；第三产业增加值占全国的 24.6%。其三次产业结构由 2006 年的 5.0∶50.4∶44.6，调整为 2009 年的 3.8∶46.8∶

49.4，与全国三次产业结构 10.3∶46.3∶43.4 相比，第三产业比重明显高出 6 个百分点。在这 20 个城市中，上海、广州第三产业比重最高，分别达到 59.4%、60.9%。

中国大陆沿海港口城市全球城市综合竞争力排名　　表 9.3

城市	2007—2008 排名	2009—2010 排名	排名变化
上海	46	37	+9
深圳	69	71	-2
广州	119	120	-1
天津	185	165	+20
大连	234	218	+16
宁波	268	241	+27
青岛	258	246	+12
厦门	249	249	+0
珠海	282	265	+17

(三)消费、投资、进出口协调增长

20 个主要沿海港口城市 2009 年社会消费品零售总额达到 32064.5 亿元，占全国的比重达到 1/5 以上；实现全社会固定资产投资 41618.5 亿元，占全国的比重达到 15.1%。对外贸易是沿海港口城市发展的特色，2009 年 20 个城市进出口额达到 13374.6 亿美元，占全国进出口总额的比重达到 45%。

(四)开放型经济继续领先

2009 年，20 个沿海主要港口城市实际利用外资金额 477.8 亿美元，比上年增长 16.9%，增幅比全国平均水平高 3.3 个百分点，占全国利用外资的比重由 2007 年的 47.5% 提高到 52%。对外贸易双向增长，沿海港口城市对外贸易在大进大出的互动格局中实现多赢，外贸依存度平均达 101%，比全国平均水平高出 36.6 个百分点。港口经济作用显著，沿海城市基本集中了大陆沿海重要港口，承担了我国大部分海洋运输货物吞吐任务。

表 9.4 是 2009 年中国沿海 20 个主要港口城市经济发展概况统计。

(五)主要港口城市确立了区域中心地位

经过 30 多年的改革开放，中国港口城市普遍得到了高速发展，主要港口城市均已发展为当地区域的中心城市。比如上海、广州、天津、深圳、

厦门、宁波、青岛、大连等城市,均已发展为区域中心城市,对全国的发展也都具有举足轻重的作用。例如深圳已成为全国重要的高科技研发和制造基地、物流基地和区域金融中心,其 GDP 总量、人均 GDP、外贸出口、集装箱吞吐量、预算内财政收入等重要指标均进入全国前列或名列全国榜首;厦门则成为台湾海峡大陆地区最重要的对外开放城市和经贸城市;宁波是长江三角洲地区最重要的港口城市之一,在杭州湾大桥建成以后,宁波作为该地区南部中心城市的地位将进一步巩固;青岛以拥有海尔、青啤、海信、奥克玛、双星等一大批著名企业著称,正在成为华东地区北片的经济中心城市;大连以城市经营称雄全国,是东北亚地区的重要轴心城市,其在东北地区的对外开放核心城市地位不可动摇。

中国沿海 20 个主要港口城市经济发展概况(2009 年) 表 9.4

项 目	GDP	产业结构			固定资产	社会消费品	货物进出口	人均收入
	(当年)(亿元)	第一产业	第二产业	第三产业	投资总额(亿元)	零售总额(亿元)	总 额(亿美元)	人 均(元)
20 个城市	86693.4	3268.1	41327.3	42097.9	41618.5	32064.5	13374.6	23583.6
全国	397983.0	40497.0	186481.0	171005.0	278140.0	156998.0	29728.0	19109.0
比例%	21.8	8.1	22.2	24.6	15.0	20.4	45.0	123.4

(六)沿海港口城市完成了中国沿海不同层次城市经济圈的构建

当今世界的城市竞争已不仅仅表现为单个城市之间的竞争,而是城市圈之间的竞争。一个地区的城市之间如果互不依托,单打独斗,不仅将损害各个城市的利益,也将损害这个地区的整体竞争力。

中国沿海地区在多年的发展中,正在越来越重视城市间的联合,越来越重视城市圈共同发展的问题。目前在中国沿海地区,中国经济的显著特征是依托上海港、深圳港、天津港已经形成了三个巨大的、最具影响力的城市经济圈:长江三角洲、珠江三角洲和京津冀三大城市群。这三个地区不仅发展速度快,而且经济规模占全国的比重越来越高,成为中国经济发展的引擎。同时,我们发现,在中国沿海地区,除了上述已经被人们公认的三大城市圈之外,随着沿海地区经济的高速成长,依托大连港和营口港、青岛港、厦门港和防城港,正在形成另外四个不容忽视的、影响力日益强大的次级城市圈:辽中南城市圈、山东半岛城市圈、海峡西岸城市圈和北部湾城市圈。从区位上看,这四个城市圈恰恰与三个主要的城市圈形成大、小相间的均匀分布格局，构成沿海地区城市圈的最佳布局形态。它们主次相递，关联共生。这七大沿海城市圈目前大小不一，实力不一，影响力不一，但都是中国对内推动全国经济发展的重要力量和对外开放的重要前沿阵地。

二、中国沿海主要港口城市的新特征

在经济全球化推动下，中国港口城市发展十分迅速，无论是功能还是外部表现，都已经出现了新的特征。与一般城市相比，现代化的中国沿海港口城市具有以下五种特征：

（一）港城共生，港城互荣，立体互动格局初步形成

有关研究对2000—2007年上海港、青岛港等20多个全国沿海主要港口的吞吐量和港口所在城市的GDP的200组数据进行统计分析后认为，港口吞吐量与港口所在城市的GDP之间具有明显的正相关关系[5]。同时从上海、天津等港口城市的发展来看，港口规模越大、现代化水平越高、功能越强、服务越全，吞吐量也越大，对周边经济圈发展的带动辐射作用就越大。随着经济全球化的深入发展，形成了港口与区域、港口与产业、港口与城市、港口与环境等几个方面交叉立体互动的格局。在港口与区域关系上，强调港口必须为区域发展服务；在港口与产业关系上，强调依托港口实现相关产业的高端与国际化；在港口与城市关系上，强调港口必须为提升城市品质、提升城市区域竞争力和国际竞争力服务；在港口与环境关系上，强调保护生态环境，促进港口与自然协调发展。沿海城市依托港口优势，已形成高度的产业及经济集聚，可以说形成了港城共生，港城互荣的局面。

（二）港口城市与腹地的联动性显著增强

中国沿海主要港口城市中，港口与港口的联动、港口与腹地等各方面的联动不断增强。在国际经济竞争日益加剧的背景下，组建港口联盟是提高区域竞争力的重要举措，因而在港口与港口联动方面，有上海港联合浙江港口共同建设上海国际航运中心、宁波港与舟山港一体化等案例，这些均提高了港口的竞争力。同时，上海港实施的“长江战略”、天津港实施的“无水港”战略，反映了港口城市与腹地经济的联动在进一步增强。

（三）港口城市对要素的集聚能力显著提高

进入新世纪新阶段，随着经济全球化和世界科技革命均呈现加速发展的态势，再加上中国政府实施鼓励东部地区率先发展的政策，使东部沿

海港口城市的区位优势进一步强化。港口城市聚集经济的特征在密度、广度、深度、速度等方面都大大超过其他类型的城市。港口城市是联结海陆两个扇面的空间枢纽,能通过陆上交通网络,吸纳和聚集经济、社会的各种能量,又可以通过海上大通道,超越空间界限,直接参与国际分工和国际经济大循环,在世界范围内吸纳和集聚生产力的各种要素,主要的表现形式是临港产业快速发展,甚至出现了国际、国内重化工产业持续向沿海港口城市"双向聚集"的趋势。作为"海向"和"陆向"的人流、物流、资金流、技术流、商流和信息流等经济社会能量的聚集的作用更加明显、强烈,港口城市聚集的范围更广、聚集的速度更快、聚集的水平更高,港口城市第三产业尤其是高层次的服务业更为发达,对外辐射能力明显增强。

(四)港口城市经济形态更具开放性

由于港口城市有着明显的区位优势与政策优势,因而中国港口城市在对外开放方面始终处于领跑国内其他地区的地位。由于具有明显的区位优势,港口城市往往最先参与国际分工,接受全球性经济中心和市场中心的辐射,并成为一般地区对外开放的桥梁、窗口和跳板。同时港口城市能够以国际市场为导向,加速与腹地经济的分工和协作,形成不同层次的开放格局,推动腹地经济素质的提高。改革开放以来,我国上海、深圳得以取得巨大成功,其重要原因之一,就是港口城市的开放性持续提高,国内国际两种资源、两个市场得到充分利用,加快了经济发展。

(五)港口城市运作更具有序性、高效性、规范性

港口城市运作有序性是指港口城市各子系统按照一定秩序有机结合,构成完整的有机体。港口作为综合运输网络的结合部,以港口为中心,带动与之相关的各种运输方式和其他相关产业的发展,如水运、空运、陆运、物流业、仓储业、加工业、中介代理业等大发展,形成一个有机、有序的系统整体。

运作高效性是港口城市内部各系统之间优化组合的外在表现,其最终目标是为了提高港口城市对外综合竞争能力和追求利益最大化。港口城市运作高效性主要表现在信息传递快捷、管理体制灵活、协调性高、竞争性强四个方面。

港口城市运作规范性主要表现在:一是管理体制高规范性。沿海港口城市享有改革开放先行的优势和区位优势,在实践中率先建立市场经济,其经济管理体制更健全,比较适应国际经济环境的变化,有较强的国际竞争力。二是办事规则规范性强。在中国已经加入世界贸易组织的背景下,港口城市突显对外开放窗口的功效,政府办事规则更透明、更公开,更符合国际通行规则与惯例。

如果说港口城市是一部庞大的机器,港口系统(包括现代物流网络)则是这部机器的"发动机",为城市其他各个系统提供能量,协调发展[6]。

第二节　新形势下的港城关系

港城关系是港口城市发展的主线,它贯穿于港口城市发展的始终。随着经济活动国际化和全球市场一体化不断发展,世界经济空间、中国经济结构都进行了重构,港口城市之间、港口之间的竞争也在不断加剧,每个港口、港口城市都在重新考虑在经济和区域背景中扮演什么样的角色。对港口来说,港口之间的竞争不再仅仅依靠它们自身的基础设施与装备,需要由港口城市提供综合性服务体系才能保证港口的竞争力。对城市来说,摆在面前的挑战将是能否适时地将以工业为基础的经济转变为以信息和知识为基础的经济。在城市功能上,除了要利用港口的基本功能外,还要充分地将服务业、工业、景观等特质组织到城市功能中去。港城关系成为新时期港口城市各种关系中最重要的关系。

一、港口——城市发展的源动力

港口是港口城市成长最重要的动力。港口最基本的运输中转功能,引起生产活动聚集在港口周围,促进了港口城市的产生。随着港口功能的不断拓展延伸,港口在港口城市的产生和发展过程中扮演着极为重要的角色,产生多方面的影响,包括城市的形成、成长、空间结构、产业结构以及港城社会文化等多个方面。

(一)港口促进了城市的产生和发展

港口的形成和对外贸易的发展是港口城市形成的先行条件。拥有港口的城市具有创建和发展大都市得天独厚的优越条件。港口是联结海陆的节点,能通过海陆交通网络,在世界范围内吸纳和集聚各种生产要素,直接参与国际分工和国际贸易。与非港口地区相比,优越的交通区位,大范围、大规模的集散功能,拓展了市场,促进了运输规模经济和聚集效益的实现,引起企业、产业以及人口纷纷向港口聚集,城市用地规模快速扩展,城市经济总量快速扩大。

所有这些,都验证了港口区位优势在城市创建中的决定性作用:即先形成了港口，发展了海运，随之对外贸易兴起，在此基础上城市经济日趋发达，城市用地规模快速扩展，城市规模日益扩大；同时，港口及相关临港工业的发展，引起城市经济一系列的连锁反应，增加了城市基本和非基本部门的就业机会，吸引人口向城市聚集，城市人口的迅速增加和城市基础设施的快速扩展，使城市规模达到更高水平。在港口城市基础上发育起来的特大城市不乏其例，如伦敦、上海、天津、广州、宁波等[7]。

港口是城市形成和发展的主导因素，对城市经济的发展有着直接影响：为城市创造了直接的国民收入；港口产业的前后向关联度大，带动相关产业的发展，促进城市经济综合发展；独特的地理位置，引起临港工业和外向型产业选择港口城市作为投资区域。

（二）港口位置决定了城市外部形态及扩展方向

城市形态形成演变受政治、经济、文化等多种因素共同作用，其中，经济条件始终是根本决定因素。经济发展，引起了城市人口的增加和城市基础设施的扩展，必定促使城市用地向外扩张。作为港口城市主要的交通方式和重要组成部分，港口与城市形态的变迁形影不离。港口起着连接水陆运输、客货集散等枢纽作用，对城市内部空间组合起着主导作用，港口条件决定了港口城市的外部轮廓。城市由内向外扩展，一般都是沿交通干线延伸[8]，港口城市的发展与港口位置迁移、规模扩展密切相关。城市的扩展、城市形态的演化往往通过港口位置的迁移、规模扩展来实现。

最初，河口港城市一般在交通方便的河口上段形成，随着经济的发展，港口规模扩大，城市用地向外扩展，城市形态发展为单一集中型。由于运输技术的发展和船舶大型化，以及老港区发展限制因素的增多，迫使港口向河流下游迁移，继而向入海口沿海岸的位置推移或向海岛推移，形成河口港、海岸港或海岛港。相应地，城市用地也随着港口的推移，向入海口、海岸或海岛方向发展，形成与港口功能相适应的群组城市形态。

以天津港口位置的迁移扩展为例，700 多年前，天津在市区内的海河边建城筑港，该区域一直是天津的城市中心。抗日战争时期，天津港向塘沽演变。随着港口完成了从内河港向河口港以及海港的两次跨越，塘沽作为城市区域得到了快速发展，天津特有的“双城”轮廓基本形成。

（三）港口推进城市调整产业布局，扩大劳动就业

港口业是国民经济的基础和先行行业，是所在城市、区域、腹地经济发展的重要资源优势，港口通过直接、间接和诱发三个渠道正在对港口城市的经济社会发展产生巨大影响，并辐射到港口的腹地区域。港口的发展使临港工业迅猛发展，进而使我国沿海、沿江地区成为世界制造业转移的基地。

港口经济关联性强，对区域经济发展带动作用大。首先，港口经济的发展将直接推动本区域的基础设施建设。港口经济的发展直接导致对港口、码头等公共设施需求的增加，可以吸引投资，推动有关基础设施及相关配套设施建设，这将进一步促进城市建设与经济发展的良性互动。其次，港口经济可以带动关联行业的发展。港口的发展既需要仓储、运输、加工、贸易、金融、保险、代理、信息、口岸相关服务的支持，也会极大带动这些产业的发展。例如，一只标准集装箱重箱的港口包干费，即港口企业直接收益部分，约为 800 ~ 1200 元，而由此带来的拖轮、引航、口岸以及港口配套服务，包括修箱、堆存、船舶代理、航运、金融结算、拖车运输等，其经济收益则是港口直接收益的 6 倍，也就是 4800 ~ 7200 元。最后，在全球经济一体化的影响日益扩大的今天，港口资源也是吸引大型工业和外资企业重要的条件。有些大型工业的发展必须依托深水港口，港口资源能够吸引这些大型企业的产业转移，更显示了它特殊的地位和作用。因此，港口是城市和区域经济发展的重要资源优势。

港口也是扩大城市就业的重要力量。据初步测算，我国沿海港口每百万吨吞吐量可创造 1 亿元以上的 GDP 和 2000 多人的就业机会[9]。2010 年我国沿海港口吞吐量达到 54.28 亿吨，按此计算就有超过 5400 多亿元的经济贡献和超过 1000 万个就业机会。有数据显示，港口生产经营与其他相关产业及间接诱发的经济贡献为 1∶5，提供就业比值为 1∶9。如德国汉堡港每 10 万吨吞吐量(件杂货)所创造的就业岗位为 428.8 个，天津港每万吨吞吐量创造 GDP 的贡献约为 120 万元，对地区就业的贡献为 26 人[10]。

(四)港口的发展奠定了港口城市的区域中心地位

城市是产业要素空间积聚的结果。城市的形成及实力的增强，必须要与其外部环境不断进行物质与能量的交换。随着城市的不断发展，技术、资金、人才流动的控制功能逐渐增强，影响的范围不断扩展，最终形成地区和国家的经济中心。港口的空间集聚能力，是港口城市成长为区域中心的必要条件。内外交通的便捷性，低廉的物流成本，使港口陆域成为利用港口输入原材料、输出产品的临港大工业和出口加工业的区域。区位优势带来的聚集效应，循环往复、不断集聚，城市人口因此持续增加，城市经济规模不断扩大,最终培育出高等级的中心城市。

港口的每一次的发展都引起当地人口的进一步增加和城市经济规模的扩大。这一过程循环往复、不断集聚,区域甚至国家级中心城市得以形成。进一步来讲,在城市的发展过程中,通过港口的建设和完善形成一定规模的港口产业,首先对港口直接相关的前向和后向产业产生社会经济影响,再由初级乘数效应对间接相关产业产生影响,从而引起产业扩展产生下一级乘数效应,连续传递使城市和区域经济不断增长。另一方面,在港口规模扩展和城市经济增长的同时作用下,新的产业得以产生,城市和区域经济进入持续发展的状态。

我国沿海港口经济的发展,港口基础设施的改善,货物运输能力的提高有力地推动了我国外向型经济的发展;上海、深圳、青岛、天津等港口城市已经成为国际港口集装箱运输的重要枢纽和区域乃至全国的中心城市;港口经济的发展与我国城市的发展正在结合为一个整体,不仅加强城市的交通枢纽功能,而且日益成为城市最为开放和创新功能最强的元素,成为沿海地区经济发展的核心动力。

(五)港口的发展促生了特有的城市文化

港口是港口城市对外开放的门户和对外交通的主要通道,是城市正常运作的重要物质前提和必要条件,对城市环境和城市形象有着积极的影响。港口的长期发展,塑造了与其港口的区位密不可分的独特的城市人文环境。内外联系的便捷经济性,增强了港口城市对外资的吸引力,同时也加快了港口外向型文化发展的步伐,因此港口城市的文化具有通达性和开放性的特征。

文化是衔接现代服务业与制造业以及城市功能的重要环节,对经济结构的调整和升级有着重大意义。沿海港口城市的产生及发展过程与港口的开发和兴衰紧密联系在一起。历史上,沿海港口是我国主要的对外贸易港,“鸦片战争”后与西方资本国际市场有了直接的接触,迎来了不同文化的碰撞甚至是冲击。正是由于港口的这种“开放性”,港口文化逐渐演变成为城市文化中最具个性、最富生命力、最有统领作用的文化因子。港口,不仅是物质空间上的“港口地区”,还是为城市硬实力做出巨大贡献的“港口经济”,更是统领城市精神文化、引导城市软实力的“港口文化”。港口文化已成为中国沿海城市文化的基因与特质,城市应利用自身港口优势,深入挖掘港口文化内涵,促进经济社会持续发展,提高城市竞争力。

近代大学者梁启超先生在对比研究中西方文化后，写过一篇非常重要的文章，叫做《地理方位和中国文化》。文章认为，如果和中国传统文化相比，港口文化给我们带来了几个重要的素质，第一是进取，第二是冒险，第三是自由，第四是活泼。中国传统文化当中，就是缺少了进取、缺少了冒险、缺少了自由、缺少了活泼。所以梁启超先生认为，要用海洋文化与港口文化，来改变中国文化当中的素质的缺漏。现在尽管离梁启超生活的年代很多很多年了，但这些论述仍很深刻，同时，港口文化要在梁启超先生阐述的基础上赋予新的、更准确的概念，拓展当代港口文化的新涵义。比如全球视野，比如高敏感度的节奏，比如多元生态的结合。港口人特别敏感，港口人每时每刻接收着各方传来的信号，这些信号可能是船装来的，也可能是以物质的方式出现在眼前的。全球视野、高敏感度的节奏、多元生态的结合，这些连在一起，就构成了港口文化的新内涵。

具体到每一个港口城市，具体的港口文化又会发生不同的变化。比如鹿特丹，荷兰是一个不大的国家，但由于鹿特丹的存在，不仅使荷兰成为世界一个重要吞吐港的所在地，而且好多现代经贸和运输的国际规则由它制定。制定国际规则的权利和人们对规则的承认，这就是它的文化。我国现在已经成为了世界港口非常领先的国家，我们的发展速度还会不断地继续，我们不仅要在整个中国文化的大盘子里，攫取和吸收港口文化对我们的补充、对我们的冲击、对我们的营养，而且每一个港口还要建立自己独立的文化。

二、城市——港口成长的基石

城市是港口正常运转和蓬勃发展的物质基础。城市的管理服务功能、政策机制和良好的文化氛围，为港口发展提供了必需的环境保障，同时，城市的发展又促进了港口功能的提升。

（一）城市是港口的直接腹地

港口的成长与腹地经济状况密切相关。腹地经济越发达，对外经济联系越频繁，对港口的运输需求也越大，由此推动港口规模扩大和结构演进。腹地城市经济规模的扩大，为港口生产带来源源不断的新动力。作为对外开放主要门户的沿海港口，腹地经济的发展对其发展具备更强的促进作用。港口城市是港口的最直接经济腹地，港口城市的经济发展状况在港口货物输出中得到显著体现，它是港口转运货物的重要来源。城市工业经济的发展和城市工业品竞争力的提高，使港口的货物吞吐量不断增加,货物种类不断发生变化。随着城市产业结构的不断优化升级,港口运输货物的种类和数量不断增多,货物种类由一般散杂货物向大宗干液散货、集装箱货物方向发展,运输效率大幅提高,港口经济效益得到提升。

(二)城市为港口发展提供支持和保障

在港口促进城市经济发展的同时,城市的发展又为港口发展提供支持和保障。港口的发展离不开人力资源、土地、集疏运等硬件设施,也不能缺少金融和贸易等软件环境。这些港口发展必需的软硬件环境,必须依托于港口城市。港口城市拥有港口运作发展所必需的各种人力资源,并为港口及港航产业的发展提供土地,同时集疏运交通体系的建设也是港口城市为港口提供的一项重要服务。港口城市现代服务业的发展为港口转运和贸易营造了良好的外部环境,对提高港口的竞争力具有重要作用。香港是亚太地区的国际经济中心,具备良好的金融贸易环境和健全的管理体制,香港港口经过多年发展,集装箱班轮航线密集,与国内港口相比,在港口服务、金融结算、通关服务等方面具有明显优势,这是形成香港港口核心竞争力的重要因素。

港口对外的各种联系都离不开港口城市的组织、协调与服务。港口建设和发展,规划先行。一个港口要建设要发展,首先要通过规划来确定港口的地位,明确港口发展的方向,严格按照港口规划来指导港口的建设和发展。港口城市对港口的管理功能主要通过制定各种政策来体现。港口城市制定港口发展规划,对港口布局和港口功能进行定位;通过完善集疏运体系和经济互补等各种形式,加强港口与腹地的经济联系,扩大港口的辐射范围。许多港口城市正在实行更为开放的经济政策,积极推进自由港政策;通过加强港口设施、装卸设备等硬件的建设等,来提升港口的竞争力。在天津、厦门、漳州、广州、深圳等港口的建设发展中,无不印证着"规划先行"的道理。城市的管理和规划,突出了港区功能,优化了港口布局,有利于实现港口的规模化、专业化经营,发挥出港口的最大效益。

(三)城市发展促进港区功能提升

城市规模随着经济发展日益扩大,同时,港口的发展导致港口规模扩张。然而,很多城市的中心建在港区附近,港中有城,城中有港。社会经济的发展,造成老港区与城市发展的矛盾日益突出。一方面,随着经济的发展,港口用地大量增加,城市土地更为珍贵,城市土地价格节节攀升。因此,将老码头移出城区或者进行改造,重新进行结构和功能调整就成为两者协调发展的关键。老港区的移出或改造,腾出了紧缺的土地资源用于发展高效率的第三产业,提高城市土地利用效率。同时,又提高了港口运作效率,老港区功能得到调整、改造、开发和功能置换,港口整体素质全面提升,促进了港口及整个港航产业的可持续发展。老港区的功能转换,不仅为港口城市发展提供了宝贵的土地资源,也为新港区的建设筹措了资金,节省了投资,港口布局同时得到优化[11]。

城市经济的发展也对港口的功能拓展、服务范围、生产特点和地位作用产生重要影响。以港口城市为依托,港口逐渐由人流、物流的单一运输功能,拓展为集物流业、临港工业和现代服务业等港口配套服务业为一体的复合功能,从而逐步形成面向海洋,以信息化、生态化为主的综合物流枢纽和海洋经济基地。许多现代港口已从一般基础产业发展到多元功能产业,并且向社会经济各系统进行全方位辐射,有效地提高了区域产业整体的竞争实力。

总之,港口与所在港口城市两者相互依存,相互促进。只有积极地利用港口与城市的互动关系,才能充分发挥港口作用,振兴所在城市和区域经济,实现城市经济和社会的合理发展,并推动城市形态的最优演化;同时,城市发展为港口提供了必要的物质和精神层面的支持,港口的功能得以充分发挥,港口逐步得到综合发展,港口功能实现提升。最终达到"城以港兴、港为城用,港城互动"的"双赢"局面。

第三节　发挥港口优势,深化港城互动

一、港城关系演变进程

一般来说,港口的发展将促进港口城市的发展,城市的繁荣为临港产业的发展提供了良好的支撑条件,从而确保港口、城市与临港产业三者的协调发展。港口促进所在城市发展,并与城市融为一体,共同服务于周边城市和腹地,带动它们走向国内外市场,逐步形成城市经济圈或区域经济圈;反过来,港口又从服务中壮大了自己。与此同时,临港产业的发展也离不开港口和城市的配合,临港产业发展越快,所在的城市及区域经济圈发展也越快[12]。

传统的港口通常是货物集散地,港口城市的建立通常是因港而建市建镇,有了港口,才促进了城市本身的发展;城市繁荣后,又对港口发展提

出新的要求。港口和城市之间的发展有着不可分割的联系。回顾历史，港口城市通常具有较快的发展速度，例如中国的上海、天津、青岛、广州等大都市的兴起。港口城市形成过程的主要动力是港口对城市的推动作用，由于港口对城市的动力表现不同，港口同城市的界面不断变迁，港城关系的发育和发展可以大体归纳为以下五个阶段：

(1)港城关系初级阶段

这是港口和城市的增长与发展相互依赖的阶段，这个时期两者的关系是在区域上紧密接壤，在功能上强烈地相互依赖。港口以简单的、非竞争的方式装卸城市消费品和城市的出口物资。所有的港城关系在历史上都经历过一个类似的初始阶段。

(2)港口膨胀阶段

工业与商业的迅速发展，铁路、公路、轮船等的技术进步以及日益增长的国际贸易带来的港口规模的日益膨胀，首次对港口城市的发展提出了要求，要求港口功能从城市中心分离出去。这是因为港口的发展超出了城市有限的发展空间，港口设施的急剧膨胀影响了城市土地利用的方式，城市迫切需要开辟自己的工业、商业和居住区，重新规划协调港口和城市之间的发展。

(3)港城进一步分离阶段

随着城市的新发展，现代工业和服务业的迅速增长、专门产业的发展以及集装箱运输、高速公路等新型技术形式的出现，使新的港口设施占用的空间越来越大，也越来越需要更加有效的海上和陆上综合运输网络的支持。这样就导致港口在性质上同城市进一步分离，开始独立于城市进行专业化、集聚化发展。

(4)港口撤离阶段

港口日益成为国际贸易的门户，交通技术、信息技术的深刻变化也导致了独立的海运发展区的增长，新型的海运码头布局和特征以及多式联运的需要也迫使城市在进行设计和规划时，不得不考虑这些结果。如果城市尚未对城市的空间结构、布局、产业组团做出新的调整，而只是在维持城市的结构和其他功能，这个时期港口同城市的相互关系因所谓港口撤离会出现日益淡薄的症状，这时，港口的发展与城市的发展往往未能有效地结合在一起。

(5)滨水区域重新开发的阶段

港口规模化和深水化的迅速发展，大量临港工业的迁移，加剧了城市和港口之间土地资源利用的竞争和水资源利用的竞争，提出了生态环境方面的新要求。这就要求港口和城市在发展过程中必须相互协调，按照科学发展观来调整规划。以港口为基础的产业，它们随着港口迁往新的地区或其他地区。大都市的中心区很难满足变化中的港口需求，也很难满足都市持续发展的需要，因而开发滨水新区是必要的。而滨水区域重新开发又影响了港口和城市之间的发展。上海浦东新区、天津滨海新区以及青岛西海岸等开发就很典型。

作为区域发展的支点，港口城市的成长及港口带动作用的增强是港城关系演变的中心环节，与港城关系的空间演变相联系，港口城市的经济发展可以概括为四个阶段(图 9.1)：港城初始联系阶段、港城相互关联阶段、港城集聚效应阶段、城市自增长效应阶段 4 大阶段。

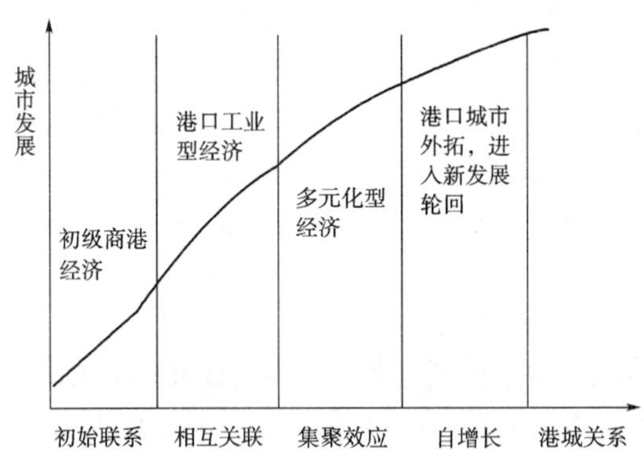

图 9.1　港口城市的发展阶段[12]

从我国港口发展来看，上海港远远走在了前列，无论吞吐量还是集装箱量均列世界第一，上海市也是中国的经济中心和金融中心，其城市发展也到了自增长阶段；其他主要港口城市，比如天津、青岛、宁波、大连等大都处于港城集聚效应阶段[13]。

二、目前港城矛盾的主要表现

港城发展到一定阶段，会出现两种趋势。其一，城市经济发展，推动港口继续发展，但港口对城市经济发展的主导作用已大为弱化，随着全球经济一体化趋势的加强，港城关系新一轮发展势头初现。其二，港城关系分离，城市继续发展，而港口发展逐步停滞、甚至衰败。

港城冲突并不是从一开始就存在，港口开始是作为物流网络的结点，承担着市场竞争、产业规模和商业发展的职能，是港口区域及周边人们工作及获取报酬的主要场所，人们需要港口提供大量的工作机会才能生存。城市围绕港口逐渐形成，发展到一定阶段，形成了港口以外的产业，比如制造、商业等，产业实现多元化，人民生活水平得到提高，城市目标演变为不断提高市民的福利和生活质量，因此，城市关心的是环境价值和居民期望。在各自独立的目标下，港口的发展由于主要集中于港口业务本身，泊位水深要求的提高，港口活动集中到了远离城区的位置，而在老城区的最初港口设施则被改建为其他用途(图9.2)。

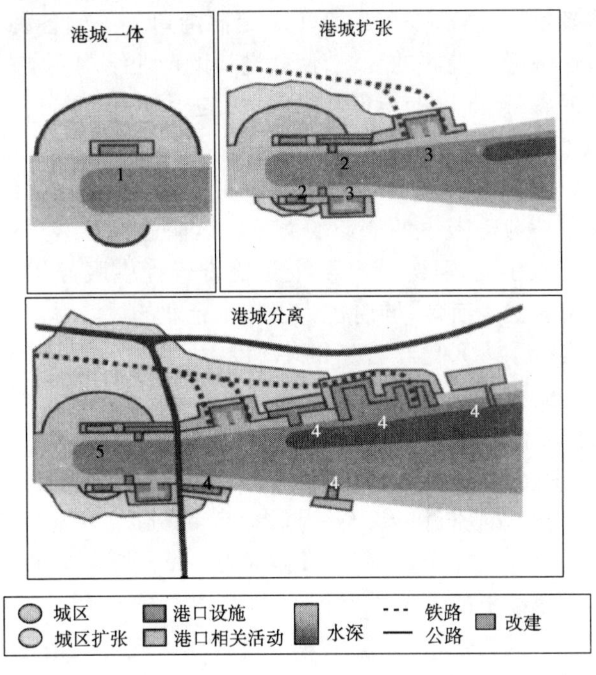

图9.2　港口与城市的空间关系演变进程

(资料来源:王缉宪,中国港口城市的互动与发展,32页)

(一)港城联动、区域一体化建设乏力

国际城市领先的港口吞吐量、集装箱吞吐量，刺激临港产业的蓬勃发展；通过产业延伸与空间扩张，港城联动，城市经济结构优化与快速发展，使城市可持续发展能力指标得以进一步优化。其强大的发展能力同时带动整个腹地经济的发展，并再度促进港口生产能力的提升。国内港城之间、城市与区域之间，港口与港口之间，存在着条块分割等体制障碍及经济博弈，区域一体化建设乏力，严重影响港口与城市经济的发展，突出的

就是环渤海区域之间的港口(群)与城市(群),泛中心化趋势明显,竞争大于合作,严重影响了区域经济的发展和辐射推动作用。

(二)港口产业与城市产业协调发展不足

伴随着生产技术的进步和跨国公司的全球扩张,很多城市的产业结构正发生着深刻变化。首先,工业分布的郊区化趋势,市中心的传统产业数量减少,并开始迁出市中心;服务业的就业人数迅速增长,位于市中心的产业还受到日益恶化的交通条件的困扰,于是,很多城市便出现了兴建交通方便的远离市中心的工业园区。这种迁移,也使得港口城市开始造就新的滨水新区。这样,一些本来不一定同港口有关的各种各样的产业常常选在港区或毗邻港区的区域,使得港口的产业结构更加呈现多样化。反过来,这种新兴产业区的出现又极大地促进了城市经济的迅速发展,使得港口和城市之间的联系更加紧密。

与此同时,港口本身的产业变化,比如工业化与多元化经营,使港口改变了过去单一劳动密集型产业的面貌。运输业的技术进步,也使港口功能不仅仅局限于与为船、货和陆上运输方式提供服务相联系的方面。为了使资源配置更为有效,同时也为了减少企业的风险程度,世界上许多主要港口都实行了多元化经营。如天津港营运收入的一大部分来自码头装卸服务以外多种功能的服务,如国际物流业、港口地产业等。从港口范围来看,各港口涉港的产业越来越多,如港口保税区、临港工业区、现代物流中心、港口中介代理及信息服务、海底资源开发、修造船、水工建筑、战略仓储、燃油与船舶物资供应、石油与化工产品分拨、冷藏业务等。因此,港口早已不是单纯装卸企业,而是日益成为一个国际贸易的门户,成为涉及多行业的城市经济的新增长点。

值得特别一提的是,自上世纪 90 年代以来,随着经济全球化的深入和国际产业转移的相对高级化,一些资本技术密集型的重化工业开始陆续向我国转移。在国内外资本的推动下,我国工业结构出现向重型化升级的明显特征。从世界发达国家的工业发展历程看,临港工业由于依托着港口资源,能够将港口码头纳入工业生产线的组成部分,最大限度地节约生产成本,增强企业竞争力,所以,临港工业成为海岸地区发展重化工业的主要形式和成功之路,对国民经济的发展起到积极的推动作用。我国东南沿海的港口城市已经形成广泛共识,为了在新一轮区域竞争中占据有利位置,不约而同地选择临港工业作为经济发展的催化剂。

临港产业的落地需要大量的岸线、土地、资金、技术,哪些产业先上,哪些后上，需要什么配套服务，如何运营，这都是问题。从中国各个港口城市的发展可以看出，港口的吞吐能力强、城市全方位物流服务能力弱；港口的资源多，而产业布局能力弱。这些都需要城市和港口当局不断协调，合理布局相关产业，引导港口产业与城市产业的协调发展。

（三）港口与城市在空间上的冲突加剧

港口与城市的矛盾首先表现在港口与城市在空间上的冲突。

首先，随着国际贸易的不断增长，稳定增长的海运贸易以及对规模经济的追求，促进了船舶大型化、专业化，对港口的发展规模提出了更新和更高的要求。这一趋势往往导致港口设施向深水岸线地区转移，为大型船舶提供更深的水域和更广的陆域。世界和中国这样的例子举不胜举，我国大多数港口，特别是主枢纽港都发生了这种变化。

其次，海运产业的规模经济、专业化和信息化促进了港口的土地利用的密集化趋势。一个停靠第五、第六代集装箱船的泊位，其码头堆场面积都以数十公顷计。但是多数城市是围绕港口诞生逐渐发展起来的，港口往往已经没有扩展的余地。同时市政当局和商业资本往往把目光转向滨水地区的"寸金之地"。娱乐场、办公楼、饭店、宾馆和商业设施等也同港口争夺紧缺的土地资源。开发的压力将使滨水地价不断上涨，致使不少港口城市港口与码头的扩展出现新的矛盾，需要中央与地方政府的协调。

从上海建设洋山港、天津建设临港经济区来看，港口功能的多元化趋势非常明显，要求港口有更广阔的空间。目前我国港口多数在向第三代、第四代转变，主要表现承担大量能源运输，大力发展前港后店、前港后厂的临港经济，建设物流园区和加工基地，由此对港口空间提出新的要求。而港口空间的突破程度，决定着港口对城市经济、区域经济乃至国家经济贡献度的大小。从目前来看，港口与临港产业区、临港加工区、保税区、开发区和物流园区在体制上的割裂状态加剧。同时土地权属分散导致开发过程中企业行为突出，无序竞争，无序开发现象严重，城市建设（特别是港前、港后方开发行动）难以协调。这种各自为政的现象如长期存在势必给政府运作及港口建设带来较大困难，影响城市整体功能的发挥。

（四）港口交通与城市交通矛盾突出

港口大型装卸车辆在城市道路上运行，不仅占用大量的道路资源，也影响行车速度。而城市车辆也降低了港口车辆的运行效率，减慢港口作业的循环周期。而城市当局会认为，集疏港道路只为港口服务，从而对建设集疏港道路没有积极性，进而影响港口的通过能力。

(五)港口发展与城市环境之间存在矛盾

港口作业及其临港工业生产所带来的粉尘污染、空气污染、噪声污染和水污染,影响了城市居民的生活质量。

水污染　港口水污染主要有如下表现和危害:①石油是港口水域的主要污染物。港口石油污染主要是由于油船在装卸过程中的溢漏、船舶碰撞、搁浅等造成的。石油漂浮水面,使溶解于水的氧减少,另一方面要分解水中的石油又要消耗大量的溶解氧,因而影响水生生物的生长,可使鱼、虾、紫菜等有石油味。许多水生生物能在机体中富集石油,富集到一定量就不能食用。海鸟的羽毛或海兽的皮毛如粘附上石油,会失去活动能力,甚至死亡。②装运有毒化学品船舶的洗舱水,能直接杀死水生生物和使人中毒。③船舶排出的生活污水,如厕所冲水等排入港口,能传染许多疾病。④船舶排出的生活垃圾含有有机质和病菌;清仓垃圾有的含有毒物质,如杀虫剂等。⑤装卸过程中漏撒的粉尘能降低水的透明度,有毒粉尘还能直接杀死水生生物。

大气污染　港口的大气污染主要是粉尘、废气造成的。粉尘是在货物装卸和堆放时产生的,危害操作人员和附近居民。黄砂、煤、矿砂等粉尘可使人患矽肺病;农药、化肥等粉尘可使人中毒;空气中粮、棉粉尘达到一定浓度,遇火能爆炸。港内船舶和港区炉窑排放的废气,含有一氧化碳、二氧化硫、氮氧化物和碳氢化合物。尤其是装卸石油时大量碳氢化合物挥发进入大气,会损害人类健康。

噪声污染　船舶、港口机械、运输车辆,特别是吸粮机装卸作业时产生很大噪声,损害听觉,使人难以忍受。

三、港口城市在新时期发展的主要任务

在我国,对外开放的历程也可以说是一部港口经济的广度和深度不断拓展的历史。1980 年,我国建立深圳、珠海、汕头和厦门 4 个“经济特区”,这是改革开放的第一个层次;1984 年,将大连、秦皇岛、天津、烟台、青岛、连云港、南通、上海、宁波、温州、福州、广州、湛江、北海等 14 个沿海港口城市确定为开放城市,并开始兴办“经济技术开发区”,这是开放的第二个层次;1985 年,开辟长江三角洲、珠江三角洲、闽南厦漳泉三角区为沿海开放区,这是开放的第三个层次;1990 年开始,先后批准上海、天津、深圳、广州、海口、汕头、厦门、福州、温州、宁波、青岛、烟台、大连、张家港等沿海港口城市建立具有某些自由港性质的“保税区”,这是开放的第

四个层次。透过改革开放格局的演变,可以清晰地看到在4个层次上,始终包含一个核心要素——港口,这是对外开放和配置外向型经济生产力不可或缺的基石。正是港口在各个开放层次上的超前发展,发挥着资源和生产要素配置的能动作用,依托港口的通道优势和口岸优势,布局了出口加工业,才使这些地区的经济发展遥遥领先全国各地[14]。中国经济发展到今天,沿海港口城市发展突飞猛进,成为经济增长最快的城市。同时,依托上海港、广州港、天津港已经形成了三个巨大的、最具影响力的城市经济圈:长江三角洲、珠江三角洲和京津冀三大城市群。这三个地区不仅发展速度快,而且经济规模占全国的比重越来越高,成为中国经济发展的引擎。

衡量一个城市的竞争力最终是需要看其综合发展实力。目前,我国港口城市主要处于以港口经济为主的发展阶段,以集聚发展效应为主,强调港城的互动发展。但需要注意的是,如前所述,当港口城市的发展进入到多元化发展阶段,向城市自增长过渡时,港口虽然依然发挥着重要作用,但必须对可能出现的不和谐、不稳定因素予以充分重视,必须随着港口城市经济重心的转移而进行战略调整。

(一)继续发展港口,推进港口的持续升级

1992年,联合国贸易发展委员会(UNCTAD)秘书处发表的《港口服务销售和第三代港口的挑战》一文将港口的发展分为三个阶段,分别是作为运输枢纽的第一代港口,作为装卸和服务的第二代港口,以及作为贸易和物流中心的第三代港口。1999年,联合国贸易发展委员会(UNCTAD)《港口通讯》第19期《第四代港口》的文章认为:1990年之后,在世界范围内已出现了超越第三代港口的新一代港口——第四代港口,其特征是:港航之间联盟与港际之间的联盟,港口运营商经营的码头形成网络;港口与航运及其相关的物流活动之间的互动在构建无缝供应链时非常重要;港口信息化、网络化、敏捷化能快速满足客户提出的各种差异化、个性化需求。

水运具有占地少,运能大,能耗、污染和成本低的比较优势,历来受到各国政府的高度重视。建设资源节约型、环境友好型社会是我国长期发展的战略,发挥港口优势是港口城市和区域经济社会发展的必然选择。我国沿海、沿江地区已成为世界制造业转移的基地,临港工业迅猛发展,港口通过直接、间接和诱发三个渠道正在对港口城市经济社会发展产生巨大影响,并辐射到港口的腹地城市。据初步测算,我国沿海港口每百万吨吞吐量可创造1亿元以上的GDP和2000多人的就业机会。2010年我国沿海港口吞吐量达到54.28亿吨,按此计算就有超过5400多亿元的经济贡献和1000万个就业机会。港口已成为国民经济和区域经济社会发展的重要战略资源[15]。

"十一五"期间沿海港口基本建设投资达到3816亿元,是"十五"期间的近3倍(图9.3),沿海港口五年建成深水泊位661个,达到1774个,新增通过能力30亿吨,达到55.1亿吨,基本建成煤、油、矿、箱、粮五大专业化运输系统。2010年沿海港口完成货物吞吐量是2005年的1.8倍,沿海港口货物和集装箱吞吐量连续多年保持世界第一,22个港口进入亿吨大港行列,世界排位前20位的亿吨大港和集装箱大港,中国大陆地区分别占12个和9个。显然,我国港口在国内外经济发展的环境下,已经逐步发展壮大,开始从数量增长走向质量增长、综合竞争力提升的发展阶段,港口不仅是综合运输枢纽,正成为现代服务业的重要组成部分。

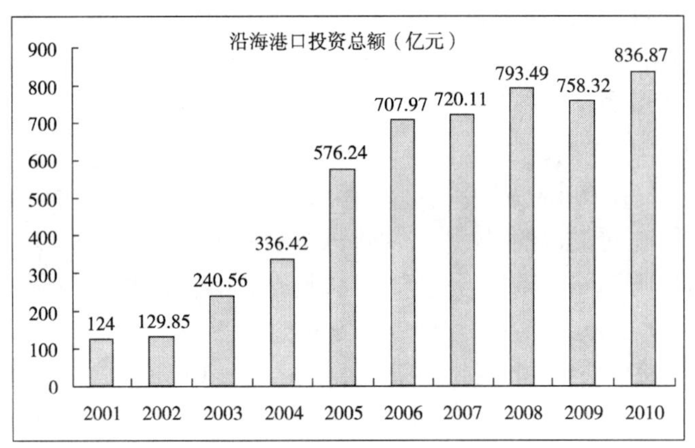

图9.3 2001~2010年沿海港口建设投资情况

(据交通运输部年度统计报告整理)

但是,采用第四代港口评价指标和评价方法进行统计、分析[16],我们发现,我国港口的发展很不平衡,发展水平差异很大:大部分港口尚处于第二代向第三代港口发展的阶段,沿海几个在世界上已具有举足轻重地位的大港(上海、天津、宁波等)已跨入世界先进港口行列,吞吐量稳步提升,港口综合竞争力发展迅速,呈现出了第四代港口的基本特征,比如港口区域一体化、港口产业多元化、强化服务功能等;同时一批中小港口还在向第二代港口过度。这是我国港口发展水平的真实情况。

总之,港口是区域经济发展的核心战略资源,具有不可替代的巨大作用。同时我国港口发展水平参差不齐,一些主要港口应该注意跟踪世界港口发展的轨迹,提升综合竞争力,提升现代化水平;同时,各个港口不要盲目地追求更高的发展阶段,而应该根据当地的实际需要,循序渐进,找到适合区域经济发展要求的港口发展模式,持续推进港口的升级,为区域经济的发展提供强大的动力。

在港口发展过程中,政府应该认真做好港口的规划,加强港口管理体制建设,给港口更大的发展空间;同时,应该发挥港口的市场配置作用,减少政府对港口市场经营的干预。

(二)围绕港口优势,推动城市产业升级

随着经济全球化的步伐加快,港口城市更体现出外向型集聚经济的特征,是参与世界分工的核心区域。港口是在世界范围内吸纳人流、物流、资金流、技术流、商流和信息流等各种生产力要素的重要平台,各种资源不断得到优化配置,形成了诸多具有经济中心、贸易中心、金融中心和国际航运中心等功能的国际著名港口城市。国内外经济圈的发展表明,其经济带的兴起,都是依托具有不同功能作用的港口或港口群形成的。我国沿海的珠三角、长三角、环渤海地区相继崛起,成为带动我国经济腾飞的重要增长力量,也充分说明了港口在城市经济发展中的重要战略地位。2010 年全国有亿吨大港 22 个,其所在城市经济在全国排名中无一例外均在前列。

总结起来,港口在城市经济中,尤其是在新的历史发展时期,至少起着以下几方面的重要作用:

(1)对外开放门户

随着世界经济一体化进程的加快,特别是在我国加入 WTO 以后,对外开放进一步扩大,对外贸易繁忙、活跃,无论内贸、外贸,港口始终是第一关口,是城市的门户,能否很好地参与国际经济大循环,敞开港口这扇门很关键。

(2)运输网络枢纽

当前社会经济是快速运行的经济,物资的流通以快捷方便为前提,近些年来,城市的水陆交通条件都得到很大的改善,基本上形成了立体式综合运输网络体系,而在运输网络中,港口是节点,是枢纽,直接影响着货物装卸、车船衔接的速度和效率,能否保证运输网络的通畅,港口的枢纽作用就更加突出和重要了。

(3)吸引外资的“磁场”

从我们接触的实际来看,港口是城市投资环境的一个重要因素,外方投资都很注重港口条件,港口条件好,外方乐意投资,港口条件差,外方不愿意投资。所以说港口就如“磁场”一样,对外方投资具有强烈的吸引力,这对城市外向型经济的发展有着密切的关系。港口在改善城市投资环境方面的作用决不能等闲视之。

(4)产业支撑

港口本身是城市经济的组成部分,同时也是相关产业的依托。凭借港口的发展,其相关的服务行业,如船代、货代、船物料供应、金融、保险、临港工业、加工业、甚至旅游、餐饮等产业,也有了更好的依托,将得到更好的发展,客观上也提供了更多的就业机会,这对保证社会稳定、增加财政收入、发展城市经济,有着一定的促进作用。

(5)现代物流中心

随着世界经济一体化进程的加快和城市经济的高速发展,传统物流(即分散、割裂、低效的运输方式)难以适应新的形势要求,必然被现代物流所取代。事实上现代物流在不少大中城市已悄然兴起。从国外一些地区的经验来看,如能充分利用港口作为基础,推进现代物流产业的建立,一定能收到事半功倍的效果。

(6)经济和科技“信息库”

港口是人流、物流的集合点,也是各种信息的汇集地,无论经济、科技、文化、工商、财贸等方面的信息,都会首先到达港口,港口犹如巨大的信息库,能收集和储存各种信息。广泛的信息无疑对促进城市科技进步和经济水平的提高有着积极的作用。

(7)城市经济和城市文明的标志

港口本身是城市的重要组成部分,港口的面貌直接折射出城市的经济和文明程度。有人比喻:港口是城市经济的缩影,是城市文明的镜子,这是极其贴切的。在某种意义上说,港口的印象代表着城市的形象,加之港口又处于城市的门户位置,走进城市,映入眼帘的首先是港口,它将直接影响着人们对城市的第一印象。因此无论从城市经济的角度来看,还是从社会文明的角度来看,港口都起着标志性的作用。

同时,航运与金融具有天然的“血缘”关系。航运业是一种资金密集型产业,投资额大、回收周期长、风险系数高,因此,航运企业很难依靠自身力量进行投资活动,需要借助一定的外部力量为其提供庞大的资金支持，并合理地规避海上运输的巨大风险。同时，国际大型航运企业的业务遍布世界各主要港口，频繁发生运费的收缴以及各项日常性支出，资金量巨大。因此，航运企业是各大金融机构积极争取的重要客户。纵观国际上著名的航运中心，无一不是国际金融中心。

金融业的发展不是孤立的，它伴随着商贸、物流而产生，并为之服务，香港便是以港航产业促进金融业发展的成功例证。航运业的资金密集型和高风险特征，决定了其对金融服务需求较高。例如，随着近几年船舶建造价格的上涨，远洋船舶的价格已上亿美元，因此船舶的建造一般都有金融机构如银行参与其中，或直接由国家补贴，然后通过船舶运营中的运费来还贷。但是，航运业的高度循环性给船舶的运营带来了极大的不确定性。中国造船业在由大到强的跨越中，始终离不开金融业的支持。

再如，国际航运市场与其他运输模式区别最大的在于运费波动性大，因而，海运运费衍生产品应运而生，主要包括期货、远期和期权等。而我国企业对该类产品使用较少，如我国大部分钢企仍主要采用现货招标租船方式，使得我国的铁矿石海运完全暴露于即期运价波动的风险之下，中国大多数贸易企业和生产企业以及航运企业只能被动接受运费的上涨。这些充分说明航运金融在我国有很大的发展潜力。

港口发展可以有效促进金融中心的形成，进而推动金融业的兴旺。金融是现代经济的核心，港口对建设完善离岸金融体系，支持大企业、大集团建立财务公司，引导企业把金融结算中心本地化，为企业发展提供完善的金融、投资等服务具有重要作用。

以上清楚地说明，我国经济的高速发展中，港口对城市经济的发展确实有特殊重要的意义和作用，在推进城市产业升级的进程中，政府紧密围绕港口的优势进行必然事半功倍。

（三）港口城市在新时期要提高经济辐射力，进行产业扩散

港口经济已经成为区域经济发展的增长极。发展经济学认为，在区域经济发展的过程中，不同的时期、不同的行业、不同的地区发展是不平衡的。在一个时期，经济的增长往往集中在一个或几个主导产业或地区，这些产业或地区就是经济增长极。近几年，我国沿海地区港口经济发展迅速，成为区域经济发展的重要带动力量。

同时港口成为配置资源，调整本区域产业结构的重要力量。经济的发展离不开各种资源，而资源空间分布存在着不均衡性，这就需要靠运输来进行调节。港口城市作为海上货物运输和陆上货物运输的结合点，拥有更为广阔的经济腹地,具有利用外部资源发展本地区经济的独特优势。

港口经济关联性强,对区域经济发展带动作用大。港口已经成为沿海城市贸易发展、制造业繁荣的重要支撑点。目前,沿海地区主要形成了以天津港为中心的环渤海港口群、以上海组合港为中心的长三角港口群、以广州港为中心的珠三角港口群。近年来,围绕上海国际航运中心建设,江、浙、沪两省一市在交通运输部牵头下整合区域港口资源,成立了上海组合港,为促进区域港口经济发展,解决重大跨省市公共基础建设项目树立了典范。目前,长三角地区16个城市开始在港口、通关、人才等方面展开深层次合作,意味着这一地区区域经济一体化将迈出实质性的步伐。近两年来,广东与港澳地区进行了广泛而富有成效的经济一体化合作,共同发起并构建起了包括珠江流域诸省在内的“泛珠三角”经济体。在环渤海地区,首钢搬迁落户曹妃甸,并与唐钢强强联合,成立了首钢京唐钢铁联合有限责任公司,促成了京冀两地跨区域合作的重要实践。天津滨海新区肩负着环渤海地区发展“引擎”的使命,若与曹妃甸联动发展,通力合作,津冀两地也会以此为契机,出现全方位、多层次、宽领域的合作,共同推进京津冀一体化进程。

总之,在港口的带动下,上海制造业逐渐向江浙转移、向长三角扩散、沿长江布局;深圳制造业逐渐向湖南、广西扩散;北京、河北、天津制造业产业链依托天津港向内蒙古、新疆扩散,带动力得到极大增强。这三个区域也逐渐成为我国现代制造业最发达、服务业最繁荣的区域,直接推动了整个国家经济的发展,加强了我国经济与世界经济的联系,提高了我国在国际分工中的战略地位,上海、深圳、天津也逐渐成为地区的经济中心。因此,在新形势下,港口城市要提高产业的辐射力和带动力,依托港口的资源配置枢纽作用,逐渐成为地区发展的中心城市。

四、深化港城互动的主要对策

当前推进港城深层次互动的基本思路要围绕港港联动、区港联动、港城联动、港海联动,采取多种措施,创新互动模式,拓展互动途径,提升互动质量,切实做到全面发展、协调发展、可持续发展。为此,应当采取以下几个方面的对策。

(一)深化港口支持政策,发挥港口在城市新一轮发展中的带头作用

港口是城市的核心战略资源,当前要借助我国各地区域一体化进程加快的有利时机,整合港口的资源优势,着力推进港城一体化,提升港口

的国际竞争力，同时要加快深水化、专业化码头建设，继续完善港区布局。要加快发展服务港口产业，进一步吸引世界级班轮公司进驻。采取优惠政策，如减免高速公路收费、扩大港口腹地。依托无水港，延伸港口功能，不断扩大港口腹地，实行有水港与无水港的联动发展。加快港口资本化的步伐，倡导跨区域、多元化、国际化经营理念，不断提高经营管理水平。

世界先进港口城市发展历史充分证明，港口起着至关重要的作用，港口的发展直接关系着城市的兴衰。上海、天津等有条件的城市在城市发展过程中，继续建设现代化、国际化的深水大港是确保自身在城市经济圈内中心城市地位的首要条件。同时中国主要的三个经济圈虽然已经形成，但区域内的资源整合尚未完成、城市间的分工还未最后确定，中心城市的地位还有待进一步强化。只有发挥港口的优势，发挥港口在新一轮发展中的带头作用，通过港口对腹地经济的辐射、拉动作用，才能进一步确立港口城市的中心地位。

（二）合理进行港城产业布局，注意整体规划

港口与城市发展之间存在的互动共进关系，决定了港口城市发展中必须将港口和城市的共同发展作为一项系统工程来加以规划考虑。在城市发展规划中，坚持将港口规划纳入到城市总体规划中，使得港口建设能够很好地适应城市发展的要求。同时，城市规划也要充分考虑好港口未来建设的需要，要从沿海中心城镇建设、港城交通设施完善等各方面做好前瞻性规划安排，从而为提高城市对深水海港建设的服务效率做好铺垫。

在土地资源成为了大多数城市建设发展中面临的主要瓶颈的今天，要对临港产业发展有充足的预期，与城市的发展相适应，准确定位港口在城市发展中的作用，加强包括土地在内的整体规划，选择好重点发展的临港产业，促进关联性强的产业形成集聚效应。今后一段时间，将成为我国各港口及港口城市发展的重要战略机遇期，这也是港口新一轮科学规划与布局发展难得的机遇。因此，需要将港口和城市作为一个有机整体，进行超前和高起点的统筹规划，要按照第四代港口发展的要求，按若干港口产业给港口预留出足够的发展空间，比如休闲旅游度假区、物流加工区、临港工业区，而不仅仅是按传统的港口装卸功能进行规划。

（三）加强区域内港口的合作，避免泛中心化

经济学中的边际效益递减理论同样适合港城发展规律。港口对城市经济增长的贡献不是万能的，在港城相互联系阶段和港城集聚扩散效应阶段，港口功能得到不断拓展，港口货物吞吐量不断攀升。但是进入城市

自增长效应发展阶段后，随着城市自身发展的不断完善，港口对城市本身的边际贡献呈现出下降趋势。这表明随着港口业务突破一定经济规模后，其继续规模扩张既受到城市发展的制约，同时，还将给城市发展带来负面效应，诸如日益严重的污染和环境恶化、严重的交通堵塞、宜居环境的破坏，等等。中外许多港口的发展都证明了这一事实。我们必须清醒认识到，在港城互动的阶段性发展过程中，港口经济规模要因港口城市发展的阶段、产业结构的不同而有所区别。特别是一些中小港口城市，要根据自身条件，不能贪大求全，要加强与周边港口的合作，避免泛中心化的出现，取得最大效益。

（四）处理好港口及临港产业与生态环境的关系

注重环境保护，做到人与自然的和谐，是全人类共同面对的一个主题。港口是城市的一部分，港区环境是城市形象的标志性区域，对城市环境起着直接的影响。在能耗、环保日趋成为我国经济发展瓶颈的今天，建设循环港口城市，强调港城互动的社会指标，显得尤为重要。

坚持保护环境是关系子孙后代的大事，港口不仅需要重视生产建设发展，而且需要高度重视环境保护，要长年实施“蓝天、绿地、碧水”等环保工程，对煤炭、矿石等散货作业，从卸船、堆码到疏运出港等各个环节采取洒水喷淋、篷布苫盖、建立挡风墙、冲洗疏运车辆等措施，全方位立体防尘，实现装卸生产全过程无污染作业。对临港产业，特别是对石化等一些潜在的高污染、高危险产业，要充分考虑与其他产业以及生活区之间的卫生安全距离，合理进行产业布局。

只有注重港口环境的保护和美化，与现代化城市的形象相协调，才能提升城市品位，才能完善港口的旅游服务功能，使港口真正成为市民的港口。要着重加强区域水污染防治、大气污染防治、海域污染防治等方面的合作，制定区域环境和资源保护规划，建立环境安全预警预报制度和区域环境重大事故灾害通报制度。

要积极转变生产方式，依靠科技进步实现节能环保生产。落后的生产能力是资源能源浪费、环境污染的源头。要准确把握国际航运市场船舶大型化、码头深水化、生产专业化、管理信息化的发展趋势，瞄准世界港口前沿水平，要配备现代化节能环保装卸设备，从源头上杜绝资源能源浪费、环境污染。要大力推进技术改造，改进原有生产方式。

同时，要在港口区域结合港口功能的提升，积极规划、开发滨水公共开放空间带。主要布置特色公园、滨水广场、滨水步行系统等开放型公益设施。充分体现以人为本的规划理念，以亲水、健康为主题，营造人性化公共空间，为未来的居民提供住宅和环境空间，也提供一种全新的生活观念和生活方式。

（五）加快公路、铁路集疏运通道的建设是第一要务

港口城市可持续发展的竞争力主要取决于空间的规模和影响力，所以，港口城市将在产业结构优化升级的同时，大力拓展发展空间，加强与内陆纵深腹地密切联系。随着我国西部大开发和中部崛起战略的实施，以及资本和劳动力向内陆的转移，我国东中西部经济互动格局正在逐步形成，内陆地区经济发展为港口物流带来新的货源，提供流量支持，产生货运需求。因此，加快公路、铁路集疏运通道和连接线的建设，将公路、铁路与水路串联起来，把港口建设成现代物流的核心载体，密切港口与腹地经济关系是推动港口城市经济步入良性循环的重要手段，也是破解港城交通矛盾的双赢选择。

目前，中国港口双向腹地经济的发展、国际航运业的发展以及港口间竞争的日益加剧，内在地要求港口必须加快建设速度。当前中国港口的布局已基本确定，各港口的规模还在不断扩张。港口间的竞争日益激烈，港口要在今后的发展中处于领先地位，一方面要加快深水化、专业化步伐，另一方面要下大力量，提升港口的功能，加快物流中心和商贸中心的建设速度，推动港口向着集生产、流通、加工制造、贸易、金融、信息交流和服务为一体的现代物流中心的方向发展。港口不仅需要有畅通的水路通道，而且也必然需要有畅通的陆路集疏运通道，这就要求港口所依托的城市为其提供畅通的陆路通道和相应的配套设施，使港口与城市的发展相互协调，才能真正发挥港口推动城市发展，打造城市核心竞争力的功能。

要特别重视港口和城市的长期规划：需要以港口为中心，将港口作为联结陆域与海域的交通枢纽，通过铁路、公路、水路、航空以及管道等多种形式，形成四通八达的集疏运交通网络，以保证货物和旅客在港口得到及时、安全、优质、高效、经济、方便的中转。这就要求港口城市在进行规划时，要保持港口规划的专门性和现实可操作性；在此基础上，规划也要考虑港口的总体营运环境，以及城市滨水地区海运业与非海运产业的协调发展。根据我国的现状，解决港口城市交通堵塞、运输效率低这一困境的办法可参照日本的经验，强化以公路、铁路大通道建设为主的大能力集疏运系统建设，这也是港口城市在进入经济集聚发展阶段后的必然要求。

(六)统筹布局,健全港口、港口城市和区域合作协调促进机制

我国港口城市还应在一个更大的范围内通过政府规划,结合本地的实际,进行功能分工,避免重复布局、区域产业雷同引发恶性竞争,进行规模调整、结构调整,发展特色和优势的港口城市经济,最终实现港口与城市协调发展、港口群与城市群的协调发展。

要构建以比较优势为基础以分工协作为内容的港口城市合作新模式,发挥港口和港口城市对内对外开放的窗口作用,共同推进国际贸易往来,加快与世界经济接轨。抓住世界产业梯度转移时机,优化区域投资环境,增进友好互信,加强投资政策的协调性,构造招商引资的整体优势,提高港口城市企业、产品的国际市场竞争力和占有率;制定有利于区域生产要素流动的市场规则,消除与区域经济发展不相协调的体制性障碍,打破市场体系的地域分割,促进资本、资源、技术等要素自由流动和优化组合。推进港口城市产业结构调整,加快临港产业发展;增强综合服务功能,发展港口城市区域内商贸、物流、金融、法律、产权交易等现代服务业。加强科技与人才交流合作,促进重大科研项目联合攻关,提升城市创新能力;要挖掘港口城市及所在区域自然资源、人文景观潜力,制定港口城市间旅游发展战略和市场开发策略,拓展港口城市旅游联合体组织的职能作用,共同构建沿海地区旅游大市场。加强城际文化交流与合作,增进各港口城市间的感情与友谊,提升港口城市现代文明程度;要创造舒适、公平、安全的港口城市环境,保障城市居民在就医、就学、创业、投资等方面享受平等待遇,坚持城乡协调发展。

要高起点制定专门发展规划,对我国沿海各个港口进行功能定位,确定航运中心、支线港和喂给港的不同功能,建立各类港口的合作关系,避免恶性竞争和重复建设,形成整体合力,提高竞争能力。同时,加快建立统一的全国口岸物流信息平台,实现口岸物流信息资源共享,提升口岸物流信息管理和服务水平,促使我国沿海主要港口成为具有国际中转、物流分拨、仓储加工、商品展示、临港服务等全方位增值功能的现代港口。

同时,要利用国家对保税区规范和转型的时机,抓紧对具备客观条件的港口进行港区一体化工作试点,制定自由贸易区政策,做好我国自由贸易区的规划,争取像新加坡、鹿特丹等城市一样实现港口与国际贸易高度开放,以自由贸易区政策促进港口经济向更高层次发展。

总之,自从我国港口管理权下放地方以后,港口与当地城市政府的关系更加密切。当港口间的竞争走向集约化、联盟化、网络化的新阶段后,

港口竞争越来越表现为港口城市之间的竞争。城市政府的作用至关重要，其重要作用主要体现在城市发展目标与港口发展目标的一致性导向、港口外部环境的综合治理、集疏运交通条件改善和城市政府对港口的政策支持力度等几个方面。如何发挥港口的龙头带动作用、有效协调港口与城市的关系、带动区域经济的腾飞，将是港口城市经济更上一层楼的关键。

参考文献

[1] 高宗祺，等. 港口城市发展战略初步研究[J]. 中国人口、资源与环境.
[2] 许开瑞. 跨世纪发展战略：建设现代化港口城市[J]，福建论坛(经济社会版)，1997 年第 2 期.
[3] 郑富其. 现代化港口城市的四要素[J]. 中国水运，1996 年第 3 期.
[4] 王海平，等. 现代化港口城市的内涵与特征一兼论港口经济[J]. 港口经济，2000 年创刊号.
[5] 全国沿海主要港口吞吐量与地区经济发展关系研究[J]. 中国港口，2009 年第 6 期.
[6] 陈洪波. 科学发展观与现代化港口城市建设，第 26 页.
[7] 周一星. 城市地理学[M]. 北京：商务印书馆，1995.
[8] 熊国平. 当代中国城市形态演变[M]. 北京：中国建筑工业出版社，2006.
[9] 2006 年首届中国港口城市市长高峰论坛.
[10] 贾大山. 天津港经济贡献研究报告.
[11] 常冬铭，等. 港口与港口城市的互动关系[D]. 中共济南市委党校学报，2007 年第 3 期.
[12] 杨明俊，等. 港城模式与港口城市发展战略探讨[J]. 城市规划，2010 年第 4 期.
[13] 刘文. 天津港城互动发展策略[D]. 武汉理工大学硕士论文，第 45 页.
[14] 王缉宪. 中国港口城市的互动与发展，第 32 页.
[15] 齐慧. 港城互动拓展发展新天地[M]. 经济日报，2009 年 9 月 29 日.
[16] 真虹，等. 第四代港口及其经营管理模式研究[J]. 第 171 页.

第十章　中国港口企业也应在全球布局

杜　斌　封　云

当前,中国的建筑安装、家用电器、石油开采、化工、采矿、金融服务以及远洋运输等行业的企业纷纷在海外投资,逐步走上国际化经营的道路。在这样的背景下,港口作为中国与世界的一个交汇点,其经营者就应当回答一个问题——国内港口企业是否也应加入中国企业走出去的集团军,实行国际化经营?

如果答案是肯定的,那么,中国港口企业在全球布局、实行国际化经营会给港口企业本身带来什么样的好处?

接下来的问题就是:我国港口企业需要走出一条什么样的道路,才能实现国际化经营?

港口是外向型经济的窗口,港口企业的运营与我国经济对外依赖的程度息息相关。因此,回答这一系列的问题,首先就要对未来一段时期内中国经济发展对外部的依赖性做出基本判断。

第一节　全球化背景下的经济强盛之路——合理占有两种资源与积极开拓两个市场

两种资源是指国内资源和国外资源,两个市场是指国内市场和国际市场。毋庸置疑,中国的国情决定了国内市场的巨大发展潜力。在世界经济和国际贸易受到严重冲击的时候,扩大内需、挖掘国内市场就成为我们重要的应对措施之一。在这种情况下,我国的外向型经济是否已经没有了发展空间、下一步是否应当依靠内需来达到经济强盛的目标呢?谈这个问题,决不能忽视经济全球化的存在。我们还是从回顾历史开始,探讨一下在全球化背景下,我国未来经济发展对两种资源和两个市场的需求。

一、不断对外开拓市场和占有资源是大国经济强盛的必由之路

伴随着经济全球化的历程，诞生了荷兰、英国和美国等世界级的经济强国，我们可以从它们崛起的过程中总结出许多经验和教训。但是，开拓国外市场和占有全球资源却是它们经济强盛的必由之路。

17 世纪，荷兰依靠对外贸易、航运业以及对海外殖民地资源的占有，积累了巨额商业资本，其鼎盛时期的经济实力远远超过当时的英、法两国，成为 17 世纪的世界霸主。

19 世纪 40 年代，迅速完成资本积累的英国率先实现了工业化，其工业制成品的国际竞争力显著提高。随后，英国以“炮舰政策”为后盾，在全球范围内强力推行自由贸易。英国的商品占领了全球市场，全世界成了它的原材料和粮食的供应地。

在第二次工业革命时期，美国通过科技创新和对生产过程的科学管理迅速实现了工业化。经过两次世界大战，到 1945 年，美国拥有西方世界工业总产量的 60%、对外贸易的三分之一、黄金储备的四分之三，成为世界最大的资本输出国和债权国，并据此获得战后经济重建的主导权。此后，美国凭借其超强的科学技术和经济实力，基本主导了全球经济的发展，并通过以美元为后盾的金融实力，加强了对全球资源的占有，一直保持着世界第一贸易大国的地位。

上述三个国家在不同历史时期，通过各种手段，最大限度地占有国际市场和全球资源，其经济超强地位保持时间最长，对全球经济发展的影响也最深。

德国和日本，其经济强盛的过程被自己发动的战争打断，最终没有像荷兰、英国和美国那样成为某个历史时期的世界第一经济强国。法国在对外部资源和海外市场的利用上，始终没有超过同时崛起的英国，也被后来的德国、美国等超过。俄罗斯在其经济发展的过程中，过多地依赖国内资源，前苏联时期的经济发展模式后来也被证明是有偏颇的，它始终没有成为世界经济强国。

从全球经济发展的历史来看，在经济全球化的背景下，当今世界没有依靠内需强国的先例，对外部市场的开拓能力和对外部资源的占有能力决定了某个经济体的国际竞争力。

二、利用两种资源和两个市场是中国经济强盛的必由之路

我们分析了世界经济强国的发展道路，确认了世界上还没有依靠内

部需求强国的先例。那么,中国具有世界最大的国内市场,能否依靠强大的内需走上经济强盛之路呢?

(一)中国经济发展对外部资源的依赖

我们知道,经济发展是以资源的投入为前提的。中国的石油、天然气、矿产资源虽然总量上比较丰富,但人均占有量极低,我国经济的快速发展也导致了对上述资源的大量需求。此外,由于科技发展水平落后,我国生产过程当中的资源利用率也相对较低。据统计,中国创造1万美元价值所需的原料,是日本的7倍,是美国的近6倍,甚至比印度还多3倍[1]。这些因素造成了部分能源和矿产资源严重依赖进口。

根据国土资源部公布的数据,2001年,我国原油产量为1.65亿吨、石油消费量为2.28亿吨,对外依存度为27.63%;到2010年,原油产量只增加到2.03亿吨、石油消费量则增加到4.3亿吨(世界第二)[2],对外依存度为54.8%。根据海关总署发布的历年进口重点商品量值统计,2005年我国进口的铁矿砂及精矿为2.75亿吨,2010年这一数据迅速增加到6.18亿吨。2010年我国主要矿产资源的进口情况见表10.1。

2010年我国主要矿产资源的进口情况 表10.1

矿 产 品	进口量(万吨)	矿 产 品	进口量(万吨)
煤炭	18471	铜矿砂及精矿	647
原油	23931	铝矿砂及精矿	3007
铁矿砂及精矿	61848	镍矿砂及精矿	2501
锰矿砂及精矿	1158	硫磺	1050
铬矿砂及精矿	866	氯化钾	526

数据来源:根据国土资源部网站公布的2010年资源概况整理。

(二)人口增长和饮食结构的改变对粮食等食品的外部依赖

根据2007年国家人口计生委发展规划与信息司发布的《国家人口发展战略研究报告》中的预测:我国总人口将于2010年、2020年分别达到13.6亿人和14.5亿人,并在2033年前后达到峰值的15亿人左右[3]。随着中国经济的发展,人民生活水平的提高,我们的饮食结构和饮食习惯也会因此有所改善,人们对肉、奶、蛋的需求会大幅上升。据计算,畜牧业产1斤肉需消耗4~7斤粮食[4]。虽然我国目前粮食的外部依赖性还不算高,但是,未来一定时期内,在人口增长和饮食结构逐步改善等因素的影响下,我国对于粮食的需求将大幅提高,有限的耕地面积将不足以支撑我国对粮食的大量需求，因此，我国粮食的对外依赖性将不可避免地显现出来。

随着大豆进口的增加，我国食用油的对外依赖也已经达到相当高的程度。“根据国家粮油信息中心的统计数据，我国2006—2007年度一共消费2374万吨食用植物油，人均消费约18千克。考虑到2006年进口2827万吨大豆（按20%的出油率换算）和671万吨食用植物油，则我国食用植物油进口依存度达52%。”[4]

人口增长和人民生活水平的提高也将会导致部分农产品、畜牧产品和奶制品等对外依赖程度的提高。

（三）对外贸易将继续在我国经济发展中占有重要地位

根据世界贸易组织的统计，受国际金融危机的影响，2008年国际贸易增长大幅下滑到2%[5]，2009年甚至出现12.2%的负增长[5]。

但是，我们应当看到，从1492年哥伦布开启发现新大陆的远航开始，全球性的政治、经济和文化交流与融合的趋势不可阻挡。工业革命后，生产力水平的提高催生了国际分工和经济全球化的历程。几个世纪以来，在科技进步和跨国管理水平提高的驱动下，国际分工逐步细化，区域经济一体化逐渐成形，经济全球化进程不断深化，国际贸易总量迅速提高，国际金融资本流动形式不断丰富，跨国公司迅速成长。近、现代世界经济发展的历史中，曾经出现了大大小小的多次经济危机，但这些周期性的波折既没有动摇经济全球化进程，也没有改变国际贸易快速增长的趋势。此外，由国际航运业、国际金融市场、跨国公司、国际互联网等共同形成的国际贸易平台已经进入抗风险能力较强的成熟发展阶段，对世界贸易的发展提供了有力的支撑。实际上，在经历了2008年的增长大幅下滑和2009年的负增长之后，2010年，国际贸易出现了恢复性增长，增长幅度达到创记录的14.5%[5]。

虽然国际金融危机的影响还存在，但随着世界经济全球化进程的加快，国际贸易迅速增长的发展趋势不会改变。中国为国际贸易的发展做出了突出贡献，应全面分享其迅速发展带来的经济利益。

改革开放以来，出口导向型的对外贸易推动了我国经济的强劲增长。对外贸易的发展加快了我国的工业化进程和技术进步，缓解了就业压力并进一步推动了我国市场经济体制的改革。从1978年到2004年，我国经济发展对外贸的依存度从9.8%增加到70%[1]。虽然受到国际金融危机的影响，我国对外贸易的增长遇到了一些困难，但在全球分工当中，我国劳动密集型产业的比较优势依然能够维持较长时间，对外贸易对经济发展的贡献还有较大的上升空间。

外贸出口还是取得资源进口所需外汇的基本方式，虽然我国持有巨额外汇储备，但由于我国经济发展所需的石油、铁矿石等能源和矿产资源的国际市场价格不断走高，外汇储备的资源购买力并没有与外汇储备总量同步增长。为此，我们需要维持一定的外贸出口增长来保障我国外汇储备对于能源、矿产和食品等战略物资的购买力。

对外贸出口依赖程度较高虽然造成了资源过度消费、外贸风险对我国经济发展的影响加大以及凭借廉价劳动力换取出口市场等问题，但这些问题不能成为放缓我国对外贸易增长的理由，这些问题是能够通过调整外贸发展战略、加强对外贸企业的宏观引导等方法来解决的。近期来看，对外贸易在我国经济发展中的作用是不可替代的。

中国庞大的人口、相对贫乏的资源以及赶超世界经济强国的目标使得中国经济的发展必须依靠合理占有全球资源并积极开拓国际市场。即使将内需完全启动，中国经济发展依旧需要外部资源和外部市场，这是由经济全球化和中国国情决定的。

三、港口企业国际化经营能够保障我国海上运输通道的顺畅

我们已经得出结论，中国经济发展必须利用两种资源和两个市场。远洋运输是我国合理占有全球资源和开拓国际市场的关键，海上运输通道不能成为外向型经济发展的瓶颈。港口企业的全球布局，有利于维持我国海上运输的通畅。

（一）保障我国外部占有资源的顺利回运

近些年来，随着我国经济总量的快速提升，能源、矿产、土地等自然资源的消耗也在快速增长。资源类商品对外依存度的上升和此类商品国际市场价格的快速上涨导致了中石油、中石化、中海油、首钢、鞍钢、五矿、中国矿业、中铝等能源、冶金行业的企业基于维持上游产品的价格和供应量稳定的需要，对海外油气田、矿山等进行了一系列的收购活动。随着资源需求量的上升，这种海外资源的收购行为将会不断增多。

由于我国未来城镇化进程的加快、人民生活水平的改善以及城镇住宅的增加，使得家具、板材和地板等木材制品的生产量逐步提高，由此导致我国木材需求量的增长。我国森林资源匮乏，并长期坚持禁止森林砍伐的政策，形成我国每年大量进口原木的局面。根据 2005 年到 2010 年

海关总署公布的进口重点商品量值统计和中国年度统计公报，每年原木进口量和木材产量的情况见表10.2。

2005—2010年原木进口量值和木材产量情况表　　表10.2

年　份	原木进口		木材产量
	数量（万立方米）	金额（亿美元）	（万立方米）
2005	2937	32.4	4746
2006	3215	39.3	7800
2007	3709	53.5	6974
2008	2957	51.8	7894
2009	2806	40.8	6938
2010	3435	60.7	7284

根据《中国国际海运集装箱（集团）股份有限公司2010年年度报告》，中集集团的子公司于1998年在南美洲的苏里南取得450000公顷的森林开采权；同年，该公司在柬埔寨购入315460公顷森林开采权；2004年，上海安信地板有限公司与巴西有关方面签订协议，收购了亚马孙河畔1000平方公里的森林；根据温州网2007年2月2日报道，温州德嘉木业有限公司在非洲刚果（布）的森林开发项目里，中标获得了954万亩的林地开采权；2008年3月15日，黑龙江省大兴安岭地委书记宋希斌在做客新华网与网友交流时透露，当时该地区已在俄罗斯购买了3595万立方米的森林资源开采权，生产境外木材45.4万立方米，继续扎实推进境外森林资源合作开发已成为当地对外开放的重要举措……。这些例子都说明，在我国森林资源缺乏、木材需求加大的情况下，对外购买森林开采权已成为国内企业取得原材料的重要方式。

我们对国外资源占有量的增加，必然导致我国资源类产品向国内回运的海上运输量的增长。同时，由于我国的铁路、港口和航运等物流相关企业在全球布点的规模较小，国际运营的能力不强，没有建立起完善的国际物流网络。因此，我们面临的困难是不能及时将资源运回国内。中国港口企业走出去，积极参与我国物流企业在全球的布点，有利于保障我国资源海上运输的通畅，稳定我国的资源供给。

据新华社北京2009年6月19日报道，中国石油天然气集团公司副总经理廖永远与缅甸驻华大使吴登伦在北京正式签署《中国石油天然气集团公司与缅甸联邦能源部关于开发、运营和管理中缅原油管道项目的谅解备忘录》,该项目包括在缅甸建设一个可接卸超大型油轮的原油码头。这个由中国石油天然气集团投资的原油码头位于缅甸西南沿海的马德岛。码头建成并投入运营后,从非洲和中东地区运往中国的石油不必再经过马六甲海峡,而是在马德岛卸船后直接经中缅油气管道运到昆明,从而缓解了我国石油海上运输对马六甲海峡的过度依赖,意义非常重大。这个案例充分说明了在特定地区投资建设并运营港口,对于保障我国能源的海上运输有着极为重要的作用。

(二)服务于我国国际贸易市场的开拓

一个国家在全球化背景下进行国际贸易市场的开拓,必须要以海上运输实力作为保障。荷兰、英国、美国和日本等都是或曾经是一定历史时期的贸易大国,同时,他们又都是同一时期的海运强国。而港口作为海上运输的重要结点,对开拓贸易市场起着非常重要的作用。港口不仅仅是海运船舶的停靠点和货物的装卸场所,随着贸易的发展,港口又成为与贸易相关的货物、信息和劳动力等各种资源的集结地,有力地支撑了国际贸易的发展。1773 年的“波士顿倾茶事件”、1840 年中国的“鸦片战争”以及 1853 年的东京湾“黑船来航事件”等推动各国近代历史发展进程的重大事件都发生在港口,事件本身又都与贸易相关。一个港口是经过长期的发展并逐渐被货方和船方等共同接受而形成的,港口的发展历程即有地形和水文等硬环境的变化,也包括相关产业的聚集和历史文化的积淀等软环境的演变,每一个港口的软、硬环境等先天条件基本上都是不可替代的,具有较高的区域垄断性。这些现象足以说明港口已经成为世界贸易发展中不可缺少的稀缺资源。

通过我国港口企业在海外一些口岸地区进行港口码头的投资建设和运营管理,能够对港口所在城市和国家的商业运作、政治法律、地理条件、文化习俗和相关信息等进行深入地了解,并运用这些资源为我国发展对外贸易、拓展国际市场服务,这对推动我国对外贸易和海外投资的发展有着重要作用。从某种意义上说,经营港口就是经营一个海上运输的口岸,就是在经营一个国际贸易的商品集散地。

我国已经发展成为世界贸易大国,同时也是世界上资源消耗较大的国家,为了保持经济发展的资源供给和对外贸易的平稳发展,中国也必须逐步发展成为世界海运强国。中国港口企业的国际布局,能够保障我国海上运输的通畅,促进我国国际物流行业的发展,支持我国对外开拓贸易市场并合理占有国外的资源。

第二节　中国港口企业全球布局的内在动机——应对竞争压力与拓展经营空间

1984 年,日本丰田汽车公司与美国通用汽车公司,这两个世界汽车行业的巨头在美国联合组建了新联合汽车公司。对于丰田公司来说,此举通过海外投资绕过了当时美国对日本汽车的贸易壁垒,逐渐占领了美国市场。中国改革开放以来,美国、欧洲和日本等发达国家的跨国公司大量投资中国,纷纷将劳动密集型产品的制造向中国转移,他们看中的是中国低廉的劳动力成本。这两个例子说明了这一时期跨国公司海外投资的一些动机,即绕开贸易壁垒、扩大海外市场以及追求低成本运营。

与发达国家跨国公司进行海外投资的动机相比,中国企业进行海外投资的内涵更加丰富。中国的能源、冶金和矿产经营企业进行海外投资大多以获得国内匮乏的资源为目的,并通过海外投资维持企业上游产品和原材料的量价稳定。中国制造业企业进行海外投资,有相当一部分是为了获取先进技术,其他像联想和 TCL 等进行海外投资则是为了获得国外市场的销售渠道。

港口码头的运营,对于航运企业降低成本、提高效率是极为重要的。因此,全球各大集装箱班轮公司都纷纷通过租赁、购买股份或投资新建等方式在全球参与港口码头的经营管理。包括马士基集团、东方海外、长荣海运、日本邮船等都在全球进行港口码头的投资经营。其目的就是维持自身集装箱船舶的海上运输网络运转顺畅,维持其主干航线和支线航线的货物装载量和港口处理效率,以达到降低成本,提高收益的目的。

在港口行业,香港和记港口集团、新加坡 PSA 和迪拜港口世界是目前全球三大国际港口运营商。这三大港口运营商通过股权并购、投资新建等方式在全球控制了大量港口码头资源(具体情况见表 10.3)。这三个国际港口运营商有一个共同特点,就是所在地区的发展空间非常有限,难以扩大经营规模。通过全球布点,他们为扩大经营规模争取到了广阔的舞台空间。不仅如此,集装箱航运企业只要和这些大规模的国际港口运营商达成有关协议,就可以在全球享受高质量的港口服务,而不必与全球各个港口进行单独谈判,方便了集装箱船公司的经营管理。这些国际港口运营商在提高对客户服务能力的同时,也相应提高了自身的国际竞争力和行业内的影响力。此外,通过控制全球大部分地区的港口码头,也增强了港口运营商与大型船公司的议价能力。

2010 年三个跨国港口集团控制的集装箱码头数量和吞吐量 表 10.3

项　　目	香港和记港口集团	新加坡港务集团	迪拜港口世界
全球经营的集装箱码头数量	52	29	50
分布国家数量	26	17	28
全球吞吐量(万 TEU)	7500	6510	4960

资料来源:上述三个公司网站公布的 2010 年年报

中国是一个国土面积广阔,并有着 1.8 万公里大陆海岸线的国家,港口发展空间巨大。在这样优越的条件下,我国港口企业实行全球化经营又有什么样的内在动机呢?

一、开辟新的市场

(一)增加母国港口的吞吐量

国际布点齐全的港口运营商凭借与集装箱航运企业集中谈判的优势,在增加其全球投资的港口码头市场份额的同时,还能够相应增加其母国港口的吞吐量并提高其集装箱中转港的地位。

1999 年,迪拜港口国际(DPI)在沙特阿拉伯的吉达港开始了其海外码头运营的第一个项目,并从此开始了其全球港口码头经营的布点。2005 年,迪拜港口国际(DPI)与迪拜港务局(DPA)整合成立了如今的迪拜港口世界(DP World)。在不到 10 年的时间内,迪拜港口世界就通过大规模的并购活动,在全球 28 个国家和地区取得了 50 个港口码头的经营权,迅速成为一家跨国码头运营商。与此同时,迪拜港自身的吞吐量也从 2000 年的 306 万 TEU,增长到 2009 年的 1112 万 TEU,其吞吐量的增长速度仅次于宁波、深圳和上海等中国大陆港口,高于新加坡、香港和釜山等亚洲港口和欧美港口的增长速度(根据国际港口协会(IAPH)公布的统计数据)。迪拜港集装箱吞吐量的排名也由 2000 年的世界第 13 名上升到 2009 年的世界第 7 名。迪拜港的快速发展虽然得益于其特殊的政策优势、地理位置优势和国际贸易的带动作用等,但应该说,通过大手笔的并购迅速成为全球港口运营商对其母国港口吞吐量的增长起到了重要作用。

同样的故事也发生在新加坡港。1996 年,新加坡 PSA 在中国的大连港开始了其国际化的脚步。1995 年,新加坡港的集装箱吞吐量为 1185

万 TEU;2009 年,则增加到 2587 万 TEU,增长了 1.18 倍(根据国际港口协会(IAPH)公布的统计数据)。

迪拜港的迅速崛起和新加坡港集装箱吞吐量的大幅增长给了我们一个重要的启示:通过港口码头的全球布局并利用母国港口的特殊优势,能够与集装箱航运企业协同合作,在进行航线优化的同时,突出母国港口的中转地位、增加母国港口的吞吐量,带动港口城市的经济发展。

(二)增加市场开拓的手段

对于跨国公司来说,绕过贸易壁垒、寻求更大的市场是其进行海外投资的重要目的。港口具有天生的区域性、垄断性和稀缺性,每一个港口都聚集了特定的腹地客户群体。因此,在国际贸易蓬勃发展的情况下,投资海外港口,取得稀缺的码头资源就成为扩大客户、拓展市场的有效手段。

中国港口吞吐量的快速增长,依靠的是我国对外贸易迅速发展。目前,中国港口企业的市场开拓基本上是通过吸揽腹地货源向港口集中来增加集装箱船舶的挂靠。这种方式积极推动了我国港口企业进一步延伸产业链,扩大物流服务范围,提升物流服务质量。同时,吸揽腹地货源能力的提高也为港口企业进行国际化经营打下了基础。中国港口企业进行全球化经营,能够在货源充足的基础上,通过全球布点经营增加集装箱船舶的挂靠,使得我国港口企业通过对内集中货源和对外合理布局来增加船舶挂靠,两个方面都是行之有效的市场开拓手段。

(三)为走出去的中国企业提供物流支持

物流行业的兴起是制造业和商业企业的采购、生产和销售等职能部门中运输和库存管理工作社会化的结果。正是物流企业规模化和专业化的经营,降低了制造业和商业企业的成本并简化了管理流程。反过来,物流企业也都是围绕着制造业企业和商业企业开展服务的。新加坡物流企业叶水福集团跟随摩托罗拉、戴尔等客户在中国大陆地区投资,丰田物流在全球丰田汽车总装厂坐落地的附近布点等现象都说明了物流企业围绕其服务对象开展经营的相互依存关系。

中国港口企业走出去进行海外布局,并加强与国内外国际物流企业的合作,能够为走出去的中国企业提供高质量的物流服务。中国的能源、矿产和钢铁等行业的企业是推动我国港口吞吐量增长的主要大客户。为了获取上游的石油、矿石等资源产品,这些行业中的优秀企业已经走上国际化的发展道路。但是,由于我国缺乏全球物流的布点,无法实现国外矿产开采地和国内用户企业之间的"门到门"服务,成为造成资源回运困难、原料供应量不稳定等问题的因素之一。按照物流企业围绕服务对象进行布点的规律,我国港口企业与航运企业、国际物流企业等加强合作,在这些大客户的海外经营地区进行港口码头的布点,能够在海外向这些企业提供服务,从而开拓港口业务的海外市场。

占有市场是企业追逐的目标,海外市场是国内港口企业尚未触碰的发展空间。虽然几家大型全球码头运营商已经完成布点,形成了成熟的运营方式,但是我国港口企业具有强大的货源基础以及二十几年港口建设和运营的经验。凭借这些优势,中国港口企业一定能在海外市场上取得自己的发展空间。

二、应对竞争压力

中国的国土辽阔,海岸线集中在东南沿海,这中间分布着我国十多个具有一定发展历史的主要沿海港口城市。在这种情况下,各个港口的运营主体不可避免地会形成相互竞争的格局。中国港口企业之间的竞争主要表现为:①装卸服务能力之争。为适应船舶专业化、大型化,各个港口纷纷提升码头泊位和航道水深等级,并大量进行专业码头的改造和新建,积极拓展经营空间;②服务手段之争。为争取货主和船东,各个国内主要港口企业都在不断完善港口功能,并以此来为客户提供种类齐全的各项相关服务;③吸揽货源能力之争。国内港口企业基本上是通过吸揽腹地货源来增加港口吞吐量,特别是在相互交叉的腹地,这种竞争还比较激烈;④服务价格之争。在相互交叉的腹地进行吸揽货源的竞争中,有些港口企业有时采用降低综合服务价格的方法,来争取货物到港;⑤产业集聚之争。港口所在区域的经济发展水平直接影响港口吞吐量水平的提升,各个港口城市的地方政府都基本遵循港城互动发展的规律,加强临港产业的发展,形成港口和区域经济发展的良性互动;⑥在计划经济时代,各个沿海港口之间的业务彼此互不干扰,几乎没有出现过竞争局面,相互之间形成了传统的友好关系,因此,除了腹地交叉、距离相近港口之间的竞争态势比较激烈之外,其余的情况基本属于合作大于竞争的局面。

我国港口通过在海外布点经营,拓展新的经营空间,有利于缓解港口企业之间的竞争,主要体现在以下几个方面:

(1)有利于我国港口企业开辟新的经营领域

从上面的分析来看,我国各个港口企业的竞争手段和发展模式基本相同,货源市场的基本格局已经形成。在这种情况下,如果少数有实力的港口企业开始进行全球化经营，那么先行走出去的企业就会得到开辟新的经营领域的先发优势，从而打破目前的市场格局。虽然后发的"跟随者"也会随之跟进并形成新的竞争局面，同时，最先走出去的企业也将会承担较大风险并付出艰苦努力，但是在从开发新的经营领域到新的市场格局形成的过程中，机会对每一家企业都是平等的。在这个过程中，总会有适应国际化经营的先进港口企业在竞争中取得优势地位，也会有些企业面临失败的结果。此外，中国港口企业进行海外经营是与香港和记黄埔集团、新加坡 PSA 和迪拜港口世界等一流全球码头运营商的竞争，是在一个更高的层次中来迎接挑战，能够促进我国优秀港口企业在国际上脱颖而出。

(2)有利于我国港口企业在全球范围内进行资源的合理配置

资源整合是企业发展战略的实施手段之一。中国港口企业进行海外布点经营，将自身多年积累的资金、客户以及管理经验等资源向外输出，在更加广阔的空间内进行有关资源的整合，使得现有资源得到更加合理的配置，这符合国际化的经营战略。

经过资源整合，港口企业所控制的码头资源将逐步在全球形成互相关联的网络，在向货主和航运企业等客户提供服务时，其优势是显而易见的。因此，中国港口企业在全球范围内进行资源合理配置，即能够充分发挥现有资源的作用，也能够开发新的资源、适应新的发展方向。

(3)有利于我国港口企业开拓国际化视野

上面讨论过，如果我国港口企业国际化的"先行者"在全球布点经营中取得进展，势必造成同样具备实力的其他港口企业的跟进。原因很简单，一个社区的日用品商店是不能与一个全国连锁超市在同一层次上开展竞争的。肯德基与麦当劳的快餐店经常结伴而生的有趣现象也说明了这个道理。

我国个别港口企业海外布局的成功，必然会使其在客户来源、议价能力、收入增长、低价竞争承受能力以及货源发生地等方面取得优势，这种优势能够转化成企业的竞争能力。作为防御性策略，同样具备实力的港口企业为了不致在竞争中被边缘化，一定会跟随行业"领先者"在全球布局，以削弱"领先者"在竞争中刚刚建立起来的相对优势，被打破的竞争均势也会在新的经营领域中被重新建立起来。

面对竞争局面的最好办法就是求新、求变。在竞争态势基本均衡的情况下，我国港口企业要在市场中有更大作为，面向海外是其战略发展方向的重要选项。

三、提高服务能力

港口业务属于服务性行业。中国港口企业提高竞争力，扩大服务对象的规模，最重要的一点是提高服务能力。港口企业走向国际化，必然会推动我国港口企业服务能力的提高。

（一）提高为航运企业服务的能力

进行国际化经营的港口企业，凭借其所控制的全球分布的港口码头，能够向航运企业集中提供相对统一的全球码头服务。航运企业通过一个平台，就能够在全球享受高质量的服务。

全球布点经营的码头运营商，凭借其掌握的大量船舶挂靠信息、港口货源信息以及船公司航线信息等，能够为航运企业的航线规划和船舶配置等提供决策支持。

在全球布局的港口企业，能够与航运企业相互合作，在全球范围内进行货源开发，实现港口企业和航运企业合作共赢的局面。

（二）提高为货主服务的能力

在香港和记黄埔集团的网站上，清楚地写明了其“港口及相关服务”的环球发展及业务扩展策略，即：

由于全球贸易量日益蓬勃，货主对高质素货柜处理服务之需求亦相应大增。和记黄埔港口凭借本身之丰富管理经验、对运作效率之坚持，以及在世界各地主要港口所持有之广泛权益，力求配合全球进出口商的需要。

此外，和记黄埔港口亦不断发展及革新旗下港口及有关服务，协力促进环球商贸活动，对世界各地的经济增长做出贡献。

这是和记黄埔集团港口码头业务全球发展的定位，非常明确地提出其港口码头全球化经营的目的，即“力求配合全球进出口商的需要”和“协力促进环球商贸活动”。这表明，和记黄埔的全球化经营是侧重为货主提供优质的服务。

我国港口企业在全球的港口码头布点经营，能够进一步提高其综合物流解决方案的提供能力。港口企业通过国内、国外两端物流链的延伸，进行跨国物流网络的建设，为进而实现两端货主“门到门”全程物流服务奠定基础。

（三）进一步完善港口功能

我国港口企业实行国际化经营，必然会加强我国港口和港口城市与世界各个地区的港口与港口城市之间的经济往来。这些经济往来将会在原有基础上扩大港口周边的中介服务、劳务输入输出、金融服务以及建设施工等行业的业务范围和业务量，从而带动我国和东道国相应港口城市的经济发展和产业结构调整。港口周边相关产业的发展也将会进一步促进港口服务功能的逐步完善和改进。

（四）加强与国际接轨，打造世界一流的港口企业

中国港口企业进行国际化经营，必须要熟悉东道国的经济、文化、法律法规和商业渠道，积累多文化企业的管理经验，在全球范围内吸引港口码头经营管理的优秀人才。同时，也需要在管理水平、操作效率、企业文化建设和经营成果指标等方面逐步达到国际先进水平，并使我国港口企业的管理体制、激励约束机制以及客户服务标准等符合国际惯例，能够与海外的贸易商、制造商、航运企业以及其他港口企业等进行无障碍的商业往来。

跨国经营是打造国际公认的世界一流港口企业的重要途径。打造世界一流的港口企业，不仅需要有世界一流的资产规模和经营成果等硬指标，而且还需要有世界一流的港口经营品牌做支撑。我国港口企业通过跨国经营，将自身优秀的管理经验和服务客户的能力在全球范围内进行展示，从而建立优秀港口企业的世界品牌，提升我国港口企业在国际上的服务能力。

中国的港口企业进行国际化经营，在全球进行港口码头的布局，能够迅速扩大港口企业的经营空间并打入海外市场，在与国际同行开展合作与竞争的过程中，逐步提高服务能力，打造国际一流的全球码头运营商。

第三节　中国港口企业全球布局的思路——选点原则与注意问题

我国部分优秀的港口企业已经具备了国际化经营的实力，应当在详细调研和精心准备的基础上，审慎选择目的国家和港口，抓住适当时机最终完成海外布局。

一、中国港口企业已经具备全球布局的实力

2010 年 5 月 28 日，上海国际港务集团股份有限公司（上港集团）宣

布以2716.25万欧元收购马士基集团在比利时泽布吕赫港码头公司25%的股权,成为这个码头运营公司第二大股东。泽布吕赫港是欧洲最大的煤气转运港和液化气进口港,同时也是欧洲第六大集装箱港。此次上港集团收购的泽布吕赫码头公司是泽布吕赫港专业从事集装箱码头业务的企业之一。该公司运营的码头前沿水深 -15.2米,岸线长度900米,堆场面积45万平方米,配置7台超巴拿马型桥吊,设计能力85万TEU/年。此前,马士基集团持有该公司100%的股权。收购完成后,上港集团将向该公司派出高级管理人员,参与公司的日常运作。这是我国大陆地区港口企业的第一个海外投资项目,此举也成为上港集团实施国际化战略的第一步[6]。

虽然此项海外收购是否成功还需要通过今后一段时期的运营来检验,但这一收购活动本身已经表明我国港口企业中的优秀者已经根据自身的实力提出了海外布点的需求。这一举动是我国港口企业在对外贸易迅速增长的大环境下,通过加强港口建设、提高企业管理水平,不断增强自身实力的结果。

长期以来,为了适应大宗散货船舶和集装箱船舶的大型化和专业化的趋势,我国大陆沿海港口通过新建、扩建和老码头改造等方式,完成了一大批石油化工、矿石、煤炭、集装箱等大型专业化码头建设,取得了举世瞩目的成就。伴随这一过程,涌现出了中国港湾建设集团和上海振华港口机械(集团)股份有限公司等国际一流的港口码头建设和港口机械设备制造企业。所有这些,都标志着我国港口建设已经达到了世界先进水平。根据交通运输部公布的2001—2010年的《公路水路交通行业发展统计公报》,我国近几年各类万吨级以上泊位的数量见表10.4。

2001—2010年我国各类万吨级以上泊位数量(个) 表10.4

泊位种类	2001	2002	2003	2004	2005	2006	2007	2008	2009	2010
通用散货	73	105	109	119	134	171	190	252	274	299
通用件杂货	215	244	273	260	276	289	309	272	284	310
原油	40	57	49	54	55	57	63	59	66	69
成品油及液化气	45	63	88	74	97	104	110	114	108	109
煤炭	86	102	100	110	119	139	151	162	168	173
粮食	24	32	26	27	31	32	31	23	24	27
集装箱	83	98	134	155	175	224	253	251	280	298

资料来源:中国交通运输部公布的2001—2010年《公路水路交通行业发展统计公报》。

我国对外贸易的迅速发展推动了港口吞吐量的上升。根据国际港口协会的统计数据，从2002年开始，中国港口集装箱吞吐量的绝对数量和增长速度都一直高居世界各国之首。2009年世界前10大集装箱港口中，中国大陆地区港口就占了5个（根据国际港口协会（IAPH）公布的统计数据）。港口吞吐量的提高使得突破亿吨的港口不断增多，相应港口企业的经济实力实现持续增长。

随着港口建设水平和港口吞吐量的提高，我国港口企业的管理水平也在不断提升。经过一系列的改革，我国沿海港口企业已经全部改制为公司制企业，从体制上转变成为真正的市场经济主体，这样的主体具备了独立承担经济责任的资格，也相应成为对外投资和资本运作的主体。上港集团、宁波港和天津港等15家港口企业在国内A股市场上市，天津港发展、大连港等在香港H股上市，这表明我国优秀港口企业的经济实力和管理水平已经能够满足境内外资本市场的监管要求。从上个世纪80年代后期到90年代初，各个港口企业开始逐步引入外资，外国资本的进入不仅带来了发展初期迫切需要的资金，更重要的是带来了先进的管理技术和管理理念，搭建了一个个对外交流的平台，港口企业各个层次的管理者通过这些合资企业的实际运营，从实践中学到了国际通行的港口管理方法。随着各个港口的发展壮大，港口企业的装卸效率、市场开拓能力、内部体制机制以及企业文化建设等各个方面也都有了长足的进步。

我国港口经过三十几年的成长，从经济发展的基础设施瓶颈之一，成为支撑我国对外贸易发展和资源能源供应的强大支柱，这一过程同时培育出了属于中国的世界一流大港。港口企业也在这几十年的港口建设和运营中不断走向成熟，从对外交流中了解了世界，也了解了世界港口。虽然成功进行港口码头的全球布点还需要付出长期艰苦的努力，但应当说，我国的部分优秀港口企业已经具备了向海外迈出坚实步伐的实力和能力。

二、中国港口企业全球布局的主要方式和选点原则

中国港口走出去可以采取直接经营的方式，也可以采取投资经营的方式。国内港口企业实行国际化经营可以与国内港口码头建设施工企业或航运企业合作，也可以直接在选定地区进行投资布点。在确定具体方案时，可以根据不同的情况选择不同的方式。

(一)中国港口企业全球布局的主要方式

我国港口企业进行全球布局的主要方式有两种:一种是直接经营方式,包括码头运营管理和码头租赁经营;另一种是投资经营方式,包括港口码头资产收购和新建。

(1)码头运营管理

这是一种直接经营方式。采用这种方式,港口企业接受海外码头公司的委托,向海外码头公司派出管理人员和劳务人员进行港口码头的管理和操作,并向委托方收取劳务费。这种方式风险较小,港口企业在赚取劳务费的同时,还能够直接取得海外运营码头的经验。但是,我方的派出人员一般不能决定码头公司的客户来源、业务范围和经营方向等重大事项,不掌握经营自主权。这种方式比较适合我国港口企业在国际化准备阶段或经营初期采用。

(2)码头租赁经营

这也是一种直接经营方式。我国港口企业与海外港口管理当局或码头公司签署某个港口码头的租赁协议,向租赁方支付租费并取得码头的经营权。码头租赁经营的租期一般时间不长(1~2年),租赁期满时承租方一般拥有优先续约的权利,承租方拥有港口码头经营的自主权。码头租赁属于港口企业的经营性事务,决策程序简单,一般情况下,租赁方和承租方的管理层就能够决定。在港口码头收购的准备阶段或资金并不充裕的情况下,可以采取这种方式进行过渡。

(3)港口码头资产收购

这是一种投资经营方式。我国港口企业通过购买国外港口码头运营企业的全部或部分股权,完全或部分取得相应港口码头的自主经营权。这种方式涉及股权变动,需要经过较高层次的决策,有关各方进行商谈的周期比较长,投资项目受外界干扰因素较多,有一定的不确定性,比较适合国际化经营成熟的港口企业在海外投资进行港口码头的长期运营。

(4)投资新建并运营港口码头

这种方式也属于投资经营方式。我国港口企业独资或与其他企业合资成立码头公司,并由该公司在海外港口投资建设新的码头。码头建成后,由该公司作为新建码头的运营主体。采用这种方式时,有关各方商谈的周期更长,再加上码头的建设期,需要很长时间才能进入实际运营期。而且,建设期和运营初期的净现金流为负数,要经过较长时期才能进入稳定的盈利期。采用这种方式比直接购买现成码头公司的股权成本要低、风险要高，比较适合于国际化水平达到较高程度、对全球化经营和海外市场非常熟悉的港口企业。

（二）中国港口企业全球布局的选点原则

（1）在矿产资源丰富的地区投资建港

中国经济的发展对海外矿产资源需求会大量增加。世界能源、金属和非金属矿产资源的分布非常不均衡，表10.5是部分矿产资源的全球分布情况。

全球部分矿产资源分布情况表　　　　表10.5

矿产资源	主要分布的国家或地区
石油	沙特阿拉伯、伊朗、伊拉克、科威特、阿联酋、委内瑞拉、俄罗斯、利比亚、哈萨克斯坦和尼日利亚等
天然气	俄罗斯、伊朗、卡塔尔、沙特阿拉伯、阿联酋、美国、尼日利亚、委内瑞拉、阿尔及利亚和伊拉克等
煤炭	美国、中国、俄罗斯、印度、澳大利亚、德国、南非、乌克兰、哈萨克斯坦、波兰、巴西等
铁矿	乌克兰、俄罗斯、中国、澳大利亚、哈萨克斯坦、巴西、美国、印度等
铬	哈萨克斯坦、南非、芬兰、印度、巴西和土耳其等
镍	澳大利亚、俄罗斯、古巴、加拿大、巴西、新喀里多尼亚、南非、印度尼西亚和中国等
铝土	几内亚、澳大利亚、巴西、牙买加、印度和圭亚那等
铜	智利、秘鲁和美国等
硫	加拿大、波兰、中国、沙特阿拉伯、美国、墨西哥和西班牙等
钾盐	加拿大、俄罗斯、白俄罗斯、德国和巴西等

资料来源：《世界矿产资源年评2003》，国土资源部，2004年6月。

根据上述全球部分矿产资源的分布情况，可以选择中国港口企业走出去的一些目的地。中东地区的形势复杂，不适合我国港口企业初期进入。北美和欧洲地区不是大量资源的输出地，而且港口建设比较成熟，不宜再大规模投资建设港口码头。俄罗斯与我国有着长距离的陆上边界，不宜去投资建设港口码头。南亚、澳大利亚、南美洲、西部非洲以及南部非洲等地区的矿产资源丰富；同时，这些地区功能完备、设施齐全的大型港口码头比较少。相对于这些地区的资源运量来说，港口码头的数量和质量根本不能满足需求。这为我国港口企业在这些地区投资新建港口码头提供了机遇。

(2)与集装箱班轮公司联盟在国外投资港口

集装箱班轮公司参与港口码头经营的案例有很多,A. P. 穆勒—马士基集团就是比较成功的一例。马士基集团从 1958 年就在纽约港从事杂货码头的经营。2001 年,APM 码头公司(APM Terminals)成立,作为马士基集团的一个分支机构,服务于集团集装箱班轮业务。根据马士基集团网站上的介绍,2008 年,随着其码头业务的不断发展,APM 码头公司开始作为独立的实体,专门负责马士基集团全球港口码头的经营。2010 年,APM 码头公司在全球 33 个国家中运营着 60 多个集装箱码头,全球集装箱码头的吞吐量完成 3150 万 TEU。根据中远太平洋有限公司网站上的介绍,至 2010 年,中远集团旗下的中远太平洋有限公司也在全球 18 个港口(14 个在中国大陆、4 个分布在埃及、新加坡、比利时和希腊)运营了 27 个码头。其他的集装箱班轮公司,如地中海航运、达飞轮船、长荣海运和日本邮船等大型集装箱班轮公司都在全球各地通过码头租赁、投资新建或资产并购,已经或正在建立起自己的全球集装箱码头运营网络。集装箱班轮公司经营港口码头对加快这些航运公司向国际物流服务提供商的转型提供了有力的支撑。

中远集运和中海集运已经跻身世界十大集装箱班轮公司,不仅自身的实力增强了,也对我国对外贸易的发展做出了贡献。中国港口企业在海外布局时,应当与我国集装箱班轮公司通过各种方式建立联盟关系,双方互相支持在国外投资港口码头。通过联合经营,加强双方的联盟关系,在国外港口码头的运营中形成优势互补,一起开拓海外业务,共同打造在全球布点的国际物流服务商。在国内港口企业和集装箱班轮公司之间实现双赢、共同发展的同时,保证我国全球集装箱运输网络的有效运转。

港口企业可以在我国集装箱班轮公司现有航线的结点上投资国外港口码头,通过专业的码头运营服务,保证其集装箱班轮的装卸效率。另外,通过港口企业与航运企业驻外办事处之间的合作,凭借优质的港口码头和远洋运输服务来扩大海外港口码头所在区域的贸易货源,提高集装箱班轮舱位的使用效率,降低单位运输成本。

在海外运作成熟的中国港口企业还可以在我国集装箱班轮企业尚未开通的航线上投资港口码头。通过这类港口码头的运营,为我国集装箱班轮公司开通新的航线打下基础。

(3)与建筑企业合作采用 BOT 方式建设运营港口

BOT 是英文“Build - Operate - Transfer”的缩写，意为“建设 - 经营 - 转让”，是政府进行基础设施建设的一种方式。采用该方式，公共基础设施(如高速公路、码头等)由企业投资建设，建设完毕后，政府允许企业通过规定期限的基础设施经营收回投资成本、取得合理回报。

中国交通建设集团有限公司主要从事港口、码头、航道、公路、桥梁、铁路、隧道、市政等交通基础设施的建设，业务足迹遍及世界 70 多个国家和地区。公司是中国最大的港口设计及建设企业，设计承建了建国以来绝大多数沿海大中型港口码头，并在海外也承揽了大量港口码头的建设施工工程。最近几年，中国交通建设集团有限公司旗下的中国港湾工程有限责任公司先后中标安哥拉洛比托港码头扩建、苏丹港 5 万吨级达玛成品油码头、苏丹港集装箱码头、古巴圣地亚哥港多用途码头 1 期、巴基斯坦卡希姆港粮食化肥码头、巴基斯坦卡希姆港国际集装箱码头二期、巴基斯坦瓜达尔深水港码头、越南西贡国际码头、赤道几内亚巴塔港口码头、斯里兰卡汉班托塔港码头和沙特吉达港集装箱码头等国外港口码头的建设项目。

从中交集团海外承揽的港口码头工程项目中可以发现，我国港口建设施工企业的海外港口码头建设项目多数是在发展中国家。发展中国家在经济刚刚起步或在经济快速发展阶段，同样需要抓住经济全球化的历史机遇，在国际分工和世界贸易中取得自己的发展地位。就像中国经济实现快速发展之初的情况一样，港口码头等基础设施会成为这些发展中国家经济快速发展的瓶颈，导致一些发展中国家对港口码头需求的加大；再者，这些国家的港口大多是国际知名的港口码头运营商尚未全面涉足的领域，竞争环境相对宽松；最后，由于这些港口码头工程的建设正处于这些国家快速发展的初期，设施建成以后，这些港口码头有着非常好的发展前景。

我国港口企业应当与港口建设施工企业加强联合，采取 BOT 的方式，为这些发展中国家进行港口码头的建设和运营。港口建设企业负责施工建设，港口企业负责在一定时期内进行港口码头运营，双方优势互补、利益共享。采用 BOT 的方式建设港口码头，解决了这些发展中国家快速发展初期的资金不足问题，能够提高我国港口建设施工企业的国际市场份额。同时，也为我国港口企业提供一个走出去实行全球布局的机遇。

(4)在经济发达的欧洲、北美洲收购码头资产在经济发达的欧洲和北美地区,经济发展比较平稳,港口运营成熟稳定。表 10.6 是国际港口协会公布的 2005—2009 年世界主要地区港口集装箱吞吐量情况表(每个地区选取前 12 个港口汇总得出每个地区的集装箱吞吐量)。

2005—2009 年地区港口集装箱吞吐量情况表(单位:1000TEU)

表 10.6

地　　区	2005 年	2006 年	2007 年	2008 年	2009 年
亚洲港口	131936	148731	170421	181550	164654
澳洲和太平洋岛屿港口	6117	7174	8090	7979	8155
中东港口	17081	17925	20978	26182	26462
非洲港口	4741	6024	8422	8702	9480
北部欧洲港口	38437	41925	47691	48845	41343
地中海港口	19855	21347	25248	29037	24674
北美港口	35891	38494	39204	37230	32133
加勒比和中南美洲港口	12510	14655	16087	18501	16966

数据来源:国际港口协会网站公布的数据

从表 10.6 可以看出,虽然欧美的港口吞吐量无论是总量还是增长速度上都无法与亚洲港口相比。但是,由于这些地区重要的经济贸易地位,欧美港口仍然是国际贸易中的重要资源。无论亚洲和中东地区的港口增长多么迅速,欧美港口在国际贸易和海洋运输中的地位都是不可动摇的。这些地区的投资环境优越,无论是硬件设施还是软件服务都是世界其他地区无法比拟的。因此,中国港口企业应当对欧美地区的港口进行重点跟踪研究,选择时机实施资产收购。

三、中国港口企业全球布局应注意的问题

(一)取得国家产业发展政策的支持

在任何一个国家和地区,港口码头都被视为战略资源,这种资源的重要性已经随着国际贸易的迅速增长而逐渐显露出来。中国港口企业完全依赖自身商业行为是不能顺利开展全球化经营的,国家可以在宏观层面上给予一定的政策支持。

2006 年 7 月 5 日,由国家发展和改革委员会、商务部、外交部、财政部、海关总署、国家税务总局和国家外汇管理局联合下发了《境外投资产业指导政策》,文件的附件公布了《鼓励境外投资资产目录》和《禁止境外

投资产业目录》。为了鼓励中国港口企业和各类民间资本投资海外港口码头,国家有关部门可以有针对性地开展调研工作,在充分调研的基础上,考虑将"港口码头"列为鼓励类境外投资项目,这将有利于带动各类资本,特别是中国港口企业有计划地进行海外港口码头的投资。

由于资金实力不足,我国对外直接投资起步晚、经验相对不足,缺乏整体的扶持政策。因此,在国家政策层面,可借鉴韩国、日本等海外投资强国的经验以及新加坡在海外投资港口码头的管理方式,在信贷政策、人才培养政策、财政税收政策、外汇监管政策、国际融资政策以及相关人员出入境管理等方面对我国港口企业的国际化经营进行政策倾斜,保证中国港口企业全球布局的成功,为我国经济发展做出贡献。

(二)做好充分的前期准备工作

2005 年 10 月到 2006 年 10 月,在短短一年左右的时间内,中国化工集团公司旗下的中国蓝星(集团)总公司完成了对法国安迪苏公司、澳大利亚凯诺斯公司和法国罗地亚公司三个海外化工企业的股权收购。三个公司的销售收入和利润都在收购完成后达到历史最高水平。短时间内的三次出手均获成功,中化集团所依靠的就是长期的精心准备和跟踪研究。在实施收购之前,中化集团所属的咨询研究机构对这些企业进行了最长达 3 年之久的研究,完全掌握了目标企业的经营状况。同时,中化集团的高层领导与收购对象的股东和高管人员建立了互相信任和彼此了解的友好关系。这些工作都为最后抓住有利时机、完成并购打下了良好的基础[7]。

中化集团收购海外公司股权的案例说明:我国企业国际化的经营战略确定之后,必须进行周密的前期准备和详细的调查研究,这是海外布局初期取得成功的保证。

"国家手册"是企业在跨国投资或拓展国外市场之前应当撰写的研究材料之一。它的内容涵盖了目标国家或地区的政治、经济、地理、气候、文化、风俗、宗教、环境、法律以及人口统计学等方面的基本状况,是对一个国家或地区全面、详细地进行研究和考察后所形成的成果。编写"国家手册"是下一步进行投资分析或制定市场营销计划的重要基础工作。有许多案例表明,在前期国别研究中的一个小小的疏忽,就会导致整个工作的失败,造成人力、物力和财力的浪费。

(三)海外经营管理人才的培养和引进

我们需要的人才是具有海外企业经营管理经验和能力的人员。对这类人才的培养可以寻找机会,向港口企业的海外合作伙伴(如贸易商和航运企业等)派出管理人员或者实习人员。通过一段时间的工作和锻炼,使得这些人员具备国外企业的工作经验、工作能力和海外文化的体验,形成我国港口企业国际化经营的人才储备。

单靠港口企业自主培养人才不能满足港口企业全球布局的人才需求。进行国际化发展的中国港口企业应当建立适应国际化经营的激励约束机制,广泛吸引国内优秀人才、海外华人和目标国家或地区的人才加入我们全球化经营的队伍,共同为我国港口企业的国际化发展做出贡献。

(四)企业文化的整合

跨国公司内部的文化融合一直是一个重要课题。我们从联想收购IBM的PC业务和中化集团海外收购等案例中都可以看到跨文化经营管理的实践。中国港口企业在进行跨国经营之前,应当在"国家手册"和投资方案中对目标国家或地区、被投资企业所在区域以及被投资企业本身的宗教信仰、风俗文化、商业惯例、企业文化和人际关系等进行详细地调查研究。同时,根据被收购企业的企业文化特点制定出企业文化整合方案,熟悉和接受对方的文化,并让对方熟悉和接受我国港口企业的文化。

文化融合的重要性也表现在与目标国家或地区的政府、客户和其他有关各方建立和维持良好关系的过程中。熟悉、接受并融入东道国的文化,能够使我们尽快适应并融入该地区的主流社会,为港口码头的长期经营创造良好的外部环境。

(五)融资手段的选择

港口企业在海外投资新建港口码头或收购现有码头资产时,需要大量的资金投入,应当根据具体情况考虑如何选择融资手段。除了信贷融资、债券融资之外,在国际并购的案例中还经常使用股权融资、股权互换等融资方式。此外,上市公司还可以通过增发股份来增加资本金。

考虑到中国港口企业在进行海外扩张的初期,完成投资后需要经过较长时间的磨合才能取得盈利。因此,在初期应当尽量选择股权融资、长期债权等期限较长的融资手段。

(六)投资风险的评估

投资是我国港口企业进行海外发展重要手段。这种投资可以是现有资产的并购,也可以是港口码头的新建。发生投资就会有风险存在,海外投资的风险包括政策风险、法律风险、汇率风险、经营管理风险以及政治风险等。在进行投资方案设计时,必须考虑各项风险的存在,客观地对投资标的进行估值。港口企业应当根据自身对于各类风险的承受能力，选择相应的投资方案。

（七）国内跨区域港口码头的经营

中国的港口是按照区域进行管理的，隶属不同省份的港口之间基本上没有股权关系，中国港口企业尚未形成跨地区经营的局面。为了在进行跨国经营之前增强自身实力并初步取得跨地域经营的实践经验，中国港口企业可以首先在国内沿海港口之间进行跨地域的资源整合。应当注意的是，这种整合应当以未来全球布局为目的，是为了在未来全球布局中取得优势的一种先期准备。

至此，我们已经回答了本章开头的所有问题。简单做一下结论：在经济全球化的大背景下，无论遇到什么样的危机与困难，都不能阻挡全球分工和国际贸易快速发展的进程；全球的港口码头将成为极其重要的国际贸易资源；中国外向型经济的发展将充分利用经济全球化带来的历史机遇，在结构调整的同时，继续快速发展；在这样的趋势下，中国港口企业应当走国际化的道路，在全球进行网络化的港口码头布局，为中国经济和世界经济的发展做出贡献。

参考文献

[1] 罗永光. 大国策：通向大国之路的中国国际贸易发展战略[M]. 北京：人民日报出版社，第 329 页.

[2]《BP 世界能源统计年鉴 2011》，bp. com/statisticalreview，第 11 页.

[3] 国家人口发展战略研究课题组，《国家人口发展战略研究报告（全文）》，国家人口和计生委网站，http://www. chinapop. gov. cn/ghjh/zlyj/200806/t20080626_154129. html.

[4] 中央电视台《中国财经报道》栏目组. 粮食战争[M]. 北京：机械工业出版社，2008. 09，第 24 页.

[5] 世界贸易组织. World Trade Report 2009. 世界贸易组织网站，第 4 页.

[6] 上海国际港务（集团）股份有限公司（600018）2010 年半年度报告.

[7] 周明剑，王震. 中国大收购[M]. 北京：石油工业出版社，2009：第 72 页～第 81 页.

后　　记

《港口时代》由天津港(集团)有限公司组织专业人员历时两年编著完成。回顾这两年,世界经济形势发生了巨大的变化,国际金融危机的阴影依旧挥之不去,美国经济增长仍处于较低水平,欧洲主权债务危机更是持续发酵,新兴经济体经济发展也面临着多方面的压力,中国经济的增长速度也在持续放缓,全球经济已进入深度调整阶段,复苏之路仍显漫长。但是这些重大变化并没有改变世界经济的基本面和发展趋势,经济全球化仍然是当代世界经济的基本特征之一,国际贸易依旧在经济全球化的进程中发挥着极其重要的作用,中国和其他新兴经济体依旧是推动世界经济增长的巨大动力。

经济全球化是当今世界经济发展的必然趋势,区域经济一体化又是经济全球化这一大背景下的必然走向。随着世界经济的深度发展,经济全球化与区域经济一体化都为各国创造了统一的市场环境,为国际贸易的开展提供了便利条件。同时,积极的国际贸易、投资与经济一体化是保障世界经济强劲、持续而平衡增长的关键因素。而海上运输作为国际贸易的主要载体,直接推动了国际贸易的发展,海运作为国际贸易重要推手的地位并没有发生改变,同样,港口在经济全球化和国际贸易当中的重要的地位也没有发生变化。2011 年发布的中国对外贸易白皮书指出,中国进口已成世界经济增长的重要推动力,同样作为中国进口主要通道的沿海港口自然也就成为推动中国乃至世界经济增长的主要动力之一。经济全球化和中国国情决定了中国经济的发展必须依靠合理占有全球资源并积极开拓国际市场,中国必须参与到全球合作与竞争的大格局当中,中国必将实施更为开放的战略,沿海港口作为中国对外开放的前沿阵地的地位不会发生改变。同时,船舶大型化、航线轴心化、枢纽化运输等近年来世界海运的发展趋势也必然对港口的发展产生深远的影响。

由此可见,经济全球化的时代没有改变,港口时代已经到来,本书虽然历时两年才编著完成,时间跨度较长,但是本书对于港口、对于港口城市乃至对于世界经济的发展仍然具有较高的参考价值。

天津港(集团)有限公司董事长于汝民作为本书的主编,提出了全书的编写思路,撰写了写作大纲以及基本架构,并审阅了全书。天津港(集团)有限公司总裁助理、副总工程师张凤展为本书的副主编,主持全书编写工作。王建、封云、周海云、龙磊负责全书的统稿和编校等工作。

国务院发展研究中心李泊溪局长、交通部水运科学研究院副院长贾大山博士为全书及有关论文提出建设性意见并提供相关资料。

本书所用有关天津港的照片由天津港(集团)有限公司宣传部提供,其他照片如未注明,均来源于网络。本书书名由《经济日报》社原社长武春河题写。

在此,对所有支持帮助本书编写工作的各级领导、兄弟单位及各界人士表示衷心的感谢。

鉴于我们的学识水平及掌握的资料有限,本书不足之处恳请读者予以指正。

《港口时代》编审委员会

2012 年 9 月